U0261650

“十四五”国家重点出版物
出版规划项目

固体废物处理与资源化技术进展丛书

Performance Degradation and Service Life Prediction of Solid Waste Landfill Facilities

固体废物填埋设施性能退化与服役寿命预测

徐亚 等著

化学工业出版社
·北京·

内容简介

本书以固体废物填埋设施性能退化及寿命预测为主线，首先系统介绍了固体废物填埋场的性能退化和寿命预测体系，回答了填埋工程寿命的内涵、影响因素和机理、终止模式和预测框架等问题；随后详细介绍了填埋工程的主要功能单元及其核心材料，包括防渗系统及其 HDPE 膜组件、导排系统及导排颗粒等的性能退化模式和机理、性能测试和预测方法等内容，以及填埋场整体性能评估和寿命预测方法；最后，该书结合典型案例研究对填埋设施整体性能演化和寿命预测的方法进行了深入浅出的介绍，并结合案例分析对我国典型危险废物填埋场的寿命特征及影响因素进行了分析。

本书具有较强的针对性、技术性和实践性，可供从事固体废物处理处置及污染控制等的工程技术人员、科研人员和管理人员参考，也可供高等学校环境科学与工程、生态工程、材料工程及相关专业师生参阅。

图书在版编目（CIP）数据

固体废物填埋设施性能退化与服役寿命预测/徐亚等著. —北京：化学工业出版社，2024.2
（固体废物处理与资源化技术进展丛书）
ISBN 978-7-122-44439-4

Ⅰ.①固…　Ⅱ.①徐…　Ⅲ.①固体废物处理-卫生填埋场-寿命-预测技术-研究　Ⅳ.①X705

中国国家版本馆 CIP 数据核字（2023）第 217992 号

责任编辑：刘兴春　卢萌萌　　文字编辑：王丽娜
责任校对：王　静　　装帧设计：王晓宇

出版发行：化学工业出版社
（北京市东城区青年湖南街 13 号　邮政编码 100011）
印　　装：北京建宏印刷有限公司
787mm×1092mm　1/16　印张 14¼　彩插 4　字数 323 千字
2024 年 1 月北京第 1 版第 1 次印刷

购书咨询：010-64518888　　售后服务：010-64518899
网　　址：http://www.cip.com.cn
凡购买本书，如有缺损质量问题，本社销售中心负责调换。

定　　价：98.00 元

《固体废物填埋设施性能退化与服役寿命预测》

著者名单

著　者： 徐　亚　钱　璨　刘景财　刘玉强　董　路　能昌信

黄启飞　高　耀　向　锐　林　汀　赵曼颖　张鲁玉

前言

固体废物污染治理一头连着减污，一头连着降碳，是生态文明建设的重要内容。国家高度重视固体废物污染治理工作，党的十八大以来，党和国家领导人多次作出重要指示批示，党中央、国务院作出多次重大工作部署。填埋处置是固体废物污染治理的重要手段，国务院先后印发《“无废城市”建设试点工作方案》《强化危险废物监管和利用处置能力改革实施方案》，指导提升固体废物危险废物填埋等处置能力。在此条件下，近年来，我国填埋设施大规模建设，提升了固体废物兜底处置保障能力，对解决“城市垃圾围城”“农村人居环境”等突出社会环境问题发挥了重要作用。据统计，2006～2018 年间，仅生活垃圾填埋总量就近 13 亿吨，占清运量的 57%以上。随着“垃圾分类”“无废城市”等实施，填埋废物以减量化后的次生废物（如飞灰、炉渣等）为主，填埋占比有所下降，但年填埋量仍达 1.1 亿～1.2 亿吨。

然而，与此同时，固体废物填埋的负面效应，如邻避效应、土地占用等问题也日益凸显，长期环境安全是近期被广泛关注的又一热点问题。根据来源的不同，填埋场废物及其产生的渗滤液中不同程度地含有持久性有机污染物（POPs）、重金属等污染物，污染周期长达 20~30 年，部分危险废物填埋场更可长达 100 年。随着填埋场工程材料老化（如导排系统的淤堵、固化基材失效、HDPE 膜防渗性能下降），有毒有害组分渗漏风险大增，将对周边土壤和地下水环境构成重大威胁。从世界范围来看，全球历年填埋的固体废物数以千亿吨计，部分早期建设的填埋场已逐渐达到寿命末期，渗漏风险将显著增加，填埋场长期环境安全将成为世界性环境问题。由于工程设计、建设不尽合理，运行管理不规范，我国固体废物填埋设施性能劣化更为严重，长期环境安全问题尤为严峻，开展长期性能退化和寿命预测相关研究尤为必要。

本书以固体废物填埋场性能退化及寿命预测为主线，首先系统介绍了固体废物填埋工程的性能退化和寿命预测体系，回答了填埋工程寿命的内涵、影响因素和机理、终止模式和预测框架等问题；随后详细介绍了填埋工程的主要功能单元及其核心材料，包括防渗系统及其 HDPE 膜组件、导排系统及导排颗粒等的性能退化模式和机理、性能测试和预测方法等内容，以及填埋场整体性能评估和寿命预测方法；最后该书结合典型案例研究对填埋设施整体性能演化和寿命预测的方法进行了深入浅出的介绍，分析我国典型危险废物填埋场的寿命特征及影响因素。本书理论介绍和工程应用紧密结合、方法介绍和数据详细清楚，对推动填埋工程寿命预测理论及应用研究的发展具有重要作用，对促进可靠性工程、过程建模、数据分析等相关科技领域的发展也有重要的意义，对从事固体废物工程材料耐久性试验设计、分析、管理的人员，从事固体废物填埋场设计、环境影响评价和运行优化的科技人员，从事填埋场环境安全性能评估、故障和寿命预测理论及应用研究的科技人员具有重要的参考价值，也可供高等学校环境科学与工程、生态工程、材料工程及相关专业师生参阅。

本书由徐亚等著，具体编写分工如下：第1章、第3章、第6章和第7章由徐亚负责；第2章由钱璨负责；第4章由刘景财负责；第5章由董路、能昌信、刘玉强和黄启飞负责；另外，高耀、向锐、林汀、赵曼颖、张鲁玉分别参与了第1章、第3章、第4章、第5章、第6章的图表制作、格式修改和文字校对等工作。全书最后由徐亚统稿并定稿。感谢中国环境科学研究院固体废物污染控制技术研究所黄启飞所长、王琪所长在本书编写过程中提出的宝贵建议和大力支持。

限于著者水平及编写时间，书中不足和疏漏之处在所难免，敬请广大读者和专家学者给予批评和指正！

著者

2023年6月

目录

第 7 章 固体废物填埋场整体性能模拟与寿命预测案例分析 171

附录 193

第1章 绪论

△ 固体废物的定义和来源
△ 固体废物填埋技术
△ 寿命预测的基本理论
△ 工程设施的寿命预测
△ 固体废物填埋场的寿命预测

1.1 固体废物的定义和来源

1.1.1 固体废物定义及探析

固体废物是指人类在生产建设、日常生活和其他活动中产生的，在一定时间和地点无法利用而被丢弃的污染环境的固体、半固体废弃物质。2020 年修订发布的《中华人民共和国固体废物污染环境防治法》（简称《固体废物污染环境防治法》）对固体废物进行了明确定义：固体废物，是指在生产、生活和其他活动中产生的丧失原有利用价值或者虽未丧失利用价值但被抛弃或者放弃的固态、半固态和置于容器中的气态的物品、物质以及法律、行政法规规定纳入固体废物管理的物品、物质。

1.1.1.1 从产生的原因看固体废物

根据固体废物的法律定义，有两方面的原因导致固体废物产生：一是客观原因，物品或物质客观上失去原有利用价值；二是主观原因，物品或物质被其所有者主动抛弃或放弃。图 1-1 列出了固体废物产生的主客观原因及典型情景。

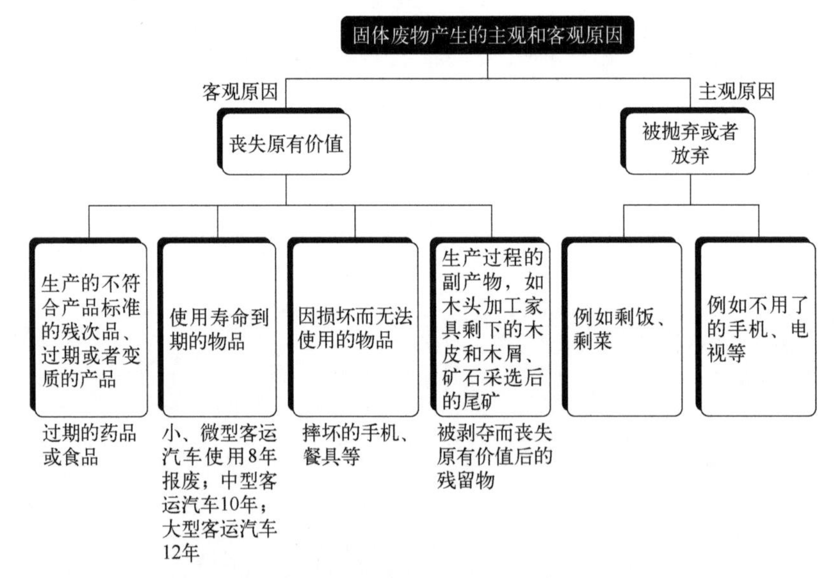

图 1-1　固体废物产生的主客观原因及典型情景

从客观原因，即物品或物质失去原有利用价值来看，又包括几种不同情景。

① 生产的不符合产品标准的残次品。由于生产瑕疵等原因产生的没有达到预期利用价值的物品。

② 过期或者变质的产品（如过期的药品或食品）。由于过期或变质原有价值“变质”。

③ 使用寿命到期的物品（如按照国家规定使用 8 年后报废的小、微型出租客运汽车，使用 10 年后报废的中型出租客运汽车等）。由于长期使用而原有价值或功能“变差”。

④ 因损坏而无法使用的物品（摔坏的手机、钢笔）。由于外在因素或内在因素原有价

值“变没”。

⑤ 生产过程的副产物（例如木材加工家具剩下的木皮和木屑、矿石采选后的尾矿，都属于丧失原有价值后的残留物）。即属于主产品加工过程中产生的不具有目标价值和功能的物质或物品。

从主观原因，即虽未丧失利用价值但被抛弃或者放弃来看，则主要是因为物品本身虽然没有丧失价值，但是不能满足所有者的需求（所有者需求提高）或者不再被所有者需要（供大于求）。前者例如由于具有更多、更好功能的新品的推出，而被淘汰的手机、电视机等；后者例如吃剩下的饭菜等。

1.1.1.2　从价值看固体废物

很多时候人们把无价值当作认定固体废物的依据，认为有价值的、特别是高价值的一定不是固体废物，没有价值的则是固体废物。但实际上“固体废物”是一个管理概念，目前不以价值判定固体废物。根据我国法律对固体废物的定义，关于固体废物与价值包含两层意思：一是丧失原有价值不等于没有价值；二是有价值不等于不是固体废物。

首先，丧失原有价值不等于没有价值。这意味着从管理角度来看，被当作固体废物并按照固体废物管理的物品和物质并不一定没有价值，而只是失去了其原有的价值。例如使用寿命到期的报废汽车，其中还包含各种金属等有价物质，但是不再具备原来“可驾驶”的价值或功能；例如果皮、木屑等生产过程产生的副产物，可以作为燃料、堆肥等原料使用。

其次，有价值不等于不是固体废物。以图 1-2（a）中的铜阳极泥为例，阳极泥富集了矿石、精矿或熔剂中绝大部分或大部分的贵金属和某些稀散元素，因而具有很高的综合回收价值。例如铜、铅电解精炼产出阳极泥中的金、银价值，足可抵消电解精炼整个过程的加工费用，部分铜阳极泥甚至高达 100 万元/t，但仍然被《固体废物鉴别标准　通则》（GB 34330—2017）列为固体废物。与此类似，图 1-2（b）中焦化行业在煤炭焦化过程中产生的煤焦油含有上万种成分，其中很多有机物是生产塑料、合成纤维、染料、橡胶、医药、耐高温材料等的重要原料，具有较高价值，但也被列为固体废物（符合国家或行业标准的除外）。

(a) 铜阳极泥

(b) 煤焦油

图 1-2　“高价值”的固体废物

主要原因是《固体废物鉴别标准　通则》（GB 34330—2017）“4.2 生产过程中产生的副产物”依据是否“有意生产”对固体废物进行判定，这种判定对于低价值副产物适用，但是对于高价值副产物不适用。将这些高价值副产物按照固体废物，甚至危险废物管理，不利于该类废物按照市场需求流通。随着我国固体废物管理精细化水平提高，这种对固体废物的定义方式已经不太适用，国家也在研究修订《固体废物鉴别标准　通则》，将这类具有高价值的副产物从固体废物中划分出来。

1.1.1.3　从形态看固体废物

如果从形态上来看固体废物的话，“顾名思义”似乎不适用于固体废物。首先，固体废物并不只包含固态的废物。一方面，根据《固体废物污染环境防治法》对固体废物的定义，固体废物不仅包括固态的废物，还包括废弃的半固态和置于容器中的气态物质或物品。常见的半固态废物包括含水量较高的污泥、湿排的尾矿。另一方面，根据该法第一百二十五条，液态废物的污染防治也适用《固体废物污染环境防治法》，这说明在我国液态废物也按照固体废物管理。液态的废物包括废酸、废碱以及煤焦油等。

其次，固态废物污染环境的防治也并不都适用《固体废物污染环境防治法》。该法第二条规定，放射性固体废物污染环境的防治不适用该法。

1.1.2　固体废物的性质

固体废物的性质可以概括为四个“双重性”，即“资源属性”和“环境危害”的双重性、“污染源”和“污染汇”的双重性、固体废物治理“减污”和“降碳”的双重性，以及类别和危害特性的双重复杂性。

1.1.2.1　“资源属性”和“环境危害”的双重性

固体废物具有鲜明的时间和空间特征，从充分利用自然资源的观点看，都是有价值的自然资源、二次资源、再生资源，具有明显的资源属性。例如前文所述的报废的汽车、煤焦油等。然而，如果利用或处置不当就会产生极大的环境污染，对生态、人体健康造成多元危害。

1.1.2.2　“污染源”和“污染汇”的双重性

一方面，固体废物是废水、废气治理过程的产物，是重金属、有机污染物等各类污染物的汇集。例如废水治理的污泥、烟气处理的飞灰等，都汇聚了大量废水和废气中的污染组分。另一方面，固体废物又是水、气等污染的源头，污泥可能对地表和地下水体产生污染，而飞灰不仅可以通过淋溶作用污染水体，还可能通过颗粒物等形式对大气造成污染。

1.1.2.3　固体废物治理“减污”和“降碳”的双重性

固体废物资源化过程中，通过资源和能源替代，可以大幅减少原生能源和资源开采的碳排放，产生显著的降碳效应。

以废纸为例，采用废纸造纸不仅可以减少对森林资源的消耗，减少废品废料的产生，还可以减少能源消耗，废纸制浆减少了化学品消耗和废水的污染负荷。据了解，用废纸造纸与用传统的植物纤维造纸相比较，可以节约 50%的新鲜水，降低 60%～70%的能源消耗。使用木材原料生产 1t 纸浆需要 4～5m^3 木材，而利用废纸制浆每 1.25t 废纸就能生产出 1t 的纸浆。废纸制纸浆不需要添加蒸煮类化学添加剂，减少了化学品的用量，相比传统木材原料造纸可减少污水悬浮物排放 25%，减少 40%生化需氧量排放，减少 60%～70%的大气污染，减少 70%的固体废物排放。废纸回收利用温室气体减排效率为 5.42tCO_2/t 废纸。

与此类似，再生铜生产的单位能耗仅为矿产铜的 20%，每利用 1t 废杂铜，可少开采矿石 130t，少产生 2t SO_2、13.1kg NO_x 和 100 多吨工业废渣，节能 87%，因此世界各国对废杂铜的回收再生尤为重视。废铜回收利用温室气体减排效率为 14tCO_2/t 废铜。

1.1.2.4　类别和危害特性的双重复杂性

我国工业门类齐全，是全世界唯一拥有联合国产业分类中所列全部工业门类的国家。不同工业产业产生不同类别和特性的固体废物，仅以危险废物而言，《国家危险废物名录（2021 年版）》就列出 50 个大类、129 个项、476 种危险废物，还不包括未纳入国家危险废物名录的危险废物。而固体废物的种类更多，根据 2022 年征求意见的《固体废物分类目录》列出的就有近 200 种固体废物。

另外，固体废物对环境的危害也呈现多元性。

① 侵占土地。固体废物产生以后需占地堆放，堆积量越大，占地越多。据估算，每堆积 10000t 废渣约需占地 1 亩（1 亩=666.67m^2）。我国许多城市利用市郊设置垃圾堆场，也侵占了大量的农田。

② 污染土壤。废物堆置，其中的有害组分容易污染土壤。如果直接利用来自医院、肉类联合厂、生物制品厂的废渣作为肥料施入农田，其中的病菌、寄生虫等会使土壤污染，人与污染的土壤直接接触或生吃此类土壤上种植的蔬菜、瓜果极易致病。

③ 污染水体。固体废物随天然降水或地表径流进入河流、湖泊，会造成水体污染。

④ 污染大气。一些有机固体废物在适宜的温度下被微生物分解，会释放出有害气体；固体废物在运输和处理过程中也会产生有害气体和粉尘。

⑤ 影响环境卫生。我国工业固体废物的综合利用率很低，城市垃圾、粪便清运能力不高，严重影响城市容貌和环境卫生，对人的健康构成潜在威胁。

1.1.3　固体废物的分类

固体废物种类繁多，分类依据也多种多样，如按特性、行业、产生原因分类，以及按国家固体废物的管理方式分类。

1.1.3.1　按特性分类

① 从有机和无机特性上区分　可分为有机废物和无机废物。有机废物指由有机物料构成的废弃物，如动物尸体、废塑料、废纸、废纤维等；无机废物指由无机物料构成的废弃

物，如废金属、废玻璃和陶瓷、炉渣等。

② 从形态特性上区分　可分为固态废物、半固态废物和液态（气态）废物。常见的固态废物如塑料袋、玻璃瓶、报纸等；半固态废物如含水量较高的污泥、粪便、湿排的尾矿等；容器中的气态或液态废物如废油、废有机溶剂、废气等。

③ 从危害特性上区分　可分为危险废物和非危险废物。危险废物是指列入《国家危险废物名录》或者根据国家规定的危险废物鉴别标准和鉴别方法认定的具有危险特性的固体废物。危险废物的危害特性多，而且可能兼具几种；危害特性特别复杂，包括腐蚀性、急性毒性、浸出毒性、反应性、传染性等一种及一种以上。

《一般工业固体废物贮存和填埋污染控制标准》(GB 18599—2020）中将非危险废物里面的一般工业固体废物又分为Ⅰ类和Ⅱ类。

a．第Ⅰ类一般工业固体废物：是指按照 HJ 557 规定方法获得的浸出液中任何一种特征污染物浓度均未超过 GB 8978 最高允许排放浓度（第二类污染物最高允许排放浓度按照一级标准执行)，且 pH 值在 6～9 范围之内的一般工业固体废物。

b．第Ⅱ类一般工业固体废物：是指按照 HJ 557 规定方法获得的浸出液中有一种或一种以上的特征污染物浓度超过 GB 8978 最高允许排放浓度（第二类污染物最高允许排放浓度按照一级标准执行)，或 pH 值在 6～9 范围之外的一般工业固体废物。

1.1.3.2　按行业分类

固体废物按行业分类可分为工业固体废物、农业固体废物、生活垃圾、建筑垃圾、医疗废物。

1）工业固体废物

如废渣、废屑、废塑料、废弃化学品、污泥、尾矿、煤矸石、废石等。

2）农业固体废物

如秸秆、废弃农用薄膜、农药包装废弃物、禽畜粪肥、动物尸骸、动物残渣、植物残渣等。

3）生活垃圾

如废电池、废荧光灯管、废温度计、餐厨垃圾、蔬菜瓜果垃圾、包装废弃物、废金属、绿化垃圾等。

4）建筑垃圾

包括渣土、混凝土块、碎石块、砖瓦碎块、废砂浆、废泥浆、废沥青块、废塑料、废金属、废竹木等。

5）医疗废物

包括感染性废物、病理性废物、损伤性废物、药物性废物、化学性废物五类。

① 感染性废物主要包括：a．被病人血液、体液、排泄物污染的物品；b．医疗机构收治的隔离传染病病人或者疑似传染病病人产生的生活垃圾；c．病原体的培养基、标本和菌种、毒种保存液；d．各种废弃的医学标本；e．废弃的血液、血清；f．使用后的一次性医疗用品及一次性医疗器械。

② 病理性废物主要包括：a．手术及其他诊疗过程中产生的废弃的人体组织、器官等；

b．医学实验动物的组织、尸体；c．病理切片后废弃的人体组织、病理蜡块等。

③ 损伤性废物主要包括：a．医用针头、缝合针；b．各类医用锐器，包括解剖刀、手术刀、备皮刀、手术锯等；c．载玻片、玻璃试管、玻璃安瓿瓶等。

④ 药物性废物主要包括：a．废弃的一般性药品，如抗生素、非处方类药品等；b．废弃的细胞毒性药物和遗传毒性药物，包括致癌性药物、可疑致癌性药物、免疫抑制剂；c．废弃的疫苗、血液制品等。

⑤ 化学性废物主要包括：a．医学影像室、实验室废弃的化学试剂；b．废弃的过氧乙酸、戊二醇等化学消毒剂；c．废弃的汞血压计、汞温度计。

1.1.3.3　按产生原因分类

固体废物按产生原因可分为丧失原有价值的废物、生产过程的副产物、废水废气治理产生的废物以及固体废物经过焚烧填埋后产生的废物。

① 丧失原有价值的废物　如不符合产品标准的残次品、过期的药品或食品、使用 10 年后报废的中型出租客运汽车、摔坏的手机和钢笔等。

② 生产过程的副产物　如木头加工家具剩下的木皮木屑、矿石采选后的尾矿等。

③ 废水废气治理产生的废物　如污水处理厂处理污水产生的污泥、企业废气治理设施收集的粉尘等。

④ 固体废物经过焚烧、填埋后产生的废物　如生活垃圾焚烧后的飞灰等。

1.1.3.4　按管理分类

（1）按管理分类的目的

国家层面上，赋予统一的固体废物代码，支撑固体废物全过程监管信息的识别和追溯的实现；国家和地方层面上，落实《固体废物污染环境防治法》，支撑管理台账、排污许可、转移管理、信息公开和环境统计等固体废物管理制度；地方和企业层面上，通过属性快速判定，便于企业按照固体废物的属性执行相应污染控制、环境管理、经营许可等分级分类管理要求。对企业来说，对于产品/废物，特别是一般废物和危险废物的环境管理、污染控制等制度要求不同，会导致管理成本的差异。

（2）我国固体废物环境管理和污染控制制度

目前我国对于危险废物的环境管理和污染控制共执行 11 项制度。

1）危险废物管理计划制度

危险废物产生单位必须按照国家有关规定制定危险废物管理计划，并报所在地县级以上生态环境部门备案。

2）污染防治责任制度

产废单位应当建立、健全污染环境防治责任制度，采取防治污染环境的措施。

3）危险废物应急预案备案制度

危险废物产生单位应当制定意外事故的防范措施和应急预案，按预案要求每年组织演练，并向有关部门备案。

4）危险废物标示管理制度

容器和包装物、收集、贮存、运输、利用、处置的设施和场所，必须设置危险废物识别标志。

5）危险废物申报登记制度

向所在地县级以上生态环境部门申报危险废物的种类、产生量、流向、贮存方式等。

6）危险废物转移联单制度

转移危险废物前，须向生态环境部门报批危险废物转移计划，得到批准的方可进行转移。

7）危险废物源头分类制度

按照危险废物特性分类进行收集、贮存。

8）危险废物经营许可证制度

危险废物产生单位应委托持有危险废物经营许可证的单位收集、贮存、利用、处置危险废物。

9）排污许可制度

产废单位应当取得排污许可证，并向有关部门提供废物种类、数量、流向等有关资料，以及减量化和资源化措施。

10）管理台账制度

产废单位应当建立废物管理台账，如实记录废物种类、数量、流向等信息，实现工业固体废物可追溯、可查询。

11）转移许可制度

转移固体废物出省、自治区、直辖市贮存/处置的，应当向移出地省（区、市）级人民政府有关部门提出申请。

我国对于一般固体废物的环境管理和污染控制共执行 4 项制度，分别为污染防治责任制度、排污许可制度、管理台账制度和转移许可制度。

（3）我国固体废物按管理分类方法

1）名录查询

《固体废物污染环境防治法》对固体废物进行了 1 级分类，将固体废物分为四类，包括工业固体废物、生活垃圾、建筑垃圾和农业固体废物。《一般工业固体废物管理台账制定指南（试行）》在 1 级分类的基础上，将一般工业固体废物进行了 2 级分类，包括冶炼废渣、粉煤灰、炉渣等 18 类废物。《固体废物分类目录》（征求意见稿）进一步细化了 3 级分类，将固体废物共分成 243 小类，并按照“三级四类的框架”，着重构建二级分类和三级分类的内容。其中，工业固体废物的二级分类与《一般工业固体废物管理台账制定指南（试行）》保持衔接，生活垃圾和建筑垃圾的二级分类，与《生活垃圾分类标志》《建筑垃圾处理技术标准》保持衔接；农业固体废物的二级分类结合工作实际综合确定，形成了“三级四类”的固体废物分类体系。图 1-3 列出了我国固体废物的分类体系（不包含危险废物）。

对于危险废物，我国以《国家危险废物名录（2021 年版）》的形式，已经构建了包括 50 种二级分类、476 种三级分类的危险废物分类体系。

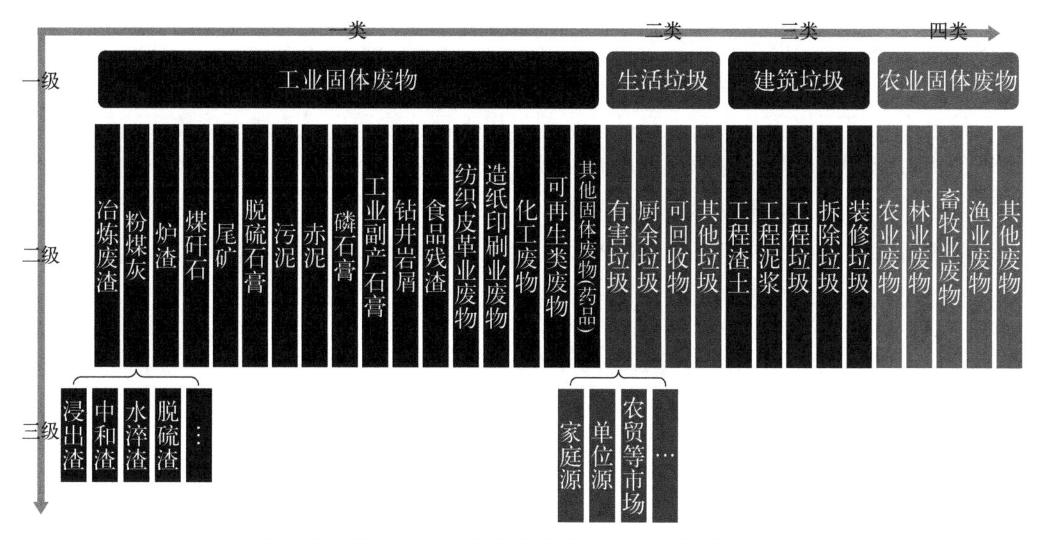

图 1-3　我国固体废物分类体系（不包含危险废物）

2）固体废物鉴别

首先对于危险废物，《危险废物鉴别标准　通则》规定了危险废物的鉴别程序：

① 依据法律规定和 GB 34330，判断待鉴别的物品、物质是否属于固体废物，不属于固体废物的则不属于危险废物。

② 经判断属于固体废物的，则首先依据《国家危险废物名录》鉴别。凡列入《国家危险废物名录》的固体废物，属于危险废物，不需要进行危险特性鉴别。

③ 未列入《国家危险废物名录》，但不排除具有腐蚀性、毒性、易燃性、反应性的固体废物，依据 GB 5085.1、GB 5085.2、GB 5085.3、GB 5085.4、GB 5085.5 和 GB 5085.6，以及 HJ 298 进行鉴别。凡具有腐蚀性、毒性、易燃性、反应性中一种或一种以上危险特性的固体废物，属于危险废物。

④ 对未列入《国家危险废物名录》且根据危险废物鉴别标准无法鉴别，但可能对人体健康或生态环境造成有害影响的固体废物，由国务院生态环境主管部门组织专家认定。图 1-4 列出了我国危险废物的鉴别程序。

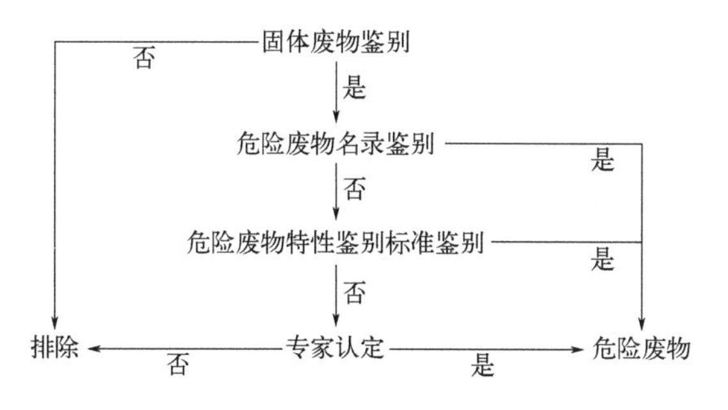

图 1-4　危险废物鉴别程序

对于一般固体废物鉴别，《固体废物鉴别标准　通则》根据固体废物的产生源，确定了固体废物的范围；根据固体废物管理过程（收集、贮存、运输、处理处置、综合利用等），确定了固体废物鉴别准则；根据我国固体废物管理实践以及借鉴美国固体废物的豁免和排除情况，确定了固体废物排除。

该标准适用于物质、物品、产品或材料（以下简称物质）是否属于固体废物的鉴别，包括国内固体废物和危险废物管理中某些物质是否属于固体废物的鉴别，以及进口物品、物质监督管理中是否属于固体废物的鉴别。

根据我国《固体废物污染环境防治法》适用于液态废物以及借鉴美国固体废物定义，该标准也适用于鉴别液态物质是否属于废物。

1.1.4 我国固体废物的现状及利用处置情况

1.1.4.1 生活垃圾

（1）产生量变化趋势

图 1-5 列出了 2010～2021 年全国城市生活垃圾产生量和无害化处理量。

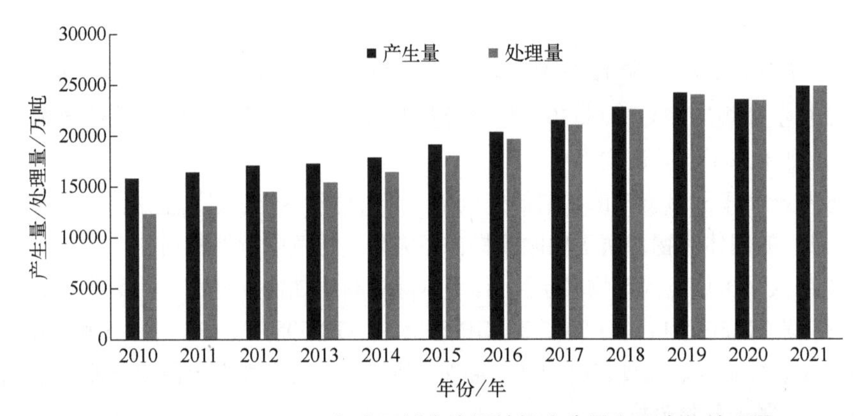

图 1-5 2010～2021 年全国城市生活垃圾产生量和无害化处理量

在 2010～2021 年期间，全国的城市生活垃圾产生量以及生活垃圾无害化处理量总体呈上升趋势，而 2020 年，由于受疫情方面的影响，城市生活垃圾产生量较 2019 年有所下降，生活垃圾无害化处理量也随之下降[1]。

（2）无害化处理量变化趋势

图 1-6 列出了 2010～2021 年全国城市生活垃圾无害化方式及处理量（书后另见彩图）。

城市生活垃圾进行无害化处理时，采用卫生填埋处理的生活垃圾量总体上呈先上升后下降的趋势，而采用焚烧处理的生活垃圾量逐年增加，采用其他处理方法例如堆肥等对城市生活垃圾进行处理的处理量总体上也呈上升趋势[1]。

1.1.4.2 一般工业固体废物

（1）产生量变化趋势

图 1-7 列出了 2010～2021 年全国一般工业固体废物产生量、处置量及综合利用量（书后

另见彩图）。在 2010～2021 年的十几年时间里，全国一般工业固体废物产生量总体上呈上升趋势。在“十三五”期间，2019 年全国一般工业固体废物产生量达 44.1 亿吨，相较于 2016 年的 37.1 亿吨增长了 18.9%[2]；2020 年受疫情影响，全国一般工业固体废物产生量有所回落，为 36.8 亿吨；2021 年，全国一般工业固体废物的产生量较 2020 年有所增加，为 39.7 亿吨。

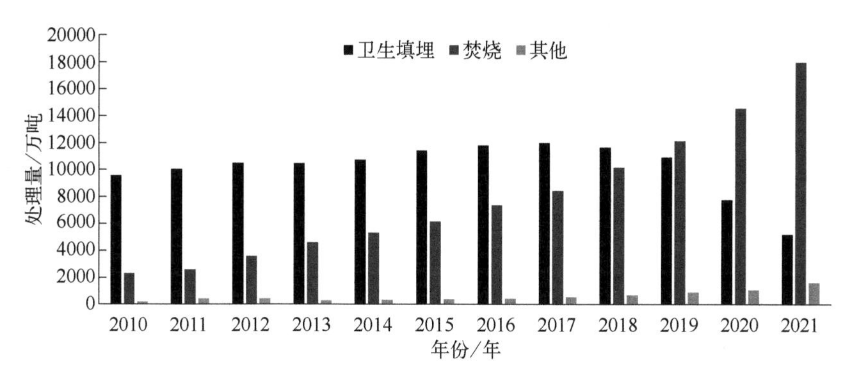

图 1-6　2010～2021 年全国城市生活垃圾无害化方式及处理量

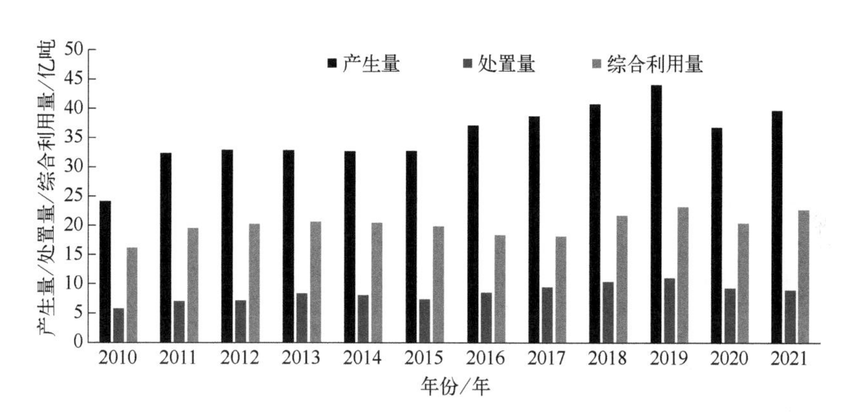

图 1-7　2010～2021 年全国一般工业固体废物产生量、处置量及综合利用量

（2）处置量变化趋势

全国一般工业固体废物处置量的变化趋势为 2016～2019 年逐渐上升，2019 年处置量达 11 亿吨，占产生量的 24.9%；2020 年处置量下降至 9.2 亿吨，占产生量的 25.0%[2-3]；2021 年处置量继续下降至 8.9 亿吨，占产生量的 22.4%[4]。

1.1.4.3　危险废物

（1）产生量变化趋势

图 1-8 列出了 2010～2021 年全国工业危险废物产生量和利用处置量。我国危险废物产生量在这十余年间总体也呈上升趋势，在“十三五”期间，2016 年全国危险废物产生量为 5219.5 万吨；至 2019 年危险废物产生量达 8126.0 万吨，增幅达 55.7%；2020 年受疫情影响，全国工业危险废物产生量下降至 7281.8 万吨；2021 年全国工业危险废物产生量较 2020 年有所增加，为 8653.6 万吨。

（2）利用处置量变化趋势

全国工业危险废物利用处置量在这十几年一直增长，对比分析“十三五”的首尾之年，2020 年全国工业危险废物利用处置量达 7630.5 万吨，相较于 2016 年增长 76.7%，2020 年全国工业危险废物利用处置量占产生量的 104.8%[5]；在 2021 年全国工业废物利用处置量又有所增加，为 8461.2 万吨[4]。

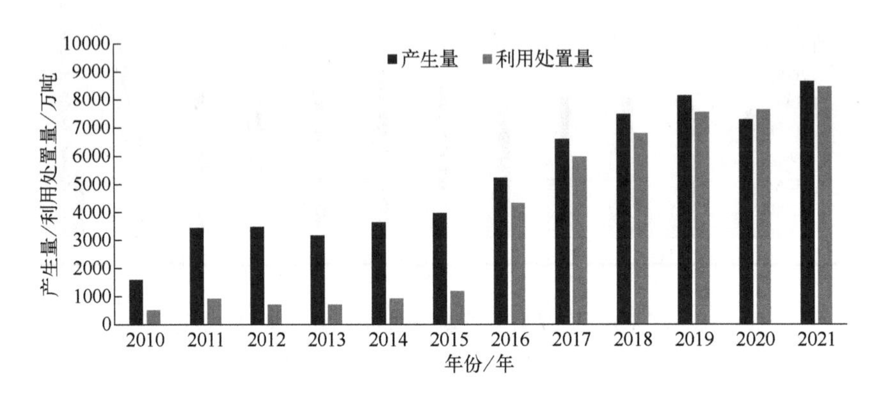

图 1-8 2010～2021 年全国工业危险废物产生量和利用处置量

1.2 固体废物填埋技术

1.2.1 填埋场的定义

1.2.1.1 广义填埋场定义

广义的填埋场是指处置固体废物的一种陆地处置设施，由若干个处置单元和构筑物组成，主要包括收集和运输系统、分析与暂存系统、固化/稳定化系统、填埋系统、污水处理系统、辅助工程和公用工程。按照防渗阻隔结构的差异，填埋场又包括柔性填埋场和刚性填埋场。其中柔性填埋场是指采用双人工复合衬层作为防渗阻隔结构的填埋处置设施；刚性填埋场是指采用钢筋混凝土作为防渗阻隔结构的填埋处置设施。

1.2.1.2 狭义填埋场定义

狭义上的填埋场是指固体废物的填埋场所，即广义填埋场中的“填埋系统”部分。

狭义上的填埋场主要由以下 6 大系统组成。

① 防渗衬层系统：将垃圾及随后产生的渗滤液与地下水隔离开。

② 填埋单元（新单元和旧单元）：填埋场中贮存垃圾的地方。

③ 雨水集排水系统：收集进入填埋场内部的雨水并进行排放。

④ 渗滤液导排系统：收集垃圾自身渗出的含有污染物的液体（渗滤液）并从填埋场中排放出去。

⑤ 填埋气体收集系统：收集垃圾降解过程中产生的气体。

⑥ 覆盖和封场系统：对填埋场顶部进行密封。

图 1-9 显示了典型危险废物填埋场系统的结构。

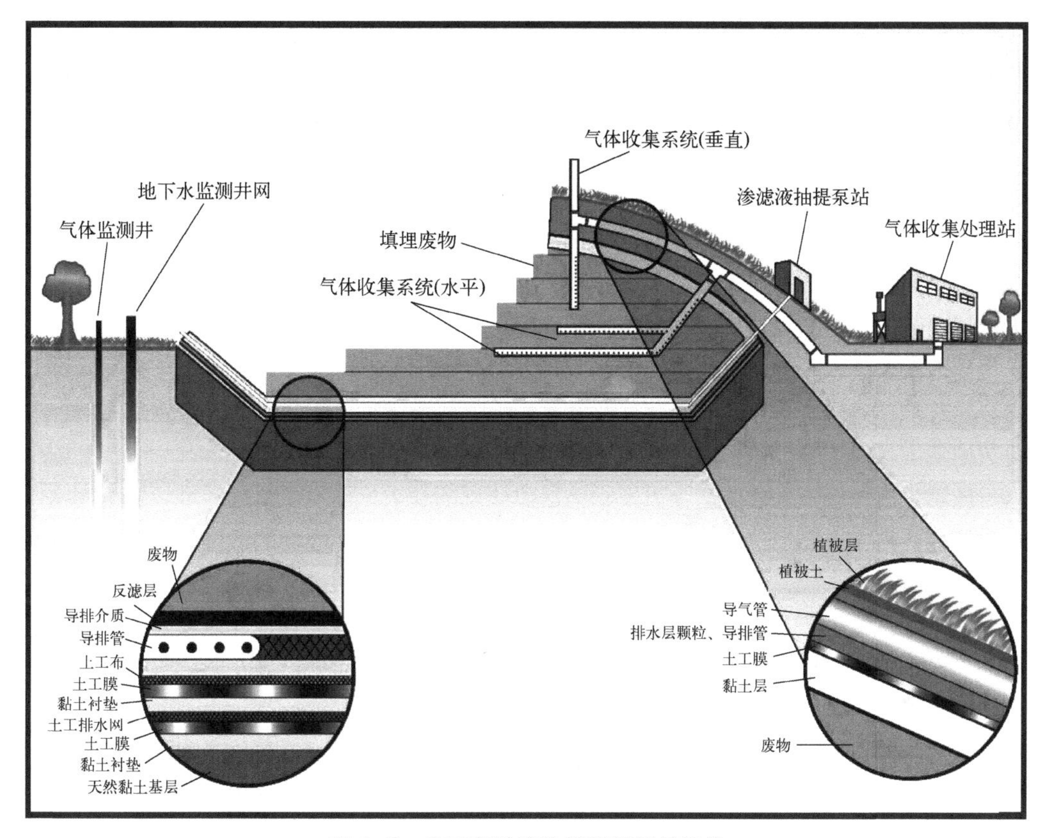

图 1-9　典型危险废物填埋场系统结构

1.2.2　填埋场的分类

填埋场的分类依据多种多样，可按照地形特征、填埋状态、填埋处置对象对填埋场进行分类。

(1) 按地形特征分类

按照地形特征可分为山谷型填埋场、平地型填埋场、废矿坑填埋场以及滩涂型填埋场。

(2) 按填埋状态分类

按照填埋状态可分为厌氧填埋场、好氧填埋场、准好氧填埋场、混合型填埋场。

(3) 按填埋处置对象分类

按照填埋处置对象可分为生活垃圾填埋场、一般工业固体废物填埋场、危险废物填埋场等。《危险废物填埋污染控制标准》(GB 18598—2019) 中又将危险废物填埋场分为柔性填埋场和刚性填埋场。柔性填埋场是指采用双人工复合衬层作为防渗层的填埋处置设施；而刚性填埋场是指采用钢筋混凝土作为防渗阻隔结构的填埋处置设施。

1.2.3 填埋技术发展情况

在历史上，用于处置固体废物的方法主要有地质处置和海洋处置两大类。海洋处置包括深海投弃和海上焚烧；陆地处置包括土地耕作、永久贮存或贮留地贮存、土地填埋、深井灌注和深地层处置等几种，其中应用最多的是土地填埋处置技术。海洋处置现已被国际公约禁止，但地质处置至今仍是世界各国最常采用的一种废物处置方法。

我国填埋行业从 20 世纪 80 年代起步，30 多年来，随着填埋行业技术突飞猛进，填埋场建设从无防渗隔离系统发展为有防渗隔离系统；填埋场运营从粗放式填埋运营逐步走向生态型填埋运营；填埋场沼气资源化利用从无序排放到全收集，到能源再生；填埋场治理也从过去简易封场，逐步走向规范封场、生态修复和场地再利用。

以生活垃圾填埋场为例，我国生活垃圾无害化处理建设从 20 世纪 80 年代起步，开始阶段因为缺乏技术和资金，所有填埋场都是非卫生填埋的堆场，且主要集中于一些大中城市，县级城市相对较少[6]；场内没有设置渗滤液防渗系统和填埋气体的回收利用系统，并且欠缺填埋场附近的环保措施，致使填埋场区垃圾泛滥、臭气熏天。

随着生活垃圾产生量的增加以及相关法律法规的要求，非卫生填埋的堆场逐渐淘汰，卫生填埋场占据主要地位。相较于非卫生填埋的堆场，卫生填埋场的设施更加齐全，其主要包括防渗衬层系统、渗滤液导排系统、渗滤液处理设施、雨污分流系统、地下水导排系统、地下水监测设施、填埋气体导排系统、覆盖和封场系统等设施，并建设有围墙或栅栏等隔离设施，在填埋区边界周围还设置了防飞扬设施、安全防护设施及防火隔离带，能够有效预防渗滤液等污染物对周围环境的影响。

随着科学技术与物联网的发展，信息技术已经成为推进环境治理体系和治理能力现代化的重要手段，因此提出了一种新概念填埋场——智慧型填埋场。这种填埋场将物联网技术与智慧环保相结合，可以构建一种垃圾处置区和智慧管理平台，通过在线监测系统能够对垃圾清运以及填埋作业全过程进行监控，能够做到垃圾来源可视、现场状况可明、空气质量报警、空气指标可视、堆体稳定及水位预警、数据分析研判、作业信息统计等全方位的监控管理。目前，厦门、长沙等城市已成功应用[7]。

从数量以及填埋量上来看，近十年来，我国的生活垃圾卫生填埋量总体上呈现先增加后减少的趋势。图 1-10 列出了 2010～2021 年我国卫生填埋处理量及其在无害化处理总量中的占比，卫生填埋处理量从 2010 年的 9598.3 万吨提升到 2017 年的 12037.6 万吨，之后的几年时间里逐渐下降，2021 年卫生填埋处理量下降至 5208.5 万吨。图 1-11 列出了 2010～2021 年我国卫生填埋场数量及其在无害化处理设施中的占比，可见填埋厂在垃圾处理设施中所占比例总体上也呈下降趋势，由 2010 年的 79.30%下降至 2021 年的 38.52%[1]。

虽然填埋在无害化处理中所占比例有所下降，但目前在我国尤其是县级城市和乡镇地区，填埋仍是生活垃圾的主要处理方法。填埋场的资源利用和生活垃圾的分类收集是解决目前填埋场困境的重要途径，需要高度重视和有效推进。

2012 年以来，我国生活垃圾卫生填埋量增速持续放缓，2017 年首次出现负增长，并延续至今。与此同时，垃圾焚烧发电高速增长，垃圾资源化再生利用也蓬勃发展，特别是国家垃圾分类政策的强力推进，奠定了垃圾处理的新格局。尽管如此，垃圾填埋仍然是兜底性、不可或缺的保障性措施。

目前我国填埋处置已进入后填埋时代，此阶段：

① 要对填埋场功能重新定位，由固体废物主要处理设施转变为战略保障设施；

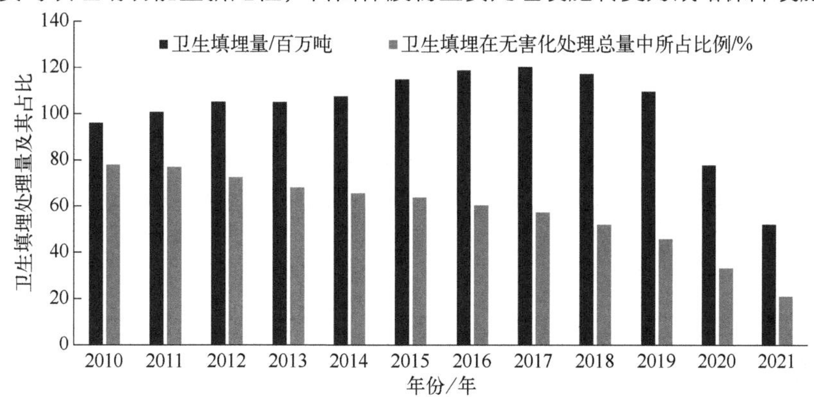

图 1-10　2010～2021 年卫生填埋处理量及其在无害化处理总量中的占比

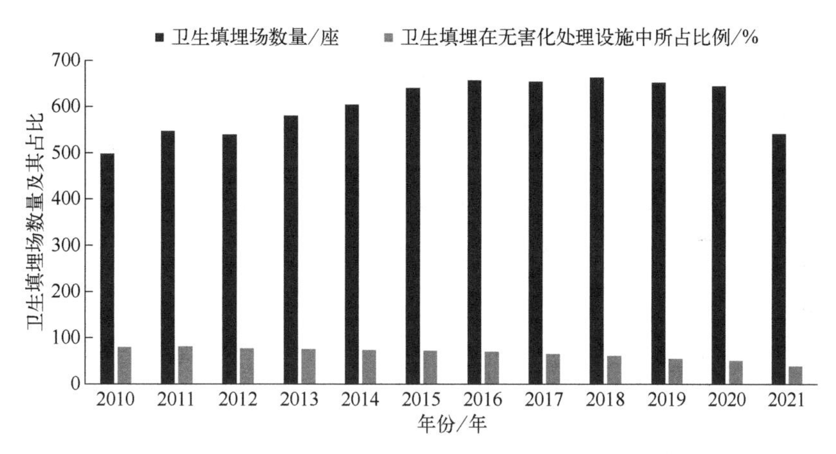

图 1-11　2010～2021 年卫生填埋场数量及其在无害化处理设施中的占比

② 要对填埋场进行全面封场或生态修复，并对填埋场进行开发、利用；

③ 填埋技术要向专业化、精细化、集约化方向转变。

1.3　寿命预测的基本理论

服役寿命（或称使用寿命）是指在正常运行条件下，工程设施或机械设备能够正常、安全、经济运行的时间。根据预测时间的不同，通常可将寿命预测划分为早期寿命预测和中晚期寿命预测。

1.3.1　早期寿命预测

早期寿命预测在设计阶段进行，其目的是确定工程或产品的理论寿命或称设计寿命，因而又被称为设计寿命预测。就预测方法而言，早期寿命预测通常基于模拟老化试验或数学模型进行推演。本书在此不做过多介绍。

1.3.2 中晚期寿命预测

中晚期寿命预测统称为剩余寿命预测，其中中期寿命预测是为了避免工程或设施运行过程中非预期的性能劣化及其可能导致的意外后果，而对尚处于设计寿命期内的工程或设施进行剩余寿命预测。与之相对，晚期寿命预测则是针对已达设计寿命期的工程或设施开展寿命预测，目的是防止偏保守的预测方法导致的使用寿命低估。就预测方法而言，中晚期寿命预测主要依托监测数据，通过对工程或设施的运行状态参数进行评估而确定。寿命预测的方法多种多样，归纳起来可分为间接寿命预测方法和直接寿命预测两类。

1.3.2.1 间接寿命预测方法

间接寿命预测方法即应力解析法，是以解析求出的部件材料应力及材料强度数据为基础，采用有限元法计算出部件的损伤程度。常用的方法有：

（1）罗宾逊寿命损耗分数估算法

罗宾逊提出的寿命损耗分数估算法可用于计算承温承压部件的寿命。此方法采用部件钢材强度性能值、几何尺寸、运行参数求出在各个工况下的应力分布，根据部件运行历史数据的分析结果和相应设备的启停次数，计算出部件寿命损耗的蠕变分量和疲劳分量，从而预测部件寿命。

当部件在应力 σ 和温度 T 的作用下时，其寿命损耗率为 t/t_r。在应力和温度不断改变时寿命损耗率独立，总的寿命损耗率为各部分的积分。

$$D_c = \int \frac{dt}{t_r(\sigma T)} \tag{1-1}$$

式中 t——应力 σ 和温度 T 下的运行时间；

t_r——应力 σ 和温度 T 下的断裂时间；

σ——部件承受的应力；

T——部件温度；

D_c——寿命损耗率。

而疲劳分量则由线性叠加原理确定：

$$D_f = \sum_{i=1}^{k} \frac{n_i}{N_i} \tag{1-2}$$

式中 k——工况变化次数；

n_i——产生裂变的循环次数；

N_i——实际运行的工况数；

D_f——疲劳分量。

则总寿命损耗累计的允许值为：

$$D=D_c+D_f \tag{1-3}$$

式中 D——总寿命损耗累计的允许值。

由此可以推算出经过一定运行时间后设备的运行剩余寿命。

（2）θ函数法

1980 年后，英国 R.W.Evens 和 Wilshire 基于沉淀硬化合金的蠕变变形是一个应变硬化和碳化物析出、聚集长大形成孔洞引起材料脆化的物理模型，提出了预测高温部件蠕变寿命的 θ 函数法数据处理方法。其优点在于能精确描述蠕变曲线，整个蠕变曲线的特征可用式（1-4）表示:

$$\varepsilon = \theta_1\left(1-e^{-\theta_2 t}\right)+\theta_3\left(e^{\theta_4 t}-1\right) \tag{1-4}$$

式中　θ_1，θ_2——蠕变曲线原始阶段蠕变变形量参数；

θ_3，θ_4——蠕变曲线第三阶段蠕变变形量参数；

ε——蠕变速率。

式中第一项和第二项分别反映了材料的应变硬化和弱化。根据恒应力蠕变曲线，采用 θ 函数法求解，即可确定参数 θ_1、θ_2、θ_3、θ_4，从而可方便地计算出达到某一规定的蠕变应变的时间。对式（1-4）分别求时间的一阶导数和二阶导数，得:

$$d\varepsilon/\ dt = \theta_1\theta_2 e^{-\theta_2 t}+\theta_3\theta_4 e^{\theta_4 t} \tag{1-5}$$

$$d^2\varepsilon/\ dt = \theta_1{\theta_2}^2 e^{-\theta_2 t}+\theta_3{\theta_4}^2 e^{\theta_4 t} \tag{1-6}$$

若把式（1-5）取零，则求得最小蠕变速率的时间 $t_{\min}$ 及最小蠕变速率 $\varepsilon_{\min}$:

$$t_{\min} = 1/\left[\left(\theta_2+\theta_4\right)\ln\left(\theta_1\theta_2^2/\ \theta_3\theta_4^2\right)\right] \tag{1-7}$$

$$\varepsilon_{\min} = \theta_1\theta_2 e^{-\theta_2 \min}+\theta_3\theta_4 e^{\theta_4 \min} \tag{1-8}$$

式中的 θ_i（i=1,2,3,4）与应力 σ 和温度 T 有关，可表示为:

$$\lg\theta_i = a_i + b_i T + c_i\sigma + d_i\sigma T \tag{1-9}$$

式中　a_i，b_i，c_i，d_i——试验常数，由试验确定。

间接寿命预测的关键在于正确搜集到部件运行的完整且真实的资料，如部件内部介质的温度、压力及金属的壁温等。该方法可用来评估任何部件以及部件的任何部位，且不受诊断对象所处位置的制约。但该方法没有考虑材料老化的因素，如若设备运行历史或材料数据不准确将会导致计算误差。

1.3.2.2　直接寿命预测方法——破坏试验法

破坏试验法是从实际部件上取样后，进行加速蠕变断裂试验、疲劳试验，据此推算出寿命损伤程度。

（1）传统破坏试验法的寿命预测

1）蠕变断裂试验步骤

① 选择试样位置。选择原则是取寿命损耗最大部位即热负荷最高部位。

② 温度及应力条件选择。选取与实际使用时相同的温度、应力条件，直至试样断裂。

③ 依照拉森-米勒参数法外推。即利用从加速试验得到的短时间数据，求出实际应力水平下的剩余寿命（断裂时间）。

$$\mathrm{LMP} = A + B\lg\sigma + C\left(\lg\sigma\right)^2 \tag{1-10}$$

式中　σ——应力，MPa，取 9.8MPa;

A，B，C——拉森-米勒参数。

2）疲劳试验步骤

① 求出塑性变形、弹性变形与交变次数之间的关系；

② 采用外推公式［式（1-11)］求出总变形的范围和至断裂的交变次数。

$$\sigma\varepsilon_{\mathrm{t}} = A + N_{\mathrm{f}}^{n} + BN_{\mathrm{f}}^{m} \tag{1-11}$$

式中 $\sigma\varepsilon_{\mathrm{t}}$——总变形的范围；

N_{f}——至断裂的交变次数；

A，B，n，m——材料常数。

已知实际变形或产生的应力，用式（1-11）求出至断裂的交变次数，即可诊断疲劳寿命。

（2）微型试件破坏试验法的寿命预测

传统的破坏试验法虽然精度高，试件履历条件（压力、温度）不明确也能诊断，特别是薄壁传热管采用这个方法较好，但是对于管座及T形接头等厚壁承压部件、汽轮机转子等，不允许采用传统破坏试验法，因为会损伤其部件的整体强度。

直接预测方法中的破坏性方法比其他方法预测损伤的精确度高，在作用于材料的温度、应力未知的情况下也能进行评估。缺点是做蠕变断裂试验、疲劳试验需要较长的时间；同时，受到限制的部件和部位不能使用；所取试样并不一定是关键部位，也有可能代表性不强，如对主蒸汽管道评估时，从直管监视段上取样做出的试验结果就不能代表弯管和焊口。

1.3.2.3 直接寿命预测方法——非破坏试验法

非破坏试验法不需要从部件上切取样品，不破坏部件，而是在部件材料损伤进展的同时，非破坏地实地直接检验金属的组织和物理性能等，从而对部件进行寿命预测。它可对多个位置进行诊断。

（1）电阻法

电阻法之一是电位差法（四端子法），夹住被测部件一端，通以电流，测出电位差，电阻率ρ由式（1-12）计算：

$$\rho = (\pi/\ln 2)CFt(E/I) \tag{1-12}$$

式中 E——电位差；

I——供给电流；

t——被测物的厚度；

C，F——都为常数。

采用相同尺寸的试样、相同的试验条件，认定未经使用材料的电阻率为ρ_0、电位差为E_0，劣化材料的电阻率为ρ_x、电位差为E_x。则由式（1-12）可以推出电阻率比R_ρ的表达式为

$$R_\rho=\rho_x/\rho_0=E_x/E_0 \tag{1-13}$$

即电阻率比等于电位差之比。

（2）硬度法

1）硬度法的依据

钢材在长期高温高压作用下发生组织性能改变，因时效、蠕变、蠕变疲劳而逐渐软化。

与材料时效相比，蠕变操作和蠕变疲劳损伤的软化速度快，软化程度因负荷应力而异。材料随蠕变过程发生的软化，是长期加热引起的软化及应力作用引起软化加速两者共同作用的结果。与电阻法有类似之处，火电厂高温承压部件材料因蠕变软化的程度，与材料蠕变损伤率之间有对应关系，因此可以通过测量部件的硬度求出其蠕变损伤率，进而由式(1-14)计算得出剩余寿命 L_c。

$$L_c = \left(1/\phi_c - 1\right)t \tag{1-14}$$

式中 ϕ_c——蠕变损伤率；

t——累计运行时间。

2）硬度比法

硬度比法是利用实测的部件长期运行后的硬度与原始硬度的比值，和蠕变断裂参量的关系来推算蠕变损伤及剩余寿命的方法。

具体的寿命预测步骤如下：

① 利用部件的蠕变硬度比变化曲线确定部件所受应力；

② 测量部件实际硬度与原始硬度的比值；

③ 从蠕变硬度比曲线上读取该硬度比及相应应力下的硬度值（P_c），和该应力下对应的蠕变断裂时的硬度值（P_f），求出原始硬度 P 与 P_c 之差 ΔP；

④ 根据 ΔP、使用温度 T 以及部件从使用至本次诊断时累计运行时间 t_c，由式（1-15）计算剩余寿命 L_c。

$$L_c = \left(10^{\Delta P/T} - 1\right)t_c \tag{1-15}$$

式中 ΔP——原始硬度与相应应力下的硬度差值；

t_c——部件从使用至本次诊断时的累计运行时间。

直接预测方法中非破坏试验法虽然不用破坏部件，可以实地直接检验金属的组织、物理性能，也可对多个位置进行诊断，但这种方法仅适用于诊断受限制的部位，适用范围较小。

1.4 工程设施的寿命预测

1.4.1 寿命预测的研究领域

寿命研究包括寿命预测研究以及基于寿命的设计研究。表 1-1 列出了常见的寿命预测主要应用领域及研究对象，从表中可知寿命预测研究遍布国民生产生活的各个领域，如航空航天、汽车、铁路运输、冶金工业、石油化工、数控加工、武器装备、发电设备、水利工程乃至民用建筑等行业与领域。

表 1-1 寿命预测的主要应用领域及研究对象[6]

设备/设施类型	行业/领域	具体研究对象
机械设备	发电设备	汽轮机叶片、发电设备、汽轮机转子、蒸汽机叶片、蒸汽轮机转子
	航空航天	涡轮叶片、航空发动机涡轮盘和叶片、航空发动机、卫星推力器、飞机

续表

设备/设施类型	行业/领域	具体研究对象
	石油化工	钻柱、转化炉炉管、蒸汽发生器炉管、油气管道
	汽车	车厢及车厢端梁、车厢、车轮、发动机、齿轮
	铁路运输	曲轴、列车制动盘、铁路钢桥、铁轨、铁路圆锥棍子轴承
	数控加工	端铣削刀具、切削刀具、冷锻刀具
	冶金工业	轧机轴承、铸轧辊套
	武器装备	火炮、履带式自行火炮扭力轴
通用材料及零部件	通用零部件	齿轮、滚动轴
	通用材料：建筑	混凝土、钢筋、钢筋混凝土
	通用材料：防护	土工膜、土工布
建筑工程	交通运输	公路路基和路面、桥梁、隧道、铁路
	水利工程	混凝土坝、土坝
	海洋工程	海洋平台（钻井采油平台、储油平台、油气处理平台、生活平台）
	油气运输	天然气管道、石油管道
	民用建筑	文物古迹
	固体废物处置	封场覆盖系统、渗滤液导排系统、防渗系统

归纳分析寿命预测的研究对象可以看出：目前寿命预测研究的对象既包括各种机械设备（民用设备如汽车，军用设备如火炮、履带式自行火炮扭力轴等武器装备，通用设备如端铣削刀具、切削刀具等数控加工设备）；又包括各种建筑工程，如水利工程的大坝、海洋工程的各种平台；还包括各种通用材料及零部件，如建筑用混凝土、钢筋以及钢筋混凝土，土工材料如土工膜和土工布等（见表 1-1）。

此外，虽然目前寿命预测的研究对象几乎覆盖社会生产生活的各个领域，但总体而言，当前大部分的寿命预测研究还止于材料或产品的零部件，针对重大工程或设备系统寿命预测的研究还非常不系统，相关的理论体系和框架尚未构建，是未来需要重点关注并取得突破的研究方向。

1.4.2 材料或零部件的寿命预测方法

系统是由部件及构成部件的材料组成的，材料性能影响整体性能，关键材料的性能甚至会对整体性能起到决定作用。进一步地，材料性能的演变影响工程整体性能演变，进而影响其寿命。因此，工程寿命的研究首先从材料和零部件的性能演变和寿命研究开始，并逐渐向工程系统整体寿命预测方向发展。归纳起来，针对材料和零部件的寿命预测方法大致可划分为基于确定性模型的寿命预测方法、基于概率统计的寿命预测方法、基于人工智能的寿命预测方法 3 类[6]。

① 基于确定性模型的寿命预测方法　其基本原理是依据物理作用或化学反应对材料或结构的影响，模拟预测材料特性的时变规律。该方法又可细分为基于应变的寿命预测方法[7-9]、基于应力的寿命预测方法[10, 11]、累积疲劳损伤理论[12, 13]和基于断裂力学的疲劳裂纹扩展理论[14-16]。

② 基于概率统计的寿命预测方法　认为材料或零部件的寿命受材料本身特性、环境和应力条件的影响具有不确定性，因而其寿命也具有一定分布特征的随机量。根据模拟试验或实际工程中获得的材料寿命统计数据，利用概率方法考虑参数的随机性，就能得到具有一定可靠度的使用寿命。

③ 基于人工智能的寿命预测方法　人工智能技术（artificial intelligence，AI）被称为是 21 世纪世界三大尖端技术之一，自其诞生以来发展迅速，已在诸多学科获得了成功应用[17]。其基本原理是通过计算机来模拟人的复杂思维过程（如学习、推理、归纳等），进而针对不同过程做出类似人的决策或反应[6]。由于具有学习能力，AI 技术对传统方法难以解决的复杂和强不确定性问题展现出独特优势，而重大工程/重大机械设备的寿命预测正属于此类问题[6]。

1.4.3　系统（整体）的寿命评估方法

尽管近年来寿命预测方法取得了很大进展，并在逐步完善，但是现有寿命预测研究大部分均以材料或试件为对象，对重大工程或重大机械设备进行整体寿命预测的研究较少。整体寿命预测方法大致可分为基于系统学和决策论的方法[18, 19]、基于过程模型的方法[20]以及经验方法三种。

(1) 基于系统学和决策论的整体寿命预测方法

常将组成系统整体的子系统称作失效单元，而将导致填埋场整体失效的若干依次顺序失效的失效单元所组成的并联系统称为失效路径。该方法计算较为简单，只要确定好所有失效路径，以及组成失效路径的各子系统的寿命后，就可以采用简单的四则运算得到整体寿命。但该方法局限性在于:

① 假设各个单元之间互不影响，其失效概率和服役寿命均为相对独立事件;

② 不考虑各个单元物质和能量的交换和转化;

③ 单元性能对整体性能的影响只能用 0（成功）和 1（失效）来表示，不能体现单元劣化过程对整体性能变化的影响。

(2) 基于过程模型的整体寿命预测方法

是以整体性能指标为退役指标，采用过程模型描述整个系统中的物质和能量流动/转化，同时引入时间参数以考虑各子系统或组件性能的劣化对整体性能的影响。陈胜宏[21]以混凝土大坝为例，提出了以整体稳定性为基准的混凝土坝服役寿命仿真分析研究，包括混凝土及岩体材料在时间和荷载及环境等因素作用下的演变规律、大坝-坝基多物理力学场的空间分布规律、大坝-坝基多物理力学场的时间演进、寿命终止（或退役）的监控预警指标等重要内容。该方法建模和计算过程较为复杂，需要较为深厚的专业背景和专业知识，但是能较真实地反映各子系统/单元劣化对系统整体性能劣化的影响，进而对系统整体性能演化进行预测。

(3) 经验方法

顾名思义主要依赖专家经验或者相似工程或设备的寿命历史数据。经验方法的优缺点不言而喻，优点是方法简单，缺点是精度差，同时要求工程本身及其服役环境、应力条件具有较高的相似性。而对于复杂系统而言，这种相似性条件很多情况下是极难达到的。

1.5 固体废物填埋场的寿命预测

工程寿命预测的理论体系非常庞大，其核心内容包括整体寿命预测方法、主要材料/部件衰减过程理论及性能长期预测方法、整体性能评估方法、服役寿命（仿真）分析方法等各方面。在固体废物填埋领域，国内外学者也开展了一些安全寿命周期的相关研究。如Abdelaal等[22]对作为填埋场人工衬垫的高密度聚乙烯（HDPE）膜的老化特征进行了研究，王殿武等[23, 24]对土工布性能随时间的变化进行了研究，Fleming 等[25]对导排层渗透系数的变化进行了研究。目前在固体废物填埋领域对填埋场的寿命预测研究主要包括核心材料性能退化和整体性能评估。

1.5.1 核心部件 HDPE 膜的老化

1.5.1.1 HDPE 膜劣化机理

高密度聚乙烯（HDPE）材料被广泛用于填埋场工程，不仅用于渗滤液的防渗、封场系统的雨水防渗，由于其优良的力学性能和抗腐蚀性能，还被用作导排管道材料。作为防渗系统核心单元的高密度聚乙烯（即 HDPE 膜）是填埋场实现安全填埋功能的核心保障，因此针对其劣化机理和评估的研究被大量开展。按照其劣化机理的不同，研究可分为两个方向：一个是以物理损伤为主[26]；另一个是以老化导致的性能劣化为主。

物理损伤是指填埋场在建设和运行过程中，由尖锐物（树根或石子）、机械（铺设机械和填埋机械）等造成的 HDPE 膜物理性破损。而 HDPE 膜老化是指由于酸碱腐蚀、蠕变破坏、紫外线氧化、热氧化等因素 HDPE 膜性能劣化，最终失效并退役的过程。

1.5.1.2 长期性能演化及其预测

HDPE 膜老化研究方面，有研究表明酸碱腐蚀、蠕变破坏、紫外线氧化、热氧化等因素均可能导致 HDPE 膜性能劣化，其中热氧化是导致 HDPE 膜性能劣化的主要因素[27]。HDPE 膜的耐久性与很多因素有关，如应力条件、暴露介质（空气、水、渗滤液、土壤及其饱和度）、氧化剂、环境温度、活化能等。许多研究者针对不同条件下 HDPE 膜的耐久性进行了分析，结果表明 20～35℃环境条件下，HDPE 膜的寿命为 100～500 年，随温度升高其寿命不断缩短，温度达到 60℃，其寿命仅不足 20 年；另外，在极端的太阳辐射条件下，高密度聚乙烯土工膜暴露在亚热带环境下的预期寿命仅为 30 年[28]。

通过分析并总结大量试验数据，Hsuan 和 Koerner[29]提出了用于 HDPE 膜寿命预测的 3-stage 模型（图 1-12），结合合理的室内试验，该预测模型能够合理地预测在不同环境温度条件下 HDPE 膜的有效寿命。缺点是该模型预测的重要参数环境温度难以准确获取，另外该模型没有考虑 HDPE 膜初始损伤特性（即 HDPE 膜制造过程的原生漏洞）以及物理损伤（建设和运行过程的物理损坏），可能导致预测结果过于理想化。

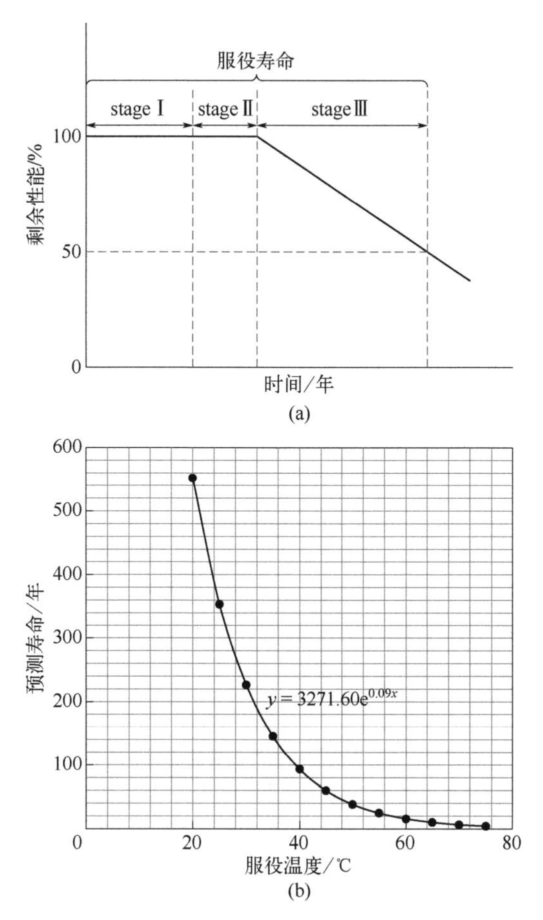

图1-12 HDPE膜老化氧化的3-stage模型

1.5.2 核心部件导排系统的老化

由导排颗粒和导排管共同组成的渗滤液收集和导排系统（LCDS），是填埋场的重要功能单元，其核心功能是对填埋场中产生的渗滤液进行快速收集和导排[30-32]。一旦导排层发生淤堵，渗滤液不能快速地收集和导排，填埋场中渗滤液液位将迅速升高，进而可能出现：

① （根据Darcy定律和Fick定律）水头增高导致渗滤液及其污染组分的渗漏和扩散增加，加剧地下水污染风险[33]；

② 衬垫系统温度升高，加速HDPE膜老化，降低其防渗能力和服役寿命；

③ 更为严重的是渗滤液水位过高还可能导致堆体内部孔隙水压力增大，致使不同介质（固体废物、LCDS、HDPE膜等）界面，以及介质内部抗剪强度降低，进而引发各种形式的堆体稳定性问题（堆体滑坡、局部沉降等）[34-36]，最终可能导致填埋废物和渗滤液的大量泄漏，对周边环境和居民人身安全构成重大威胁。

自20世纪80年代开始，随着导排层淤堵导致的填埋场安全事故大量出现，学者们开始逐渐关注导排层淤堵问题。初期的研究手段以现场挖掘为主，通过现场挖掘发现生活垃圾填埋场（MSWL）渗滤液环境下，淤堵普遍存在；Brune等[37]和Fleming等[25]进一步发现，钙、碳酸盐、二氧化硅、铁和镁是淤堵物的主要组成成分，其中前两者之和占淤堵物总量的50%以上，二氧化硅占10%以上。

20 世纪 90 年代以后，导排层淤堵的研究逐渐深入，室内模拟试验作为最主要的研究手段，被广泛用于生活垃圾填埋场导排层淤堵形成机理和影响因素的研究。大量研究表明，有机质增长（生物淤堵）、矿物质沉淀（化学淤堵）以及悬浮颗粒沉降（物理淤堵）导致的导排层孔隙空间堵塞，是淤堵发生的主要原因[38]。进一步研究表明，在高有机质含量（OMC）和低 pH 值的 MSWL 渗滤液条件下，淤堵主要以生物淤堵和化学淤堵为主。两者之间的平衡取决于难溶性无机盐离子（LSIS）如 Ca^{2+}、Mg^{2+}等的浓度，LSIS 含量高时，淤堵物成分以矿物盐沉淀为主；含量低时，淤堵物成分以微生物及其排泄物为主等。但不论何种情形，较高的 OMC 都对 MSWL 导排层的淤堵起着关键作用，因为有机质既是生物质成长的必需营养物质，其厌氧发酵产生的 CO_2 又是 LSIS 发生化学沉淀所必须的。近期 Nikolova 等[39]针对低放射性核废料填埋场（LLWR）的研究进一步证实了 OMC 在淤堵中的关键作用，在其他条件相同（低 pH 值、高 LSIS 含量）时，由于 OMC 较低，该填埋场的淤堵进程缓慢。

在上述淤堵形成机理研究基础上，学者们还针对影响淤堵物产生速率的内部因素（渗滤液和导排介质因素，如污染物负荷、导排颗粒大小、给配等）和外部因素（环境条件，如温度、饱和/非饱和条件、有无土工膜）开展了大量研究。如 Vangulck 等[40]发现在渗滤液组分浓度和流速一定的条件下，导排颗粒粒径是影响淤堵速率的重要因素，增大导排颗粒粒径能够有效减缓导排层淤堵。进一步研究表明，在导排颗粒及其他因素一定的条件下，渗滤液中有机质和无机盐的质量负荷增大会加速导排层的淤堵。其他研究还表明，较高的温度和饱和条件有利于微生物富集生长，因此更容易导致淤堵发生。

随着对导排层机理认识的逐渐深入和完善，研究重点开始转向淤堵条件下导排系统性能预测方法的研究上。Fleming 和 Rowe[41]最早提出了单位体积渗滤液条件下，潜在淤堵物生成体积的简易预测模型；Vangulck 和 Cooke[42]在此基础上，考虑淤堵的时间演化，提出了理想条件下（玻璃珠作为导排介质，合成渗滤液作为导排流体）的淤堵速率预测模型；针对该模型的局限性（导排介质限于粒径均匀的玻璃珠，渗滤液限于合成渗滤液），Cooke 对其加以改进，提出了改进的 BioClog 模型，可用于实际 MSWL 导排层的淤堵速率预测[43]；随后，Cooke 和 Rowe 进一步改进该模型[44]，扩展了模型的预测纬度（1～2 维），极大提高了模型应用于实际填埋场导排层淤堵预测和优化设计的能力。总体上，近年来淤堵预测的方法愈发完善，在模型适应性和模拟精确性上都有较大提高。但是，现有模型是在 MSWL 导排层淤堵的现场观测数据和室内试验基础上开发并逐步完善的，其基本假设是：淤堵物的主要化学组成是 Ca、Mg、Fe 的碳酸盐沉淀，且其质量分数占淤堵物总质量的 50%以上。而在危险废物填埋场（HWL）条件下，由于较低的 OMC 含量（导致 CO_2 浓度较低）和较高的 pH 值（导致较高的 OH^-浓度），淤堵物的主要化学组成及其比例可能都与上述假设相悖，因此该模型用于 HWL 导排层淤堵预测的合理性和准确性亟待验证。

1.5.3 填埋场的整体性能评估

HWL 的核心功能是有毒有害物质的安全隔断，而绝大多数条件下，填埋场中的有毒有害物质都是赋存于固液两相（固体废物、渗滤液）中。固相中有害物质的迁移性较弱，环境风险小；渗滤液中的有害组分会随着渗滤液流动，还可能在机械弥散作用下发生对流扩散，在浓度梯度作用下引起分子扩散。因此，评估 HWL 的整体性能其实就是评价 HWL 中渗滤液产生、导排、渗漏的动态过程。

固体废物在一定尺度上具有与天然多孔介质更相近的特征，因此常借鉴多孔介质模拟的相关原理和方法模拟 HWL 堆体内部的水流和溶质运移。这些方法基本可以概括成集总式参数模型和分布式参数模型两类。

① 集总式参数模型，其基本原理是水量均衡原理。最具代表性的模型是 Schroeder 等开发的 HELP（hydrologic evaluation of landfill performance）模型[28, 45]。该模型将整个填埋堆体作为均衡单元，忽略堆体内部参数不均质性和各向异性的影响，仅考虑降雨和含水层等补给来源的输入补给水量、蒸发和下渗等输出排泄水量与堆体自身蓄水变量之间的数量平衡关系。其缺点是作为集总式参数模型，不能描述含水率的时空分布特征和变化规律；优点是减少了模型的计算量，从而可以考虑更多的模拟单元（如地表水文过程以及水分在不同功能单元的运动和迁移），实现全过程的模拟。

② 分布式参数模型，其理论基础是描述多孔介质水分运移的基本微分方程。代表性的研究成果包括：美国地质调查局开发的 SUTRA（saturated and un-saturated flow and transport，饱和-非饱和水运动和溶质迁移）模型[46, 47]；Korfiatis 等提出的垂向一维非饱和数值模拟模型[48]；Olaosun 等提出的 FILL（flow investigation for landfill leachate）垂向一维非稳定饱和-非饱和渗滤液运移模型[49]；国内学者王洪涛等提出的填埋场水分三维非饱和运移数值模拟模型等[50, 51]。其优点不言而喻，可以实现含水率和水位的时空三维刻画；缺点则是只能针对填埋堆体，不能刻画各功能单元对渗滤液产生和渗漏的影响。

参考文献

[1] 中华人民共和国统计局．中国统计年鉴[M]．北京：中国统计出版社，2021.

[2] 中华人民共和国生态环境部．2020 年全国大中城市固体废物污染环境防治年报[R].2021.

[3] 石晓莉，杜根杰，杜建磊，等．大宗工业固体废物综合利用产业存在的问题及建议[J]．现代矿业，2022, 38(6): 227-229.

[4] 中华人民共和国生态环境部．2021 年全国大中城市固体废物污染环境防治年报[R].2022.

[5] 李杰，严心富，熊义根，等．工业固体废物资源综合利用的研究[J]．化工管理，2022(15):41-43.

[6] 袁文祥，陈善平，邰俊，等．我国垃圾填埋场现状、问题及发展对策[J]．环境卫生工程，2016, 24(05): 8-11.

[7] 王延荣，杨顺，李宏新，等．总应变寿命方程中疲劳参数的确定和寿命预测[J]．航空动力学报，2018, 33(01):1-14.

[8] 杨俊，谢寿生，祁圣英，等．基于等效应变的轮盘低循环疲劳寿命预测[J]．空军工程大学学报(自然科学版)，2010, 11(06): 12-16.

[9] 张国栋，赵彦芬，薛飞，等．P91 钢蠕变-疲劳交互作用应变特征与寿命预测[J]．中国电力，2011,44(10):54-59.

[10] 高靖云，张成成，侯乃先，等．考虑应力松弛的单晶涡轮叶片蠕变疲劳寿命预测[J]．航空动力学报，2016,31(03):539-547.

[11] 魏大盛，王延荣，王相平，等．基于应力循环特征的裂纹萌生寿命预测方法[J]．航空动力学报，2012, 27(10): 2342-2347.

[12] 邓军林，杨平，徐自旭，等．基于累积塑性破坏的船体缺口板低周疲劳裂纹萌生寿命研究[J]．船舶工程，2015, 37(09): 76-80.

[13] 王祥秋，谢文玺，Jiang Ruinian．高速铁路隧道线路底部结构累积疲劳损伤特性分析[J]．城市轨道交通研究，2016, 19(12): 21-26.

[14] 范小宁，徐格宁，杨瑞刚．基于损伤-断裂力学理论的起重机疲劳寿命估算方法[J]．中国安全科学学报，2011, 21(09): 58-63.
[15] 黄卫，林广平，钱振东，等．正交异性钢桥面铺装层疲劳寿命的断裂力学分析[J]．土木工程学报，2006(09): 112-116.
[16] 王春生，陈艾荣，陈惟珍．基于断裂力学的老龄钢桥剩余寿命与使用安全评估[J]．中国公路学报，2006(02): 42-48.
[17] 裴洪，胡昌华，司小胜，等．基于机器学习的设备剩余寿命预测方法综述[J]．机械工程学报，2019,55(8): 1-13.
[18] 龙伟，宋恩奎，林思建．基于缺陷失效仿真路径压力容器的安全裕度与剩余寿命研究[J]．四川大学学报(工程科学版)，2012,44(04):204-208.
[19] 贾诺．复杂系统连锁失效的评估方法及其应用[D]．哈尔滨：哈尔滨工程大学，2014.
[20] 李文娟，刘海强．系统健康管理中的寿命模型仿真研究[J]．计算机测量与控制，2016,24(05):279-283.
[21] 陈胜宏，何真．混凝土坝服役寿命仿真分析的研究现状与展望[J]．武汉大学学报(工学版)，2011, 44(03): 273-280.
[22] Abdelaal F B, Rowe R K, Islam M Z. Effect of leachate composition on the long-term performance of a HDPE geomembrane[J]. Geotextiles & Geomembranes, 2014, 42(4): 348-362.
[23] 王殿武，曹广祝，仵彦卿．土工合成材料力学耐久性规律研究[J]．岩土工程学报，2005(04): 398-402.
[24] 王殿武，曹广祝，仵彦卿．土工织物老化性能试验研究[J]．水利水电技术，2003(07): 85-86.
[25] Fleming I R, Rowe R K. Laboratory studies of clogging of landfill leachate collection and drainage systems[J]. Canadian Geotechnical Journal, 2004, 41(1): 134-153.
[26] Forget B, Rollin A L, Jacquelin T. Lessons learned from 10 years of leak detection surveys on geomembranes[C]. Sardinia Symposium, 2019.
[27] Rowe R K, Sangam H P. Durability of HDPE geomembranes[J]. Geotextiles and Geomembranes, 2002, 20(2): 77-95.
[28] Sun X, Xu Y, Liu Y, et al. Evolution of geomembrane degradation and defects in a landfill: Impacts on long-term leachate leakage and groundwater quality[J]. Journal of Cleaner Production, 2019, 224: 335-345.
[29] Hsuan Y G, Koerner R M. Lifetime prediction of polyolefin geosynthetics utilizing acceleration tests based on temperature[J]. Long Term Durability of Structural Materials, 2001: 145-157.
[30] Ramke H. 8.1 - Leachate Collection Systems[M]//Cossu R, Stegmann R. Solid Waste Landfilling. Amsterdam: Elsevier, 2018: 345-371.
[31] Junqueira F F, Silva A R L, Palmeira E M. Performance of drainage systems incorporating geosynthetics and their effect on leachate properties[J]. Geotextiles and Geomembranes, 2006, 24(5): 311-324.
[32] Stibinger J. Approximation of clogging in a leachate collection system in municipal solid waste landfill in Osecna (Northern Bohemia, Czech Republic)[J]. Waste Management, 2017, 63: 131-142.
[33] 顾高莉，柯瀚，李育超，等．填埋场排水层淤堵条件下渗滤液最高水位研究[J]．岩土力学，2012, 33(04): 1094-1102.
[34] 谭文帅．降雨工况下某山谷型垃圾填埋场变形稳定性分析[D]．长沙：长沙理工大学，2015.
[35] 沈磊．城市固体废弃物填埋场渗滤液水位及边坡稳定分析[D]．杭州：浙江大学，2011.
[36] 林伟岸．复合衬垫系统剪力传递、强度特性及安全控制[D]．杭州：浙江大学，2009.
[37] Brune M, Ramke H G, Collins H, et al. Incrustation processes in drainage systems of sanitary landfills[C]. Proceedings of the Third International Landfill Symposium, Sardinia, 1991.
[38] Cooke A J, Rowe R K. Modelling landfill leachate-induced clogging of field-scale test cells (mesocosms)[J]. Canadian Geotechnical Journal, 2008, 45(45): 1497-1513.
[39] Nikolova-Kuscu R, Powrie W, Smallman D J. Mechanisms of clogging in granular drainage systems permeated with low organic strength leachate[J]. Canadian Geotechnical Journal, 2013, 50(6): 632-649.
[40] Vangulck J F, Rowe R K. Evolution of clog formation with time in columns permeated with synthetic landfill leachate[J]. Journal of Contaminant Hydrology, 2004, 75(1): 115-139.
[41] Fleming I R, Rowe R K. Laboratory studies of clogging of landfill leachate collection and drainage systems[J]. Canadian Geotechnical Journal, 2004, 41(1): 134-153.
[42] Vangulck J F, Rowe R K. Evolution of clog formation with time in columns permeated with synthetic landfill leachate[J]. Journal of Contaminant Hydrology, 2004, 75(1): 115-139.

[43] Cooke A J, Rowe R K. Modelling landfill leachate-induced clogging of field-scale test cells (mesocosms)[J]. Canadian Geotechnical Journal, 2008, 45(45): 1497-1513.
[44] Rowe R K, Cooke A J C J. 2D modelling of clogging in landfill leachate collection systems[J]. Canadian Geotechnical Journal, 2008, 45(10): 1393-1409.
[45] Berger K U. On the current state of the hydrologic evaluation of landfill performance (HELP) model[J]. Waste Management, 2015, 38: 201-209.
[46] Souza W R. Documentation of a graphical display program for the saturated-unsaturated transport(SUTRA) finite-element simulation model[J]. 1987.
[47] McCreanor P T, Reinhart D R. Mathematical modeling of leachate routing in a leachate recirculating landfill[J]. Water Research, 2000, 34(4): 1285-1295.
[48] Korfiatis G P, Demetracopoulos A C, Bourodimos E L, et al. Moisture transport in a solid waste column[J]. Journal of Environmental Engineering, 1983, 110(4): 780-796.
[49] Olaosun O, Baheri H R. Impact of three different hydraulic conductivity expressions on modeling leachate production in landfills[J]. Journal of Environmental Systems, 2001, 28(4): 337-345.
[50] 刘建国，聂永丰，王洪涛．填埋场水分运移模拟实验研究[J]．清华大学学报(自然科学版)，2001(Z1): 244-247.
[51] 王洪涛，殷勇．渗滤液回灌条件下生化反应器填埋场水分运移数值模拟[J]．环境科学，2003(02): 66-72.

第2章 填埋场工程寿命理论体系

△ 填埋场寿命基本概念

△ 填埋场退化因素、机理和影响分析（FMMEA）方法

△ 填埋场系统退化因素与失效模式

△ 填埋场系统退化影响

△ 填埋场系统寿命评估方法

2.1　填埋场寿命基本概念

2.1.1　工程寿命基本概念

所谓寿命，最早是对人而言，是指人从出生至发育、成长、衰老直至死亡所经历的时间[1]，而后逐渐扩展到动物、植物乃至细菌和病毒等。近年来随着工业产品的极大丰富，人们对产品质量及性能长期稳定性的要求提高，尤其是航空航天等重大领域，以及车辆、桥梁等民生及安全领域对性能长期稳定性提出了新的更高的要求，这些现代产品和工程也被赋予了寿命的概念。寿命概念的对象从生命领域扩展到现代工业工程/产品的非生命领域，即工程寿命，其内涵也被极大丰富。

此外，即使是针对工程/产品等非生命的寿命，其内涵也不断发展和丰富。最初仅指物理寿命，随着技术水平不断发展，人们对产品需求不断提高，很多工程或产品可能由于技术上、经济上乃至环保上的原因而退役，对应的寿命则称为技术寿命、经济寿命和环境寿命。

工业工程/产品的物理寿命指其自建造完成起，到因磨损、老化等自然原因而最终不能有效使用时为止的一段期限，又称使用寿命或服役寿命。而技术寿命是指工程或产品从开始运行，直至其不能满足使用者所需功能的时间。技术寿命的长短主要受技术发展速度影响，技术发展越快，工程或产品的技术寿命越短。经济寿命是指工程或产品从运行开始，直至由于经济因素而停止使用的时间。

综上所述，对于工程和产品等非生命体而言，其广义寿命是指工程或产品自建成开始，到由于老化等自然因素而不能使用，或由于技术、经济乃至环保原因而不再使用的时间期限。数值上，广义寿命的长度小于或等于物理寿命。工业工程/产品的狭义寿命是指物理寿命，指工业设备或工程自建成开始，到因磨损、老化等自然原因而不能有效使用时为止的一段期限。

2.1.2　填埋场系统结构和功能分析

2.1.2.1　填埋场系统的定义

填埋场根据填埋固体废物类型可分为一般工业固体废物填埋场、生活垃圾填埋场和危险废物填埋场。

危险废物对环境的危害性更大，因此危险废物填埋场（HWL）相对于一般工业固体废物填埋场和生活垃圾填埋场在选址、设计、施工、运行、封场及监测的环境保护要求上更为严格。本书主要阐释危险废物填埋场，下文如无特别说明则填埋场指危险废物填埋场。

根据《危险废物填埋污染控制标准》（GB 18598—2019）中的定义：危险废物填埋场是指处置危险废物的一种陆地处置设施，由若干个处置单元和构筑物组成，主要包括接收与贮存设施、分析与鉴别系统、预处理设施、填埋处置设施（其中包括防渗系统、渗滤液收集和导排系统）、封场覆盖系统、渗滤液和废水处理系统、环境监测系统、应急设施及其他公用工程和配套设施。按照防渗阻隔结构的差异，危险废物填埋场又包括柔性填埋场和刚性填埋场。其中，柔性填埋场是指采用双人工复合衬层作为防渗阻隔结构的填埋处置设施；而刚性填埋场是指采用钢筋混凝土作为防渗阻隔结构的填埋处置设施。在填埋场类型上，本书主要针对柔性填埋场。

狭义上的危险废物填埋场是指危险废物的填埋场所，即广义填埋场中的“填埋系统”部分。本书所涉及的对象是指固体废物填埋场的填埋系统，即狭义上的固体废物填埋场，同时类型上，主要针对柔性填埋场。因此，如无特别说明，下文中出现的填埋场均指狭义上的柔性填埋场。

2.1.2.2 填埋场系统的组成

危险废物填埋系统的基本组成包括填埋堆体、填埋气导排子系统、地下水导排子系统、雨污分流子系统、截洪沟、渗滤液防渗子系统、渗滤液导排子系统、封场覆盖子系统、填埋场监测子系统。

部分山区型填埋场可能还设置有坝体；选址区域地下水位较高的填埋场还设有地下水导排和收集子系统。

各个子系统的零部件或材料构成如表 2-1 和图 2-1 所示。

表 2-1 危险废物填埋系统结构子系统代码、名称及组成零部件

子系统代码	子系统英文名	子系统名称	组成零部件
RSD	rain and sewage diversion	雨污分流系统	排水沟
CG	capping green system	封场绿化系统	营养植被土、覆盖支持土、植物
CCD	capping water collection and drainage system	封场集排水系统	排水层颗粒、边坡排水网
CL	capping liner system	封场防渗层	人工防渗膜
CGC	capping gas collection system	封场导气层	导气颗粒、导气管
WL	waste landfill body	填埋堆体	危险废物
PLC	primary leachate collection and drainage system	主渗滤液集排系统	反滤层、导排卵石、导排支管、导排主管
PL	primary liner system	主渗滤液防渗系统	人工防渗层、土工布保护层、黏土衬层
SLC	secondary leachate collection and drainage system	次渗滤液集排系统	土工排水网、导排管
SL	secondary liner system	次渗滤液防渗系统	人工防渗层、土工布保护层、黏土衬层
GCD	groundwater collection and drainage system	地下水导排系统	导排颗粒、导排管

2.1.2.3 填埋场各子系统的功能

危险废物填埋场又称为安全填埋场，在日本也称为隔断型填埋场。顾名思义，其功能就是隔断危险废物与外界土壤、地表和地下水环境介质的联系，从而实现安全填埋的目的。

图 2-2 列出了危险废物填埋场各子系统的功能特征。危险废物填埋场对渗滤液渗漏

的控制通过源、径、汇的三重控制实现。其中源控制是指控制雨水的入渗和渗滤液的产生，主要通过雨污分流系统、雨水导排和防渗系统实现；径控制是指隔断渗滤液的渗漏途径，主要通过主防渗系统控制；汇控制是指通过设置次级渗滤液导排和防渗系统对通过主防渗层的渗滤液进行收集，保证即使主防渗层发生渗漏，渗滤液也不会进入环境介质中。

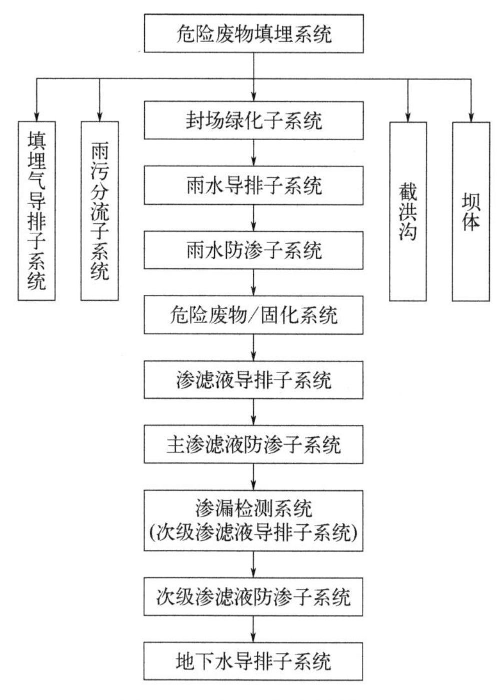

图 2-1　填埋场系统结构

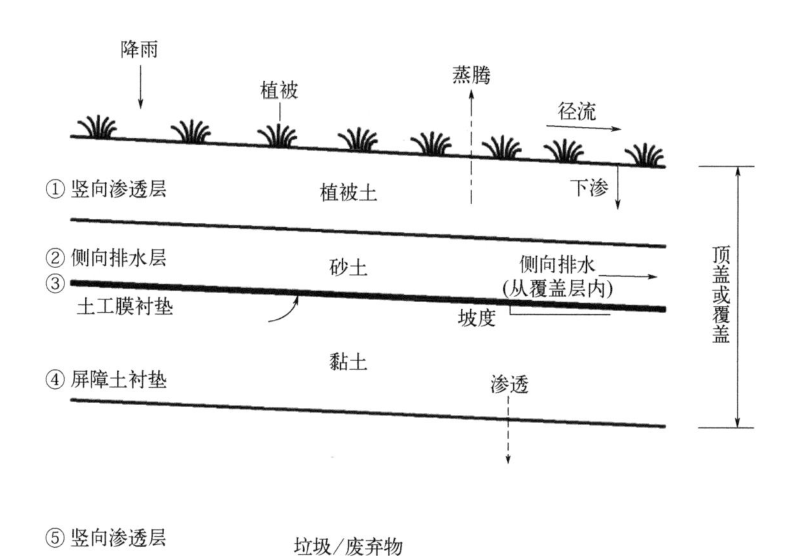

图 2-2

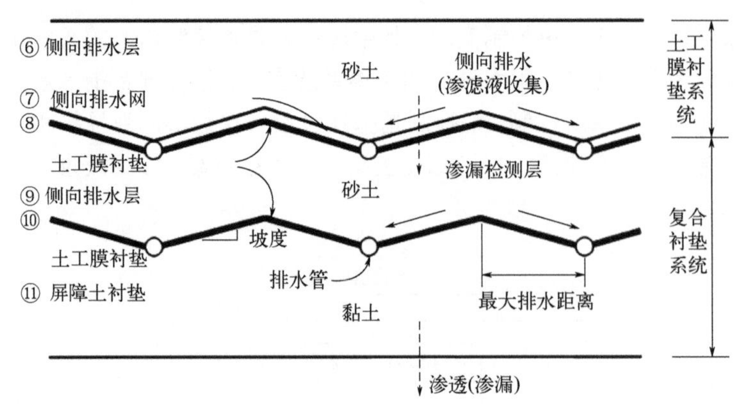

图 2-2　HWL 各子系统功能特征

各部分功能的具体实现过程如下所述：

对于在源头上控制渗漏的雨污分流系统、雨水导排和防渗系统，其中的雨水导排和防渗系统可进一步细分为雨水导排系统和雨水防渗系统两部分（见图 2-1）。雨污分流系统主要用于控制填埋区外雨水的进入；雨水导排系统主要是对填埋区内的雨水进行快速收集和导排。雨污分流和雨水导排系统综合作用，呈现“疏导”功能，使得雨水防渗系统上方的积水减少；雨水防渗系统则呈现“堵”的功能，隔断雨水进入填埋堆体的途径，减少渗滤液的产生。如此两“疏”一“堵”尽可能地减少渗滤液的产生量。

主渗滤液防渗和导排系统，实际上由渗滤液导排系统和主渗滤液防渗系统组成，其对渗滤液渗透过程的控制与雨水导排系统对雨水入渗的控制原理类似。渗滤液导排系统呈现“疏导”功能，将下渗到主防渗系统上方的渗滤液迅速收集并排出，减少渗滤液的储量，一方面，可直接减少渗滤液渗漏；另一方面，通过降低主防渗层上的水头压力，间接减少渗滤液渗漏。如此一“疏”一“堵”避免或最大限度地减少在渗滤液大量产生的不利条件下渗滤液通过主防渗层的渗漏量。

次级渗滤液防渗和导排系统由次级渗滤液导排系统和次级渗滤液防渗系统组成。其中次级渗滤液防渗系统是危险废物填埋场渗滤液渗漏的最终屏障，可防止从主防渗层渗漏的渗滤液进入环境土壤中，与主防渗系统构成防渗的“双保险”；而次级渗滤液导排系统又称为渗漏检测和收集系统，对通过主防渗层的渗漏进行有效收集，减少其通过次级防渗层渗漏的量。次级渗滤液防渗和导排系统对主防渗层渗漏的渗滤液的控制，同样与雨水导排系统对雨水入渗的控制原理类似，次级渗滤液导排系统呈现“疏导”功能，将主防渗层渗漏的渗滤液迅速收集并排出。次级渗滤液防渗系统呈现“堵”的功能。如此一“疏”一“堵”避免或最大限度地减少在主防渗层发生渗漏条件下渗滤液通过次防渗层渗漏进入环境。

2.1.3　填埋场寿命定义

2.1.1 部分和 2.1.2 部分明确了：

① 危险废物填埋场狭义寿命是指其物理寿命或使用寿命；

② 此处的填埋场是指狭义上的危险废物填埋场，即广义的危险废物填埋场建设工程的填埋设施。

如此，根据前文对工程“物理寿命”的定义，结合危险废物填埋场功能和结构特性，可以对危险废物填埋场的物理寿命（或使用寿命）进行定义：广义的危险废物填埋场寿命是指危险废物填埋场自建成运行开始，到由于性能劣化或者由于技术、经济或环保等不再使用的时间期限。

而狭义的危险废物填埋场寿命，即危险废物填埋场使用寿命（或称物理寿命）是指危险废物填埋场自建成运行开始，到由于主要功能单元和材料老化等填埋场阻隔性能下降，最终不能实现填埋场基本功能而需进行退役的期限。

需要指出，目前在国内外一些文献报道中，将填埋场从运行到封场的这一段时间称为使用寿命，而该“寿命”实际上是指填埋场整个生命周期中的运行期，是填埋场能够接纳危险废物并实施填埋的一段时间，主要取决于填埋场的库容和日处理能力，这需要与本书中定义的危险废物填埋场使用寿命相区别。

2.2　填埋场退化因素、机理和影响分析（FMMEA）方法

失效模式、机理和影响分析（failure mode，mechanism and effect analysis，FMMEA）是用于识别系统中可能失效部件的一种系统分析方法。

FMMEA 是“自下而上”的由原因至结果的分析方法，即从组成系统（工程设施或机械设备）的基本元器件的失效（包括其失效模式、机理及影响）逐级向上分析，直至对整个系统（工程设施或机械设备）进行分析，评价故障或失效的潜在影响和后果[2]。FMMEA 实际是一种定性-半定量的分析方法，通过对每种故障模式的影响程度与范围、发生频率、检测难度加以分析、归类，识别对系统寿命具有重要影响的关键单元及其失效模式和机理，为后续寿命的定量分析明确重点。

2.2.1　FMMEA 分析工作内容

FMMEA 主要工作内容包括失效模式识别、失效机理分析、失效影响分析[3, 4]。失效模式分析是识别组成系统的每一个子系统或部件潜在的所有失效模式，失效机理分析是分析失效模式产生的原因，失效影响分析则是确定组成系统的各子系统或部件失效可能对局部、上一级乃至系统产生的影响和导致的后果[5]。

（1）失效模式识别

失效模式表示呈现出的故障具体表现形式，例如 HDPE 膜出现漏洞或渗透系数增加、导排管道淤堵或断裂等都属于失效模式。该工作内容是 FMMEA 的基础性工作内容，是进一步开展系统层级故障分析的基础[3-4]。

（2）失效机理分析

针对已识别的单元或组件的失效模式，分析其失效的原因或机理，则是本阶段开展的工作。由于材料本身特性及其服役环境条件的差异，失效原因各不相同，极其繁多。例如有的是由材料自身在物理-化学作用下发生性能退化造成的，有的是由运行、运输过程等外

界因素造成的。由于不同失效机理控制下的退化行为和退化特征不同，预防或控制失效的方法也存在差异，因此无论对于系统的寿命预测，抑或优化设计和管理维护而言，准确地进行失效机理判断具有关键意义。

（3）失效影响分析

失效影响代表系统内任何故障问题所带来的后果，其具体分析包括失效对系统本层次的影响、对上一层次的影响以及对整个系统的影响，这些影响分别称作局部影响、高一层次影响和全局影响[3-4]。通常对某一失效模式进行影响分析时，先从预先设定的指定层次开始分析。不同层次的失效影响和失效模式之间存在一定的关系，即低层次系统的失效影响是高一层次系统的失效模式，而低层次系统导致该失效影响的失效模式，则是高一层次系统失效模式的失效机理或原因[3, 4]。

2.2.2 FMMEA 分析工作流程

系统的 FMMEA 分析流程和步骤如图 2-3 所示，通常包含 11 个步骤，其实际过程具有循环迭代与不断改善的特性。

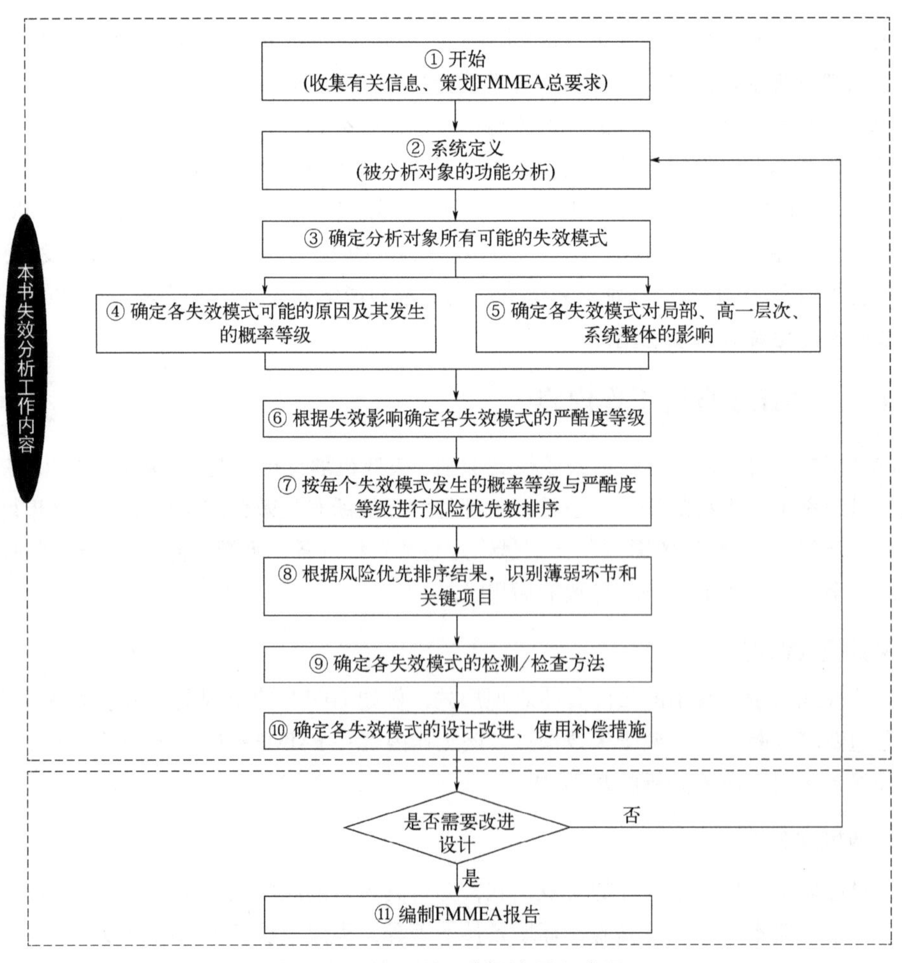

图 2-3　FMMEA 分析流程和步骤

本书的主要目的是识别对固体废物填埋场性能和寿命具有影响的退化因素和失效模式，因此主要开展其中的①～⑩流程，各流程主要内容如下[5-7]：

① 前期准备：充分收集分析对象（固体废物填埋场）的相关信息，制定 FMMEA 整体分析方案。

② 系统设定：全面解析分析对象（固体废物填埋场）的系统组成、结构、边界和相关功能。

③ 确定系统组件存在的失效模式：通过失效判断、检验结论、使用情况以及实践经验等手段找出系统组件可能存在的全部失效模式。

④ 依据上一环节结论深入探寻失效原因及其发生概率等级：通过文献收集，理论分析，系统设计、建设、运行，以及实践经验等有关资料确定其失效原因及其发生的概率等级。

⑤ 明确所有失效模式的影响：依次分析各个失效模式在局部、高一层次以及系统整体所产生的影响。

⑥ 根据失效影响确定各失效模式的严酷度等级。

⑦ 依据所有失效模式发生的概率等级以及危害程度或者风险等级进行排序。

⑧ 确定系统核心部分与容易发生问题的环节：按每个失效模式的排序结果识别薄弱环节和核心项目。

⑨ 检测方法和可检测度分析：对每个失效模式的原因、影响制定相应的检查方法。

⑩ 对失效模式提出设计改良方法与完善手段。

2.3　填埋场系统退化因素与失效模式

2.3.1　填埋场系统失效模式

根据填埋场系统定义和结构组成，针对各组成部件的功能、材料特性、服役环境条件和应力条件，可对各底层系统的失效模式进行识别，结果见表 2-2。一共有 36 种退化因素，对应潜在的 36 种失效模式。

表 2-2　填埋场子系统及部件/材料失效模式

子系统	子子系统/部件	材料	功能	失效模式	编号
雨污分流系统	排水沟	混凝土	收集雨水并排出雨水，控制填埋区内的水量	排水沟因树叶、土壤颗粒等淤塞	1
				排水沟体破损	2
封场绿化系统	表层植被土	土壤	为植被提供营养	冲刷流失	3
	覆盖支持土	土壤	为植被土提供支撑	—	4
	植被	草、树等	绿化/美化	衰败、死亡	5
雨水导排系统	排水颗粒/土工排水网		导排雨水，防止雨水在 HDPE 膜上的蓄积	淤堵	6
雨水防渗系统	HDPE 膜	HDPE 膜	防止雨水进入，控制渗滤液的产生	HDPE 膜破损，出现漏洞	7

续表

子系统	子子系统/部件	材料	功能	失效模式	编号
				渗透系数增大	8
	土工布保护层	土工布	避免 HDPE 膜受尖锐物刺伤	机械性能下降	9
导排气系统	导气管	HDPE 管	填埋气收集和导排，避免场内气体富集	断裂	10
				淤堵	11
	填埋堆体	危险废物	—	固化性能下降	12
渗滤液导排系统	反滤层	细砂/土工布	减缓导排颗粒的淤堵	机械性能下降	13
	导排颗粒	卵石/碎石	导排渗滤液，防止渗滤液在 HDPE 膜上的富集	淤堵	14
	导排主管	HDPE 管	收集导排支管以及导排介质中的渗滤液	断裂	15
				淤堵	16
	导排支管	HDPE 管	收集导排介质中的渗滤液	断裂	17
				淤堵	18
	导排竖管	HDPE 管	收集导排主管的渗滤液	断裂	19
	水泵	水泵	排出导排竖管的渗滤液	不能抽水	20
主渗滤液防渗系统	人工防渗层	HDPE 膜	渗滤液渗漏的第一重屏障	HDPE 膜破损，出现漏洞	21
				渗透系数增大	22
	土工布保护层	土工布	防止 HDPE 膜损伤	机械性能下降	23
	黏土衬垫	黏土	与 HDPE 膜一起构成第一重屏障	渗透系数增大	24
渗滤液渗漏检测和收集系统	土工排水网	HDPE 排水网	收集并导排主防渗层的渗滤液渗漏，控制次级防渗层上液位高度	淤堵	25
	导排管	HDPE 管	收集并导排次级导排层的渗滤液	断裂	26
				淤堵	27
	导排竖管	HDPE 管	收集并导排导排管的渗滤液	断裂	28
	水泵	水泵	排出次级导排管的渗滤液	不能抽水	29
次渗滤液防渗系统	人工防渗层	HDPE 膜	渗滤液渗漏的最终屏障	HDPE 膜破损，出现漏洞	30
				渗透系数增大	31
	土工布保护层	土工布	防止 HDPE 膜损伤	机械性能下降	32
	黏土衬垫	黏土	与 HDPE 膜一起构成最终屏障	渗透系数增大	33
地下水导排系统	导排颗粒	卵石、碎石	收集并导排主防渗层的渗滤液渗漏，控制次级防渗层上液位高度	淤堵	34
	导排管	HDPE 管	收集并导排次级导排层的渗滤液	断裂	35
				淤堵	36

2.3.2 填埋场系统失效机理

填埋场系统失效模式的退化因素和失效机理，可以根据填埋场内部组件的材料特性，以及填埋场内的环境和渗滤液条件分析得到，结果见表 2-3。

表 2-3　填埋场子系统失效机理（退化因素）识别

子系统	子子系统/部件	材料	功能	服役环境因素	服役应力条件	劣化机理
雨污分流系统	排水沟	混凝土	收集雨水并排出雨水，控制填埋区内的水量	雨水、光、温度		干湿循环、酸碱腐蚀、应力损伤
封场绿化系统	表层植被土	土壤	为植被提供营养	雨水、植物根系、小动物		雨水冲刷、生物作用
	覆盖支持土	土壤	为植被土提供支撑	植物根系、小动物		生物作用
	植被	草、树等	绿化/美化	雨水冲刷、温度、光		营养、干/湿状况
雨水导排系统	排水颗粒/土工排水网	卵石/碎石/土工排水网	导排雨水，防止雨水在 HDPE 膜上的蓄积	雨水		化学、生物、物理淤堵
雨水防渗系统	HDPE 膜	HDPE 膜	防止雨水进入，控制渗滤液的产生	雨水、温度	覆土的不均匀沉降	机械损伤、氧化老化
	土工布保护层	土工布	保护 HDPE 膜	雨水、温度	覆土的不均匀沉降	应力损伤、氧化老化
导排气系统	导气管	HDPE 管	填埋气收集和导排，避免场内气体富集	填埋气、渗滤液	堆体不均匀沉降	应力损伤、氧化老化
	填埋堆体	危险废物	—	雨水、温度、渗滤液	堆体不均匀沉降	—
渗滤液导排系统	反滤层	细砂/土工布	减缓导排颗粒的淤堵	渗滤液	填埋物荷载	应力损伤、氧化老化
	导排颗粒	卵石/碎石	导排渗滤液，防止渗滤液在 HDPE 膜上的富集	渗滤液	填埋物荷载	化学、生物、物理淤堵
	导排主管	HDPE 管	收集导排支管以及导排介质中的渗滤液	渗滤液、温度	填埋物荷载、不均匀沉降	淤堵、应力损伤、氧化老化
	导排支管	HDPE 管	收集导排介质中的渗滤液	渗滤液、温度	填埋物荷载、不均匀沉降	淤堵、应力损伤、氧化老化
	导排竖管	HDPE 管	收集导排主管的渗滤液	渗滤液、温度	填埋物荷载、不均匀沉降	淤堵、应力损伤、氧化老化
	水泵	水泵	排出导排竖管的渗滤液	渗滤液、温度	—	腐蚀、氧化老化
主渗滤液防渗系统	人工防渗层	HDPE 膜	渗滤液渗漏的第一重屏障	渗滤液、温度	填埋物荷载、不均匀沉降	应力损伤、氧化老化

续表

子系统	子子系统/部件	材料	功能	服役环境因素	服役应力条件	劣化机理
主渗滤液防渗系统	土工布保护层	土工布	防止 HDPE 膜损伤	渗滤液、温度	填埋物荷载、不均匀沉降	应力损伤、氧化老化
	黏土衬垫	黏土	与 HDPE 膜一起构成第一重屏障	渗滤液、温度	填埋物荷载、不均匀沉降	冲刷、流失
渗滤液渗漏检测和收集系统	土工排水网	HDPE 排水网	收集并导排主防渗层的渗滤液渗漏，控制次级防渗层上液位高度	渗滤液	填埋物荷载	化学、生物、物理淤堵
	导排管	HDPE 管	收集并导排次级导排层的渗滤液	渗滤液、温度	填埋物荷载、不均匀沉降	淤堵、应力损伤、氧化老化
	导排竖管	HDPE 管	收集并导排导排管的渗滤液	渗滤液、温度	填埋物荷载、不均匀沉降	淤堵、应力损伤、氧化老化
	水泵	水泵	排出次级导排管的渗滤液	渗滤液、温度	—	腐蚀、氧化老化
次渗滤液防渗系统	人工防渗层	HDPE 膜	渗滤液渗漏的最终屏障	渗滤液、温度	填埋物荷载、不均匀沉降	应力损伤、氧化老化
	土工布保护层	土工布	防止 HDPE 膜损伤	渗滤液、温度	填埋物荷载、不均匀沉降	应力损伤、氧化老化
	黏土衬垫	黏土	与 HDPE 膜一起构成最终屏障	渗滤液、温度	填埋物荷载、不均匀沉降	冲刷、流失
地下水导排系统	导排颗粒	卵石、碎石	收集并导排主防渗层的渗滤液渗漏，控制次级防渗层上液位高度	渗滤液	填埋物荷载	淤堵、应力损伤、氧化老化
	导排管	HDPE 管	收集并导排次级导排层的渗滤液	渗滤液、温度	填埋物荷载、不均匀沉降	淤堵、应力损伤、氧化老化

2.4 填埋场系统退化影响

填埋场系统退化影响的分析按照由下而上的次序，即首先在填埋场组件材料层次分析材料失效对本层次（子子系统）的影响，此后分析对上一层次的影响（即子系统级别）以及对整个系统的影响。在此基础上，对失效的严酷度等级、失效模式发生概率和可检测度进行分析。失效模式严酷度等级[8, 9]、失效模式发生概率等级以及失效可检测度的定义和描述见表 2-4～表 2-6。

由此得到各失效模式在局部、子系统以及整个系统（全局）级别的影响，以及各失效模式的严酷度等级、失效概率等级以及可检测度，结果见表 2-7。

表 2-4　填埋场系统失效模式（退化因素）严酷度等级

类别	程度	描述/准则
Ⅰ类	后果非常严重	危险废物或渗滤液大量渗漏，造成不可估量的环境污染及经济损失
Ⅱ类	后果严重	HWL 严重损坏不能正常工作，引起重大经济损失
Ⅲ类	后果严重度一般	需要开展维修，并造成一定经济损失
Ⅳ类	后果严重度较小	导致非计划性维护或修理，及少量经济损失
Ⅴ类	后果轻微/可忽略	不会对危险废物填埋系统性能产生重大影响，或者影响极易观测并修复

表 2-5　填埋场失效模式（退化因素）发生概率等级定义

类别	名称	描述
A 级	经常发生	发生概率大于 20%或相当级别
B 级	有时发生	发生概率大于 10%但小于 20%，或相当级别
C 级	偶然发生	发生概率大于 1%但小于 10%，或相当级别
D 级	很少发生	发生概率大于 0.1%但小于 1%，或相当级别
E 级	极少发生	发生概率小于 0.1%，或相当级别

表 2-6　失效可检测度评价标准

检测度等级	5	4	3	2	1
评价准则	完全无法检测	很小机会能检测	现行方法有机会检测	现行方法基本能检测	现行方法肯定能检测

表 2-7　填埋场子系统/子子系统失效影响分析

一级子系统	编号	二级子子系统/部件	材料	退化/失效影响			严酷度等级	概率等级	可检测度
				局部影响	上一级影响	全局影响			
雨污分流系统	1	排水沟	混凝土	场外雨水不能有效分流	场外雨水进入场区量增加	渗滤液产生量增加	Ⅳ类	D	1
封场绿化系统	2	表层植被土	土壤	不能为植物提供营养条件	植物衰败、死亡	绿化率降低、景观受损	Ⅴ类	D	2
	3	覆盖支持土	土壤	不能为植物提供支撑条件	植物衰败、死亡	绿化率降低、景观受损	Ⅴ类	D	2
	4	植被	草、树等	植被衰败、死亡	—	绿化率降低、景观受损	Ⅴ类	D	2
雨水导排系统	5	排水介质	卵石/碎石/土工排水网	雨水不能有效导排	雨水防渗层上积水增加	渗滤液产生量增加	Ⅲ类	C	3
雨水防渗系统	6	HDPE 膜	HDPE 膜	雨水入渗量增加	渗滤液产生量增加	主防渗层渗漏量增加	Ⅲ类	A	4

续表

一级子系统	编号	二级子子系统/部件	材料	退化/失效影响			严酷度等级	概率等级	可检测度
				局部影响	上一级影响	全局影响			
	7	土工布保护层	土工布	抗刺穿、缓冲性能下降	对 HDPE 膜保护能力下降	HDPE 膜损伤增加	Ⅳ类	A	4
导排气系统	8	导气管	HDPE 管	气体不能有效导出	气体在局部富集	—	Ⅳ类	C	3
填埋堆体	9	填埋堆体	危险废物	固化材料固化能力降低	渗滤液浓度增加	渗漏后环境危害增大	Ⅳ类	B	3
渗滤液导排系统	10	反滤层	细砂/土工布	颗粒堵塞反滤层	形成不连续性饱水带	—	Ⅴ类	B	4
	11	导排颗粒	卵石/碎石	孔隙空间被颗粒堵塞，渗透性降低	渗滤液导排层导排能力下降	主防渗层渗漏量增加	Ⅲ类	A	4
	12	导排主管	HDPE 管	孔隙空间被颗粒堵塞，渗透性降低	渗滤液导排层导排能力下降	主防渗层渗漏量增加	Ⅲ类	C	2
	13	导排支管	HDPE 管	孔隙空间被颗粒堵塞，渗透性降低	渗滤液导排层导排能力下降	主防渗层渗漏量增加	Ⅲ类	C	4
	14	导排竖管	HDPE 管	孔隙空间被颗粒堵塞，渗透性降低	渗滤液导排层导排能力下降	主防渗层渗漏量增加	Ⅳ类	D	1
	15	水泵	水泵	水泵不能运行	集水坑中渗滤液水位升高	主防渗层渗漏量增加	Ⅴ类	D	1
主渗滤液防渗系统	16	人工防渗层	HDPE 膜	渗滤液渗漏量增加	次级防渗层上方水位升高	次防渗层渗漏量增加	Ⅱ类	A	4
	17	土工布保护层	土工布	抗刺穿、缓冲性能下降	对 HDPE 膜保护能力下降	HDPE 膜损伤增加	Ⅳ类	A	4
	18	黏土衬垫	黏土	渗透系数增大，防渗性能下降	主防渗层破损情况下的主防渗层渗漏量增加	次防渗层渗漏量增加	Ⅲ类	C	4
渗滤液渗漏检测和收集系统	19	排水介质	土工排水网	排水网堵塞，渗透性降低	渗漏检测层导排能力下降	次防渗层渗漏量增加	Ⅲ类	A	4

续表

一级子系统	编号	二级子子系统/部件	材料	退化/失效影响			严酷度等级	概率等级	可检测度
				局部影响	上一级影响	全局影响			
	20	导排管	HDPE 管	孔隙空间被颗粒堵塞，渗透性降低	渗滤液水位升高	次防渗层渗漏量增加	Ⅲ类	C	3
	21	导排竖管	HDPE 管	孔隙空间被颗粒堵塞，渗透性降低	渗滤液水位升高	主防渗层渗漏量增加	Ⅳ类	D	2
	22	水泵	水泵	水泵不能运行	集水坑水位升高	主防渗层渗漏量增加	Ⅴ类	D	1
次渗滤液防渗系统	23	人工防渗层	HDPE 膜	防渗性能下降	渗滤液渗漏量增加	地下水污染风险增大	Ⅱ类	A	4
	24	土工布保护层	土工布	抗刺穿、缓冲性能下降	对 HDPE 膜保护能力下降	HDPE 膜损伤增加	Ⅳ类	A	4
	25	黏土衬垫	黏土	渗透系数增大，防渗性能下降	次防渗层破损情况下的次防渗层渗漏量增加	次防渗层渗漏量增加	Ⅲ类	C	4
地下水导排系统	26	导排颗粒	卵石、碎石	导排能力降低	地下水位升高	—	Ⅳ类	D	3
	27	导排管	HDPE 管	不能收集导排颗粒中的地下水	地下水位升高	—	Ⅳ类	D	2

就填埋场各子系统而言，雨污分流系统可以有效降低封场绿化系统的雨水导排负荷，进而减少渗滤液产生和渗漏，其失效将导致雨水不能有效分流，致使场外雨水进入填埋场区，最终可能导致渗滤液产生量增加。但是该子系统的失效易于修复，且易于检测，因此严酷度等级为Ⅳ，可检测度为 1，不作为填埋场长期性能演化和寿命分析的重点。

封场绿化系统主要影响景观，从一定程度上考虑，植被的衰败甚至可能导致下垫面条件的改变，致使径流量增加，从而减少渗滤液产生和渗漏。从填埋场防护性能角度考虑，封场绿化系统的退化对填埋场性能的影响很小，甚至可能产生积极的影响；另外，封场绿化系统的退化易于检测。综合考虑赋予其Ⅴ类的严酷度等级，和 1 类的可检测度，且不作为填埋场长期性能演化和寿命预测的关注目标。

导排气系统主要是对填埋区的气体进行收集和导排。对危险废物填埋场而言，一方面，由于填埋废物中有机质含量很低，有机物厌氧或好氧反应产生的甲烷、二氧化硫、二氧化碳等气体很少，因而填埋气不是危险废物填埋场污染控制的重点；另一方面，导排气系统的导排管失效概率较低，可检测度较高。综合考虑，赋予其Ⅳ类的严酷度等级，和 3 类的可检测度，且不作为填埋场长期性能演化和寿命预测的关注目标。

固化材料的退化可导致危险废物中的危害组分迁移能力增强，进而导致渗滤液浓度增加，渗滤液渗漏后的污染加重。但本书选择以渗滤液的渗漏量作为填埋场性能的表征指标，通过控制渗滤液的量，而非“浓度”实现污染物的阻断。因此，虽然固化材料失效可能导致渗滤液渗漏后的后果更为严重，但本书不特别进行考虑，也不将其作为填埋场长期性能演化和寿命预测的关注目标。

3 个导排系统（雨水导排系统、渗滤液导排系统以及滤滤液渗漏检测和收集系统，或称次级渗滤液导排系统）对于渗滤液的产生和渗漏控制具有重要意义，其失效会对填埋场的整体性能产生不利影响，因此，对其主要组件（导排介质、导排管道、水泵）失效分别赋予Ⅲ类的严酷度等级。但是考虑到导排管道的淤堵相对易于检测，且可以通过反冲洗实现导排管道清淤，因此各导排系统的导排管道不作为填埋场长期性能演化和寿命预测的关注点。与此类似，导排系统的水泵失效既易于检测和修复，修复成本也不高，因此也不作为关注点。反之，导排介质一旦发生淤堵很难进行清洗和修复，因此各导排系统的导排介质淤堵是填埋场长期性能演化和寿命预测中需要重点关注的。

3 个防渗系统（雨水防渗系统、主渗滤液防渗系统以及次渗滤液防渗系统）是填埋场渗滤液控制的核心单元，对于渗滤液的产生和渗漏控制意义重大，其失效会对填埋场的整体性能产生不利影响，因此，对其主要组件（HDPE 膜和黏土衬垫）的失效分别赋予Ⅱ类和Ⅲ类的严酷度等级。对于防渗系统的土工布保护层，虽然其对防渗层 HDPE 膜起到有效的缓冲作用，但是由于其老化较快，在铺设完成较短时间内就会劣化失去缓冲和保护能力，因此其只在填埋场建设期起作用，不作为填埋场寿命预测的关注点。而防渗系统中的黏土衬垫作为一种天然岩土防渗材料，通常具有较好的耐老化性能，一般失效概率较低。综上所述，对于各防渗系统而言，HDPE 膜性能退化既具有较高的失效严酷度等级，通常又难以检测，因此在填埋场长期性能演化和寿命预测中需重点关注。

2.5 填埋场系统寿命评估方法

对工程的寿命进行评估实际上是要解决如何表征关键部件性能及其寿命与工程整体寿命之间的定量关系这一问题。当前常用的工程寿命预测方法包括：基于系统学的失效路径寿命预测方法、基于整体性能仿真的模型模拟寿命预测方法以及基于核心单元决定论的预测方法 3 种。本书将对 3 种预测方法进行介绍，并说明它们的优缺点和适用性，再结合危险废物填埋场及其寿命特征，确定适用于填埋场的寿命预测方法。

2.5.1 常见系统寿命评估方法

基于系统学的失效路径寿命预测方法，常将组成系统的子系统称作失效单元，而将导致系统失效（寿命终止）的若干依次顺序失效的失效单元所组成的并联系统称为失效路径。一条失效路径 R 通常由多个失效单元组成，不同失效单元组合又可能形成多条失效路径 R_1，R_2，R_3，…，R_i。当其中任意一条失效路径达到系统的失效判据（或称寿命终止判据），系统即失效。因此，如要求得系统的寿命，首先需要求得各个失效途径的寿命 LIFE_{R_i} 。设失效途径 R_i 由若干个子系统或单元（A、B、C、…）的失效构成，那么失效途径 R_i 对应的寿

命 $LIFE_{R_i}$ 根据式（2-1）计算：

$$LIFE_{R_i}=\text{Max}\ (LIFE_A, LIFE_B, LIFE_C, \cdots) \quad (2\text{-}1)$$

式中　$LIFE_A$，$LIFE_B$，$LIFE_C$——子系统或单元 A、B、C 的寿命。

若系统存在 n 个失效路径 R_1，R_2，R_3，…，R_n，对应寿命根据式（2-1）计算且分别为 $LIFE_{R_1}$，$LIFE_{R_2}$，$LIFE_{R_3}$，…，$LIFE_{R_i}$，那么系统整体寿命 R_s 应为：

$$R_s=\text{Min}\{LIFE_{R_i}\}(i=1,2,3,\cdots,n) \quad (2\text{-}2)$$

以整体性能为基准的寿命评估，是以整体性能指标为退役指标，采用过程模型描述整个系统中的物质和能量流动/转化，同时引入时间参数以考虑各子系统或组件性能的劣化对整体性能的影响。

2.5.2　不同方法适用性及优缺点

基于核心单元决定论的寿命预测方法适用于某个子系统具有极端重要性的系统，该子系统一旦失效则认为整个系统失效。显然危险废物填埋场不属于此类系统，由于采用冗余设计，任一单个单元的失效不会导致填埋场的失效。以主防渗系统 HDPE 膜为例，虽然主防渗层系统 HDPE 膜是填埋场阻隔的主要组件，但是即使其发生一定程度破损，只要其他子系统性能完好，填埋场“有毒有害物质阻隔”和“安全防护”的功能仍然可以保证。如雨水防渗系统完好时，雨水进入量极小，可有效控制渗滤液的产生，也就可以避免其渗漏。因此基于核心单元决定论的系统寿命预测方法不适宜于基于冗余设计的危险废物填埋场系统的寿命预测。

基于系统学的失效路径寿命预测方法思路较为简单，只要确定好所有失效路径，以及组成失效路径的各子系统的寿命后，就可以通过简单的计算得到整体寿命。但该方法局限性在于：

① 该方法假设各个单元之间互不影响，其失效概率和服役寿命均为相对独立事件。显然这对于填埋场是不合适的，填埋场各系统之间是相互影响的，例如防渗系统 HDPE 膜的老化会导致雨水入渗量和渗滤液产生量的增加，而渗滤液产生量的增加又会加速导排系统的淤堵。

② 单元性能对整体性能的影响只能用 0（成功）和 1（失效）来表示，不能体现单元劣化过程对整体性能变化的影响，因而也不能量化预测性能的长期变化。这对于填埋场而言也是不合适的，填埋场各单元的性能不能简单地用 0 和 1 来表示，还存在中间状态。

③ 需要针对各单元，分别给定寿命阈值并计算寿命。这不仅会增加计算量，而且由于寿命终止指标及指标阈值的确定都存在主观性，因此会导致系统寿命评估过程中引入过多主观因素。例如在材料领域，通常用材料的半衰期（即性能为初始性能的 50%时达到寿命）来表征其寿命，但此时材料并一定真的丧失性能或者导致系统失效。

与基于系统学的失效路径寿命预测方法相反，基于整体性能仿真的模型模拟寿命预测方法以整体性能指标作为预测变量，对整个系统中的物质和能量交换，以及性能退化过程进行模拟，因而可以充分考虑各单元之间的物质和能量交换，及其交互作用。另外，该方法不需要分别给定各子系统或单元的寿命终止指标和指标阈值，不仅减少了计算工作量，而且减少了人为主观因素的影响。因此，对于填埋场来说以整体性能为基准的寿命评估方法是最适用的。

参考文献

[1] 魏瑞斌，武夷山，袁军鹏．世界期刊年龄的多角度比较与分析——基于乌利希期刊指南数据[J]．科学学研究，2012, 30(09): 1301-1308.

[2] 黄云，恩云飞．电子元器件失效模式影响分析技术[J]．电子元件与材料，2007(04):65-67.

[3] 袁宏杰，张泽，吴浩．整机产品失效机理危害度定量分析方法[J]．北京航空航天大学学报，2013, 39(09): 1208-1211.

[4] 张彤，陈梅．基于 FTA-FMMEA 综合分析法的发动机曲柄连杆机构可靠性研究[J]．工程图学学报，2010, 31(05): 146-150.

[5] 张国栋，赵彦芬，薛飞，等．P91 钢蠕变-疲劳交互作用应变特征与寿命预测[J]．中国电力，2011, 44(10): 54-59.

[6] Catelani M, Ciani L, Venzi M. Failure modes, mechanisms and effect analysis on temperature redundant sensor stage[J]. Reliability Engineering & System Safety, 2018, 180: 425-433.

[7] Blancke O, Tahan A, Komljenovic D, et al. A holistic multi-failure mode prognosis approach for complex equipment[J]. Reliability Engineering & System Safety, 2018, 180: 136-151.

[8] 李志强．FMECA 水闸安全评价中的严酷度等级研究[J]．河南水利与南水北调，2019, 48(01): 72-74.

[9] 张兴旺，陶煜．基于恢复效度的故障模式危害性灰色关联评估[J]．安全与环境学报，2014, 14(02): 98-101.

第3章 填埋场环境下HDPE膜氧化老化规律

△ HDPE膜基本特性及老化机理

△ HDPE膜氧化老化预测研究方法

△ 典型温度下HDPE膜老化规律

△ 温度演进条件下HDPE膜老化规律

3.1 HDPE膜基本特性及老化机理

3.1.1 HDPE膜基本特性

高密度聚乙烯（high density polyethylene，HDPE）是由乙烯共聚生成的热塑性树脂，具有结晶度高和非极性等特点。HDPE膜是由HDPE树脂原料通过吹膜或平挤工艺加工形成的塑料卷材。

就物质组成而言，HDPE膜中除含有聚乙烯以外，还含有一定比例的炭黑和抗氧化剂，其中炭黑的含量在2%～3%之间，抗氧化剂含量最高可达0.5%。用于合成HDPE膜的树脂是以乙烯为主要单体，加以少量高级α-烯烃，在低压环境下用适当类型的催化剂催化聚合而成的线型共聚物。α-烯烃共聚单体的量对树脂的密度有直接的影响，加入聚合反应中的α-烯烃量越多，生成的聚乙烯密度越低。

炭黑是一种无定形碳，质地呈轻、松而极细的黑色粉末，可作为紫外光吸收剂，延长塑料制品在户外使用寿命。HDPE膜中加入炭黑，主要是为了防止光氧老化，保证其在光环境下的稳定性。通常HDPE膜中的炭黑含量在2%～3%。在透明度较好的条件下，炭黑含量越高，HDPE膜的紫外光稳定性越好。然而，当炭黑比例高于透明度（对于HDPE膜通常是3%左右）时，其含量的提高不会显著提高HDPE膜的抗紫外老化能力。

抗氧化剂是一类化学物质，其在聚合物体系中仅少量存在时，就可延缓或抑制聚合物氧化过程的进行，从而阻止聚合物的老化并延长其使用寿命，故又被称为“防老剂”。抗氧化剂的加入是为了防止HDPE膜使用过程中的氧化，以确保其长期性能的稳定。抗氧化剂的类型很多，且其作用迥异。一般来说，HDPE膜生产过程中会用到多种抗氧化剂，但总体上，其总含量不会超过0.5%。不同抗氧化剂的功能不同，其中一些作为主抗氧化剂，如受阻酚（Irganox 1076）；其他一些则作为辅助抗氧化剂，如亚磷酸盐（Irgafos 168）等。

3.1.2 HDPE膜退化模式

当HDPE膜处于隔离状态下，高分子聚合物的均衡分子结构会阻止材料老化。理想条件下，即无阳光、氧气、酸碱液体或应力环境下，设计且建设安装过程经过严格质量控制（quality control，QC）和质量保证（quality assurance，QA）的HDPE土工膜可以认为是完好无缺的，且具有优良的防渗透性。故而成了环境保护通用的材料，也是填埋场工程常用的三种主要土工合成材料（另有土工网和土工织物）之一，主要用于阻止渗滤液渗漏和减少雨水入渗。

然而实际服役环境条件下，聚合物是暴露于各种复杂的化学环境（富含重金属和有机物的渗滤液）和应力环境（逐渐累积的填埋废物）中的，持续长久的使用就可能导致聚合材料的损伤和性能退化，积累到一定程度就会出现失效。由于工程应用的场景不同，HDPE膜可能暴露于不同的环境和应力条件下，进而产生不同类型的性能劣化，具体见表3-1。

表 3-1　不同环境和应力条件下的 HDPE 膜性能劣化机理及劣化后果

环境/应力因素	发生阶段	来源	劣化机理	劣化后果
应力（瞬间过应力）	安装和运行过程	过大的瞬间应力，如施工机械撕裂、尖锐石子和树根等刺穿	过应力	刺穿、撕裂[1, 2]
光（+氧）	安装过程	紫外光、可见光	光氧化	变色、表面裂纹、脆化和机械性能劣化[3, 4]
高能辐射	运行过程	医院、实验室的低放射性废物产生的辐射	辐射裂解	聚合物分子链断裂、抗拉强度降低，并产生裂变产物
水	安装和运行过程、封场后	降雨、渗滤液	溶胀	HDPE 膜体积增大，该过程可逆
pH 值	运行过程	过酸（pH＜3）或过碱（pH＞12）的渗滤液	化学降解	
微生物	运行过程	土壤或固体废物中的细菌、微生物	微生物降解	聚合物分子链断裂、抗拉强度降低
应力（恒外力）	安装和运行过程	施工机械碾压、褶皱+压力、热胀冷缩的拉力，以及边坡、锚固沟、渗滤液集水坑等应力集中部位	徐变、蠕变	变形，严重时导致断裂
化学溶液、渗滤液	运行过程	渗滤液中的离子或有机物	萃取降解	稳定剂和抗氧化剂消耗，导致随后的氧化降解更容易发生
热（+氧）	安装和运行过程、封场后	环境温度、固体废物水化产热、有机质发酵产热	热氧化	抗氧化剂消耗、聚合物分子链断裂、分子量减小、工程性能下降

3.1.2.1　光氧化与紫外光降解

聚合物氧化反应活化能为 5～35kcal/g 分子（1kcal=4.184kJ），热解活化能为 30～80kcal/g 分子，各种化学键的解离能为 40～100kcal/g 分子，虽然到达地球表面的紫外光仅为太阳光全部辐射量的 5%左右，但也远高于氧化反应活化能和热解活化能以及化学键的解离能。因此，聚合物暴露于紫外光下时都会通过光氧化过程发生降解。引起聚合物降解的大部分紫外光波长位于 UV-B 区（315～380nm）[3, 4]。HDPE 膜在加工过程中，通常会添加一定比例的阻隔剂或筛选剂，如炭黑，用于延缓紫外光降解[5]。因此，HDPE 膜中通常含有炭黑。但是炭黑的含量并非越高越好，通常在 2%～3%。一方面是因为含量过高可能影响 HDPE 膜的力学性能；另一方面是因为炭黑含量增加到一定程度后，HDPE 膜的抗紫外老化能力就达到峰值，不会再随着炭黑含量增加而提高抗紫外老化能力[6]。

一些学者发现在 HDPE 膜上加 15～30cm 的覆土即可防止紫外光对 HDPE 膜的影响[7]。因此对于 HDPE 膜等土工膜而言，如能在 HDPE 膜施工完成后 6～8 周内即进行覆土，可有效防止紫外光或光氧化对 HDPE 膜的影响。除采用覆土控制紫外老化以外，目前一些学者也在评估各种其他覆盖策略[6]，例如，将土工织物黏合到 HDPE 膜表面评估其抗紫外老化效果。

3.1.2.2　高能辐射

美国核管理委员会（Nuclear Regulatory Commission）和美国能源部（U.S. Department of

Energy）对超铀和高放射性核废料的研究表明[6]，辐射对聚合物老化具有重要影响。高能辐射会破坏聚合物的分子链，并释放出各种分解产物。由于早期美国的低放射性废物，如医院和检测实验室的放射性废物都要求必须填埋处理，因此美国对辐射条件下 HDPE 膜老化行为尤为关注。

聚合物降解受辐射类型和能量的影响。带电 α 粒子能穿透微米级的聚合物，带电 β 粒子能穿透毫米级的聚合物，不带电粒子（如中子和 γ 射线）能穿透米级的聚合物。因此，α 粒子和 β 粒子通常影响土工膜的表面，而 γ 射线可以影响土工膜的整个厚度。当与穿透性粒子有关的电离辐射有足够的能量且超过碳-碳键能时，就会对聚合物的结构造成损害。铀同位素 ^{238}U（峰值能量等于 4.27MeV）和镭同位素 ^{226}Ra（峰值能量等于 4.87MeV）发射的 α 粒子，以及锝同位素 ^{99}Tc（峰值能量等于 294keV）发射的 β 粒子，是低放射性废物的主要辐射源[8]。与 α 粒子和 β 粒子相关的电离辐射有足够的能量超过聚合物中碳-碳键的典型键能（5～10eV），因此，低放射性核废料（LLW）渗滤液中的 α 粒子和 β 粒子可以破坏 HDPE 膜聚合物中的化学键，导致抗氧化剂的耗损[8]。

3.1.2.3 溶胀降解及 pH 值的影响

当聚合物材料浸泡于水中（pH=7）或与水接触时，由于吸附而体积增加，都会在一定程度上膨胀，这就是溶胀。常见不同聚合物的溶胀膨胀程度见表 3-2。

表 3-2 常见不同聚合物的溶胀膨胀程度

编号	聚合物类型	膨胀程度/%
1	聚氯乙烯（PVC）	10
2	聚酰胺（PA）	4～4.5
3	聚丙烯（PP）	3
4	聚乙烯（PE）	0.5～2
5	聚酯（PET）	0.4～0.8

溶胀退化是因为水或水蒸气进入了这些材料的分子结构中。当土工膜从液体介质中移出时，吸附的液体会发生解吸，因此土工膜的溶胀退化从某种程度上而言是可逆的。尤其当填埋场渗滤液污染物的浓度小于实验室溶胀试验溶液中污染物浓度时，溶胀退化对土工膜性能的影响极小，可以忽略不计。

在强酸性环境中（$pH < 3$），一些聚合物材料，如聚酰胺，即芳纶和尼龙，会发生降解[6]；在强碱性环境中（$pH > 12$），某些聚酯材料也会发生降解[6]。

3.1.2.4 生物降解

细菌或真菌等微生物只有附着在聚合物材料上，且定位于聚合物材料中分子链的末端（这几乎是不可能的），才有可能使其降解。迄今为止，无论实验室还是现场资料均未得到 HDPE 膜生物降解的有力证据。另外，目前化学试剂公司尚不能够制造破坏诸如 HDPE 膜等土工膜类高分子聚合物的生物添加剂；而且，微生物学家尚未成功地研制出可被生物降解的垃圾袋。而用于 HDPE 膜的聚合物，其分子量是上述材料的 1000 倍，理论而言 HDPE 膜不可能在微生物作用下降解。

仅有极少量材料表明，昆虫或穴居动物可破坏聚合物衬层及覆盖材料。有人曾将老鼠置于有衬层的密闭箱内，所试老鼠无一能靠啃咬塑性膜逃离出去[6]。所以，广义上所言的生物降解可能性极小。

3.1.2.5　压力诱发的变化

冻融、剥蚀、蠕动及压裂均影响着聚合物的性能。冻融效应是指土层由于温度降到零摄氏度以下和升至零摄氏度以上而产生冻结和融化的一种物理地质作用和现象。当 HDPE 膜埋深足够大时，覆盖的土壤可有效消除极温的影响，因此冻融效应基本可以忽略。而剥蚀作用是指各种运动的介质在其运动过程中，使 HDPE 膜表面产生破坏并将其产物剥离原地的作用。只有在表面塘等应用场景下才可能发生剥蚀作用，因为该场景下水直接与 HDPE 膜接触。相比前两者，蠕动和压裂更有可能发生。

（1）蠕动

经过较长一段时间后，持续的压力使得塑性膜衬层变性，即产生蠕动。蠕动可发生于边坡。蠕变是指在长时间的恒定应力作用下，HDPE 膜发生的变形和损伤。边坡、锚沟、集水坑、突出物、沉降位置和褶皱处等应力集中部位是最可能发生蠕变的位置[9]。在较小的应力作用下，材料会发生弹性伸长，随后迅速达到平衡状态，并且不会再经历任何延长，这个时候不发生蠕变；然而一旦应力过大、作用时间较长，则可能发生恒定蠕变；应力继续增大，则发生蠕变破坏。如图 3-1 所示，曲线从下至上，依次代表无蠕变、恒定蠕变和蠕变破坏过程。

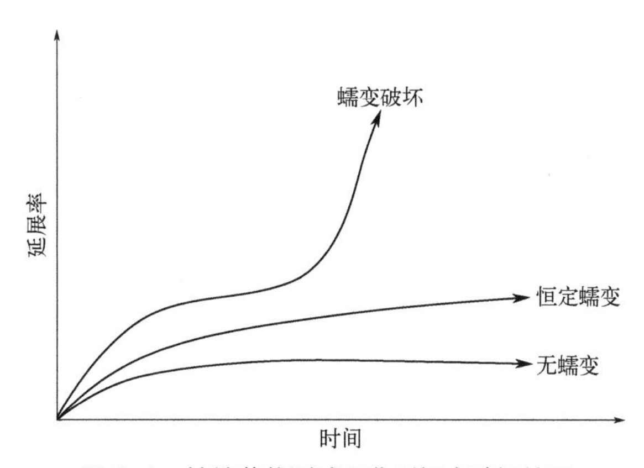

图 3-1　持续荷载测试下典型蠕变破坏结果

蠕变破坏的影响可以通过设计方法解决，具体方法是通过比较实际应力条件与允许应力条件，选择具有较高安全系数的材料。对于半结晶聚合材料，如 HDPE 膜等聚乙烯材料，实际应力必须明显小于屈服应力；对于非增强塑料如 PVC 或非增强氯化聚乙烯（CPE），实际应力必须小于 20%伸长率时的允许应力。

（2）压裂

对半晶态聚合材料，如HDPE膜而言，压裂是不可忽视的问题。在材料的分子结构中，晶态比例越大，非晶态部分比例越小，压裂的可能性越大。在这一点上，HDPE尤其值得注意。

美国材料与试验协会（ASTM）将压裂定义为脆性破坏，当压力值低于材料短期强度时发生。ASTMD2552，即“Environmental Stress Rupture Under Tensile Load”试验常用来测试HDPE材料在恒压下的耐压裂性能。结果表明，商业用的HDPE膜在上述测验中性能良好，其压裂仅1%。在压裂低于50%时，管试样品通常具有弹性；压裂大于50%时表现为塑性，即使出现裂缝，裂缝也均出现在两层膜的焊缝位置。基于各种现场HDPE材料接缝试验的结果也表明，接缝处表现出相对较高的压裂发生率，而在HDPE膜的其他位置，压裂现象很少发生。

3.1.2.6　萃取降解

萃取降解是材料长期接触化学品和液体,其重要组分由于萃取而从材料中移除的过程。对于土工膜，其聚合物配方中的添加剂，如抗氧化剂可能被萃取[10]。添加剂被萃取的土工膜不再受（抗氧化剂的）保护，土工膜的脆性逐渐增加，材料容易受到随后的氧化降解[11]。

3.1.2.7　氧化降解

聚合物的氧化过程实质上是自由基链反应的过程，在该过程的初期以物理作用为主，材料的工程力学特性无明显变化；后期逐渐转变为化学作用，聚合物的分子链开始断裂，分子量减小，工程力学特性逐渐下降（如弹性模量、断裂应力与应变等），直至最终失效。氧化降解不仅降低聚合物的机械性能而且会使其变脆，因而被认为是填埋场库底HDPE膜最主要，也是危害最大的降解类型[11]。

氧化作用受温度影响极大，在大于200°F（约93.3℃）的高温下，氧化作用迅速发生。因此，对HDPE膜衬层而言，在近高炉、焚化炉及极热的环境中，氧化将迅速导致严重的性能退化。而在室温下，氧化作用的影响大大减弱。在填埋场环境下，可通过填埋避免与氧气接触，同时可减少阳光辐射所产生的热量，以此减弱氧化作用所引起的材料降解。然而，在填埋场环境下有机质的降解，以及飞灰、固化基材等的水化均会产生大量热量，堆体温度最高可达70℃，在该温度条件下，HDPE膜的氧化降解及其性能劣化需要特别关注。

3.1.2.8　应力损伤

HDPE膜在生产、运输、安装乃至使用过程中，均可能由各种尖锐物造成过应力损伤。根据过应力损伤导致缺陷或漏洞产生的阶段，可分为原生漏洞（或称针眼漏洞）、安装缺陷以及运行损伤[12]。其中，原生漏洞一般是由制造过程造成的，如土工膜聚合时的缺陷。这些缺陷一般都非常小，甚至低于土工膜厚度（一般0.001m左右或稍大），因此又被称为针眼漏洞。安装缺陷是在土工膜铺设、导排卵石铺设过程中，安装机械以及碎石、树根等造成的破损。运行损伤是在填埋场运行过程中，由机械填埋或堆体不均匀沉降以及焊缝开裂等造成的损伤。

3.1.3　填埋环境下 HDPE 膜退化模式

HDPE 膜在不同环境条件下会发生不同的劣化过程，结合危险废物填埋场服役环境，包括渗滤液特性、危险废物荷载等条件，分析上述 8 种失效模式在填埋场发生的可能性，及严重程度，选择发生概率大、劣化后果严重的失效模式，最终得出过应力损伤（物理损伤）和氧化老化是 HDPE 膜在 HWL 服役环境下需要重点关注的老化模式。具体分析过程如下所述:

（1）光氧化与紫外光降解

诸如炭黑类的阻隔或屏蔽介质可用于阻止紫外光带来的降解。目前商业用 HDPE 膜均会添加 2.5%～3%的炭黑，可以有效屏蔽或吸收紫外光的能量，从而排除或减缓光化学反应可能性，阻止或延缓光老化的过程，从而使得土工膜抗紫外老化的能力增加，有效延长其使用寿命。另外，相关研究[7]还表明，土工膜上方 15cm 的覆土也足以避免紫外光降解。HWL 服役环境下，HDPE 膜上方通常覆盖一层土工布保护层，保护层上方铺设 30cm 厚的卵石作为导排层；在填埋场运行后，HDPE 膜上方覆盖物（填埋废物）的厚度更会逐年增加，因此紫外老化带来的影响相对较小，可以忽略。

（2）高能辐射

高强度辐射足以打破聚合物分子链，并释放出各种裂变产物。但目前，根据我国的《国家危险废物名录（2021 年版）》以及《危险废物填埋污染控制标准》，填埋场严格控制核废料等其他放射性废物入场，因此辐射对 HDPE 膜长期稳定性的影响也可以不予考虑。

（3）溶胀降解及 pH 值的影响

前文分析表明，几乎所有聚合物与水接触都会发生溶胀，但 HDPE 膜的溶胀退化在某种程度上而言是可逆的。尤其当填埋场渗滤液污染物的浓度小于实验室溶胀试验溶液中污染物浓度时，溶胀退化对土工膜性能的影响极小，可以忽略不计。另外，对于酸碱溶液对 HDPE 膜的影响，目前研究表明除浓硝酸（腐蚀性氧化剂）外，HDPE 膜具有极佳的耐酸碱能力，因此 pH 值对 HDPE 膜长期稳定性的影响也可以不予考虑。

（4）生物降解

迄今为止，化学试剂公司尚不能够制造破坏诸如塑性膜衬层及相关的合成材料高分子聚合物的生物添加剂；且多年来，微生物学家也尚未成功地制造出可被生物降解的垃圾袋。而用于 HDPE 膜的聚合物，其分子量是上述材料的 1000 倍，所以不可能被微生物降解。另外，仅有极少量材料研究表明，昆虫或穴居动物可破坏聚合物衬层及覆盖材料。有人曾将老鼠置于有衬层的箱内，所试老鼠无一能靠啃咬塑性膜逃离出去。所以，广义上所言的生物降解可能性极小，也可以不予考虑。

（5）压力诱发的变化

冻融、剥蚀、蠕动及压裂均影响着聚合物的性能。前两项即冻融、剥蚀，当材料填埋在一定深度时并未对材料构成威胁，覆盖土壤后会排除极温的影响。

蠕变破坏的影响可以通过设计方法解决，具体方法是通过比较实际应力条件与允许应力条件，选择具有较高安全系数的材料。对于半结晶聚合材料，如聚乙烯，实际应力必须明显小于屈服应力；对于非增强塑料如 PVC 或非增强氯化聚乙烯（CPE），实际应力必须小于 20%伸长率时的允许应力。

压裂破坏方面，商业用的 HDPE 膜抗压裂性能良好，现有试验中，仅在两层膜的焊缝位置出现裂缝，而在 HDPE 膜的其他位置，压裂现象很少发生，故也可以不予考虑。

（6）萃取降解

对于土工膜，萃取降解的主要后果是其聚合物配方中的添加剂，如抗氧化剂可能被萃取损耗，进而导致土工膜脆性的增加。另外，当稳定剂和抗氧化剂被过滤掉时，萃取作用变得很重要，使土工膜不受保护，材料容易受到随后的氧化降解。因此，萃取降解是可能的退化模式之一。

（7）氧化降解

尽管通过添加抗氧化剂，HDPE 膜的抗氧化性能大大增强，但是溶剂萃取、热等因素均会导致抗氧化剂的消耗（以化学反应和物理萃取、挥发等方式），进而导致 HDPE 膜的聚合物本身暴露于氧化环境下。因此，氧化降解是填埋场库底 HDPE 膜中最主要，也是危害最大的退化模式。

（8）机械损伤

即使是最科学的防渗系统设计方案和铺设方式，也不能保证填埋场中的 HDPE 膜不产生任何缺陷[12]。另外，从劣化后果的角度看，HDPE 膜上一旦存在由机械损伤造成的破损或其他原因产生的漏洞，就会成为渗滤液渗漏的优先通道，防渗性能大幅下降。因此，机械损伤同样是填埋场库底 HDPE 膜中危害最大的退化模式。

3.1.4 HDPE 膜的氧化老化机理

HDPE 膜中除聚乙烯以外，还含有一定比例的炭黑和抗氧化剂，以减缓或抑制 HDPE 膜的氧化过程。在 HDPE 膜中的抗氧化剂耗损前，HDPE 膜本身的性能不会发生退化，抗氧化剂完全耗损前的这段时期称为抗氧化剂耗损期；在抗氧化剂完全耗损后，至 HDPE 膜性能开始退化，中间也需要经历一段时间，该时间段内 HDPE 膜本身的结构、性能依然会保持稳定，这个时期称为氧化诱导期；从 HDPE 膜性能开始退化至完全退化的时期通常称为性能退化期，是聚合物本身性质、结构发生变化，导致性能退化的时期。因此，通常将 HDPE 膜的氧化老化过程概化成 3 个阶段（图 3-2），分别是：阶段Ⅰ（stageⅠ）——抗氧化剂耗损阶段；阶段Ⅱ（stageⅡ）——聚合物氧化诱导阶段；阶段Ⅲ（stageⅢ）——性能退化阶段。性能退化阶段的终点一般是指其性能降至初始性能 50%的时候，亦即半衰期。

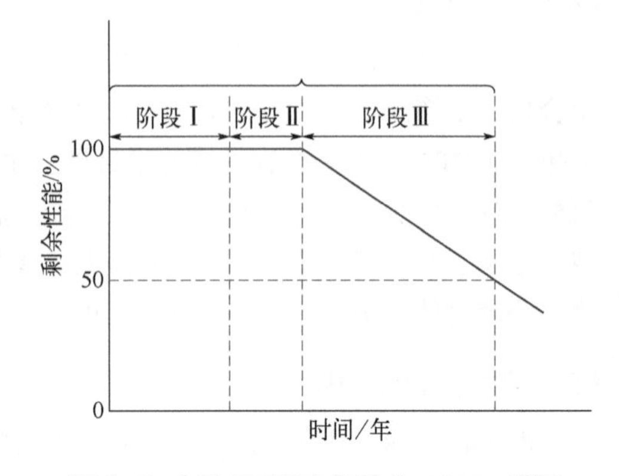

图 3-2 HDPE 膜劣化的 3-stage 模型

3.1.4.1 抗氧化剂耗损阶段：stage Ⅰ

HDPE 膜中的抗氧化剂，一方面是为了防止 HDPE 膜在生产和加工过程中的氧化；另一方面也有助于防止 HDPE 膜使用过程中的氧化。HDPE 膜中抗氧化剂的配比通常不大于 0.5%。一般情况下，在 HDPE 膜中的抗氧化剂被完全消耗之前，HDPE 膜的主体即聚乙烯是不会发生氧化的，也即在 HDPE 膜的抗氧化剂被消耗之前，HDPE 膜的性能不会衰减。因此 HDPE 膜中抗氧化剂被消耗之前的阶段，通常称为 HDPE 膜氧化老化的第 Ⅰ 阶段。

抗氧剂又分为链终止型抗氧剂（主抗氧剂）和预防型抗氧剂（辅助抗氧剂）两类。HDPE 膜中常用的主抗氧剂为受阻酚，其可作为氢给予体与聚合物竞争过氧自由基 $RO_2•$，从而降低聚合物自动氧化反应的速率；辅助抗氧剂为亚磷酸酯，可以将氢过氧化物还原成醇，也可以借助链转移使过氧自由基钝化。

因此，阶段 Ⅰ 的时长与抗氧化剂的消耗速率有关，而抗氧化剂的消耗是两个过程的结果：扩散到土工膜中氧化物质的化学反应，以及土工膜中抗氧化剂的物理损失。化学过程涉及两个主要功能：清除自由基转化为稳定的分子，以及与不稳定的氢过氧基（ROOH）反应形成更稳定的物质；而物理损失过程与土工膜中的抗氧化剂的分布及其挥发性和可萃取性有关。因此，抗氧化剂的消耗速率与抗氧化剂的类型和数量、土工膜的服役温度以及环境剖面条件有关。

3.1.4.2 聚合物氧化诱导阶段：stage Ⅱ

当 HDPE 膜中抗氧化剂完全耗损，或不含有抗氧化剂时，会发生自身氧化老化。但高聚物的初期氧化过程极其缓慢，几乎以不可测量的速率发生。随后，氧化会迅速发生发展。经过一段时间的迅速反应后，反应减速并再次变得非常缓慢。图 3-2 曲线的初始部分（在可测量的老化发生之前）被称为聚合物的氧化诱导阶段（或诱导时间）。在氧化诱导阶段，聚乙烯与氧反应生成氢过氧化物（ROOH），如式（3-1）～式（3-3）所示。然而，在此阶段 ROOH 的量非常少，不会进一步分解成其他自由基，氧化速率被控制在较低的水平。

$$RH \longrightarrow R• + H• \tag{3-1}$$

$$R• + O_2 \longrightarrow ROO• \tag{3-2}$$

$$ROO• + RH \longrightarrow ROOH + R \tag{3-3}$$

其中，RH 代表聚乙烯聚合物链，而符号 • 表示自由基，这些自由基是高度活性分子。

在加入抗氧化剂的聚合物中，聚合物的氧化反应需要在抗氧化剂全部消耗完之后才开始进行，因此抗氧化剂的加入，可以延长聚合物到达加速氧化阶段所需的时间，如图 3-3 所示。

3.1.4.3 性能退化阶段：stage Ⅲ

随着氧化的继续，ROOH 分子持续产生。当 ROOH 的浓度达到临界水平，ROOH 就开始逐渐分解，导致自由基的量大幅增加，如式（3-4）～式（3-6）所示。当额外的自由基攻击聚合物链，导致加速的链反应时，氧化诱导阶段结束。

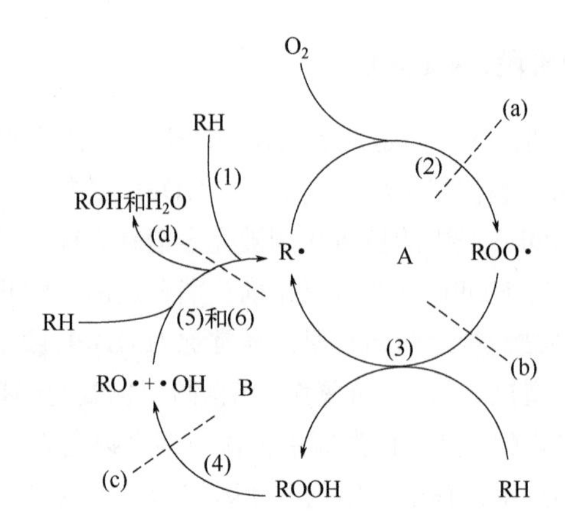

图 3-3 HDPE 膜中聚合物的氧化循环及抗氧化作用机理

RH—聚乙烯聚合物链；R•—活性自由基；ROO•—过氧自由基；ROOH—氢过氧化物；
(a)(b)(e)—主抗氧化剂；(c)(d)—辅助抗氧化剂

$$\text{ROOH} \longrightarrow \text{RO}\bullet + \bullet\text{OH} \tag{3-4}$$

$$\text{RO}\bullet + \text{RH} \longrightarrow \text{ROH} + \text{R}\bullet \tag{3-5}$$

$$\text{HO}\bullet + \text{RH} \longrightarrow \text{H}_2\text{O} + \text{R}\bullet \tag{3-6}$$

氧化过程产生大量的自由基聚合物链（R•），称为烷基自由基，烷基自由基进一步地反应，导致聚合物中的交联或链断裂。随着聚合物的降解，聚合物的物理性质和力学性能开始发生变化。物理性质中最显著的变化是熔融指数，因为它与聚合物的分子量有关；在力学性能方面，拉伸断裂应力和断裂应变均减小，而屈服应力增大，屈服应变减小。老化及降解继续演变，最终导致所有的拉伸性能发生变化，工程性能受到危害，这标志着土工膜所谓的“服役寿命”的终结。

关于寿命的终止指标，通常选择其初始性能的 50%作为寿命终止的判据。以初始性能的 50%作为判据的寿命通常被称为“半衰期”。应该注意的是，即使在半衰期中，材料仍然存在并且可以起作用，只是其性能低于设计性能水平而导致安全系数偏低。

3.2 HDPE 膜氧化老化预测研究方法

3.2.1 氧化老化研究总体思路

开展实际场地环境下的 HDPE 膜氧化老化预测通常需要老化模拟试验、老化试验参数测定和数学模型预测 3 个步骤，如图 3-4 所示。

3.2.1.1 老化模拟试验

模拟 HDPE 膜的服役环境和应力条件，获得 2 个以上温度水平的老化速率数据（抗氧化剂耗损速率、氧化诱导速率以及性能退化速率数据各 2 个或以上，通常为 3 个），后续被用于老化速率和温度的回归分析。

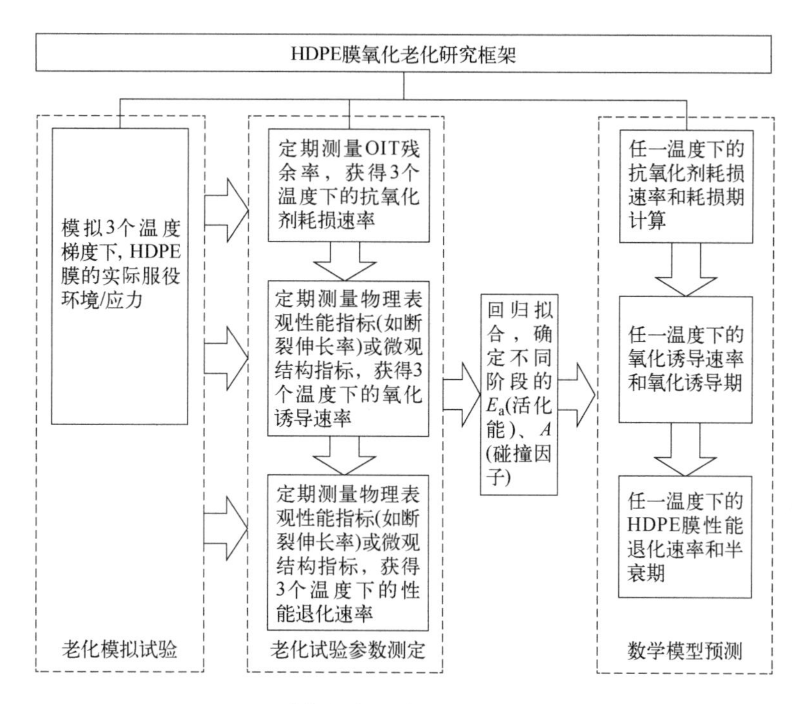

图 3-4　HDPE 膜氧化老化速率与性能退化研究系统框架

3.2.1.2　老化试验参数测定

定期采集试验中的 HDPE 膜样品，并进行物理、化学和机械性能指标的测试［如断裂强度、氧化诱导时间（OIT）］，以观察其老化过程和性能退化特征，进而计算老化速率。通过测试氧化剂耗损速率（阶段Ⅰ）、活化能 E_a（阶段Ⅰ、阶段Ⅱ和阶段Ⅲ）、氧化诱导速率（阶段Ⅱ）以及聚合物老化速率（阶段Ⅲ）等重要老化参数，最终获得老化试验条件下的老化速率。

（1）抗氧化剂耗损速率

通过测定回收样品中的 OIT 确定。聚合物中的抗氧化剂完全消耗时会大量放热，因此可以采用差示扫描量热法通过测定放热峰起始点来定量表征抗氧化剂含量。

（2）氧化诱导速率

通过定期测量 HDPE 膜的物理表观性能指标、力学性能指标以及微观结构指标确定。从抗氧化剂耗损期结束时起，定期从模拟老化装置中对 HDPE 膜进行取样，测定其物理表观性能指标、力学性能指标以及微观结构指标，当发现指标值发生变化时，则认为氧化诱导期结束。这两者之间的时间差，就是氧化诱导期时长 P_2，氧化诱导速率则为 $1/P_2$。通常而言，拉伸性能是评估聚合物和土工合成材料氧化稳定性的最常用指标，而拉伸性能中的断裂伸长率更是已知的氧化降解的良好指标。

（3）性能退化速率

性能退化速率的确定与氧化诱导速率的确定类似，通过定期测量 HDPE 膜的物理表观性能指标、力学性能指标以及微观结构指标确定。从氧化诱导期结束时起，定期从模拟老化装置中对 HDPE 膜进行取样，测定其物理表观性能指标、力学性能指标以及微观结构指标，获得 3～4 个时刻的指标数据，通过曲线拟合时间与指标值的关系，曲线斜率即为聚合物性能退化速率。需要说明，选择的测定指标不同，可能获得的性能退化速率不同。通常采用断裂伸长率作为其表征指标。

3.2.1.3 数学模型预测

根据老化模拟试验和性能测试获得的各阶段不同温度的老化速率数据（抗氧化剂耗损速率、氧化诱导速率和性能退化速率），基于 Arrhenius 方程，对温度（T）及其对应的老化速率（s）进行拟合，得到各阶段的活化能参数 E_a 和碰撞因子 A，从而确定温度与退化速率的关系模型，利用该关系模型对实际服役温度条件下的老化速率进行模型预测。

综上所述，HDPE 膜的老化通常包括 3 个阶段：stage Ⅰ——抗氧化剂耗损阶段；stage Ⅱ——氧化诱导阶段；stageⅢ——性能退化阶段。

研究各阶段的老化过程，其实质就是研究各阶段的老化速率，进而通过老化速率预测各阶段的持续时间，以及性能退化阶段的残余性能。

3.2.2 老化模拟试验方法

老化模拟试验是通过模仿现场条件构建实验室尺度的模拟环境，并利用温度来加快老化速率，在短期内获得指定参数，用于长期老化预测模型。

3.2.2.1 试验装置

首先介绍常用的 3 种模拟加速老化试验装置。

（1）单层衬垫模拟老化装置

如图 3-5 所示，该装置由 2 个半径为 0.15m、高度分别为 0.15m 和 0.45m 的有机玻璃腔体构成，装置内部从下到上依次为砂黏土层、HDPE 膜、细砂层，模拟固体废物填埋场普遍采用的单人工复合防渗结构；为避免高压水头对导排细砂的冲刷，在导排细砂层上方铺设一层穿孔钢板，并且可根据试验要求设置温度、气氛、水头压力等条件。

该装置模拟条件较为简单，主要用于研究 HDPE 膜老化影响因素及老化规律。另外，该装置的 HDPE 膜与下方黏土及上方细砂之间可增设半透膜装置（semipermeable membrane devices，SPMD），作为被动采样装置对抗氧化剂及其降解扩散产物进行采集。

（2）复合衬垫模拟老化装置

如图 3-6 所示，该装置由半径 0.08m、高度 0.1m 和半径 0.075m、高度 0.07m 的上下两个有机玻璃腔体构成，装置内部从下到上依次为砂黏土层、膨润土防水垫（GCL）层、HDPE 膜、土工排水网和卵石导排层，模拟固体废物填埋场完整的复合防渗结构。

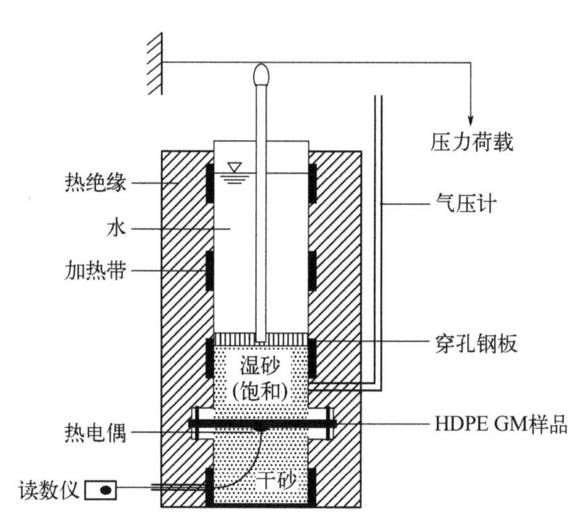

图 3-5　单层衬垫模拟老化装置

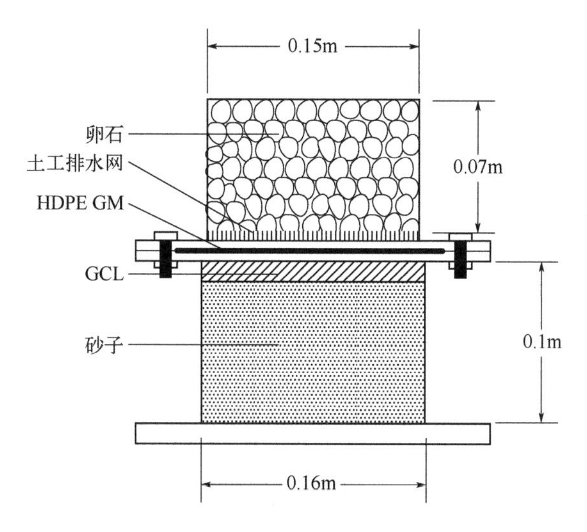

图 3-6　复合衬垫模拟老化装置

该装置主要用于模拟填埋场导排系统整体性能长期演化规律，包括卵石层淤堵规律、土工排水网性能退化规律以及 HDPE 膜老化规律；并可通过调节相应参数，例如卵石颗粒大小、卵石层厚度、土工排水网材料及厚度等，优化导排系统性能及长期稳定性。

(3) 改进的复合衬垫模拟老化装置

如图 3-7 所示，该装置整体由半径 0.295m、高度 0.5m 的有机玻璃腔体构成，装置内部从下到上依次为砂黏土层、GCL 层、HDPE 膜、土工排水网、卵石导排层、砂砾层以及气囊，外有渗滤液循环系统、压力控制系统以及温度控制系统，可全方位模拟固体废物填埋场完整的复合防渗结构。

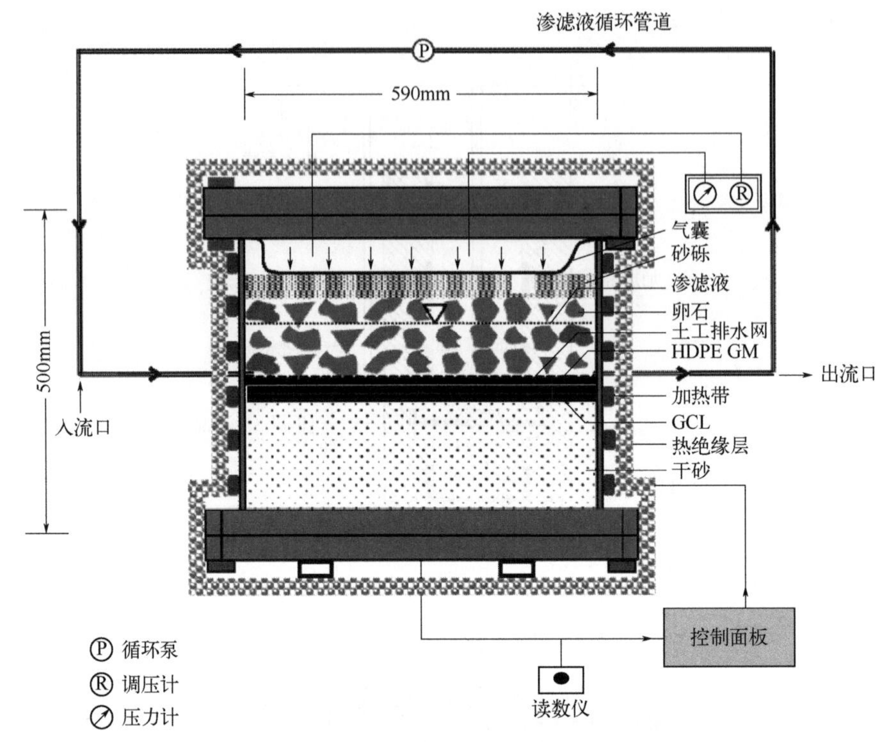

图 3-7　改进的复合衬垫模拟老化装置

该装置可通过调节内部压力、温度以及渗滤液成分，全方位模拟填埋场全生命周期导排系统性能演化规律，包括压力逐渐增加、渗滤液成分及浓度逐渐增加的填埋期，压力稳定、渗滤液成分及浓度达到峰值后逐渐降低的封场管理期。

3.2.2.2　试验方法

首先根据试验目的选择合适的试验装置，然后筛选试验材料，包括 HDPE 膜和渗滤液。其中，HDPE 膜的筛选主要考虑品牌/规格和厚度；渗滤液则依据试验条件确定，现场模拟试验直接抽取填埋场内部渗滤液，室内模拟试验则根据现场渗滤液的成分分析结果配制合成渗滤液。

将筛选出的 HDPE 膜和渗滤液，以及其他材料（干砂、GCL、土工排水网、卵石以及砂砾）依次加入装置中，即可进行试验。同时可通过设置对照组开展不同条件下（土工膜厚度、暴露介质、渗滤液、暴露条件、HDPE 膜品牌）的 HDPE 膜老化试验，定期检测相应指标来分析影响因素、影响规律及老化规律。

3.2.3　性能参数测定方法

3.2.3.1　氧化诱导期测试

氧化诱导期是指 HDPE 膜在高温、氧气条件下开始发生自动催化氧化的时间，即抗氧化剂完全消耗的时间。可表征材料抗氧化性，是评价材料在成型加工、贮存、焊接和使用中耐热降解能力的指标。

测试方法是将 HDPE 膜样品在氮气中加热至 200℃，在氧环境中，将样品保持在 200℃、35kPa 的等温状态，直到检测到放热峰。OIT 值取氧化产生放热峰的起始时间。具体步骤可参考《聚乙烯管材与管件热稳定性试验方法》(GB/T 17391—1998)。

3.2.3.2　结晶度测试

结晶度是指聚合物中结晶区域所占的比例，即熔合热与 100%结晶聚乙烯熔合热的比值，熔合热为 290J/g。结晶度对降低土工膜降解的影响是双重的。首先，晶体区作为氧的扩散屏障；其次，在氧化过程中形成的烷基自由基往往被困在晶体基质中，因此不能进一步进展。这表明结晶度高的土工膜比结晶度低的土工膜更不易降解。

测试方法是将已知质量的 HDPE 膜样品，在氮气气氛下用差示扫描量热仪 (differential scanning calorimeter，DSC) 加热至 200℃，测量样品吸收或释放的热量。具体步骤可参考《塑料　超高分子量聚乙烯 (PE-UHMW) 材料和制品熔融焓和结晶度及熔融温度的测定　差示扫描量热法 (DSC)》(SH/T 1826—2019)。

3.2.3.3　熔体质量流动速率

熔体质量流动速率 (melt mass-flow rate，简称 MFR，又称熔体流动速率)，也指熔融指数 (melt index，MI)，是在标准化熔融指数仪中于一定的温度和压力下，树脂熔料通过标准毛细管在一定时间 (一般 10min) 内流出的熔料量，单位为 g/10min。它是用来衡量塑料熔体流动性的一个重要指标。通过测定塑料的流动速率，可以研究聚合物的结构因素。

测试方法可参考《塑料　热塑性塑料熔体质量流动速率 (MFR) 和熔体体积流动速率 (MVR) 的测定　第 1 部分：标准方法》(GB/T 3682.1—2018)。

3.2.3.4　基础物理性能测试

通过测试拉伸屈服强度、屈服伸长率、拉伸断裂强度及断裂伸长率等指标来分析 HDPE 膜物理性能的变化。

测试方法可参考《塑料　拉伸性能的测定　第 3 部分：薄膜和薄片的试验条件》(GB/T 1040.3—2006)。

3.2.3.5　表面分析测试

表面分析是对固体表面或界面上只有几个原子层厚的薄层进行组分、结构和能态等分析的材料物理试验。通过分析测试样品的元素组成、化学态以及含量等表面形貌来分析样品性能的变化。

测试方法是 X 射线光电子能谱分析，以一定能量的 X 射线辐照气体分子或固体表面，发射出的光电子的动能与该电子原来所在的能级有关，记录并分析这些光电子能量可得到元素种类、化学状态和电荷分布等方面的信息。具体步骤可参考《表面化学分析　X 射线光电子能谱　分析指南》(GB/T 30704—2014)。

3.2.4 老化预测模型：3-stage 模型

3.2.4.1 恒温条件下

（1）stage Ⅰ 老化参数计算

根据阿伦尼乌斯公式，抗氧化剂耗损速率 s_1 与其服役温度（或试验温度）T 之间存在以下关系：

$$s_1=A_1\exp(\frac{-E_{a1}}{RT}) \tag{3-7}$$

对其取指数，即可得：

$$\ln s_1=\ln A_1-\frac{E_{a1}}{R}\times\frac{1}{T} \tag{3-8}$$

式中 E_{a1}——stage Ⅰ 的活化能，J/mol；

R——理想气体常数，8.314J/(mol・K)；

T——绝对温度，K；

A_1——stage Ⅰ 的碰撞因子常数。

显然，由于 $\ln A_1$ 和 E_{a1}/R 均为常数，因此温度的倒数（$1/T$）与抗氧化剂耗损速率的自然对数 $\ln s_1$ 之间存在线性关系。可以通过 3 个或 3 个以上温度及对应抗氧化剂耗损速率进行拟合，求得活化能 E_{a1} 和碰撞因子 A_1。

求得老化速率 s_1 后，HDPE 膜在任意时刻 t 的抗氧化剂残留量 OIT_t 就可通过式（3-9）计算（Hsuan 和 Koerner，1998）：

$$OIT_t=OIT_0e^{-st} \tag{3-9}$$

式中 OIT_t——t 时刻的抗氧化剂残留量，min；

OIT_0——初始时刻的抗氧化剂残留量，min；

s——抗氧化剂耗损速率，月$^{-1}$；

t——时间，月。

假设抗氧化剂残留量为初始值的 1%时，即 OIT_t=1%OIT_0 时，达到抗氧化剂耗损期末 ξ_1，那么式（3-9）可以改写为：

$$\frac{1}{100}=e^{-s\xi_1} \tag{3-10}$$

如此，可求得 stage Ⅰ，即抗氧化剂耗损阶段的时长 ξ_1 为：

$$\xi_1=\frac{\ln(0.01)}{-s}=4.61\frac{1}{s} \tag{3-11}$$

（2）stage Ⅱ 老化参数计算

对于聚合物氧化诱导阶段（stage Ⅱ），其时间长度 ξ_2 与其服役温度之间的关系同样可以用阿伦尼乌斯公式描述如下：

$$\frac{1}{\xi_2}=A_2\exp\left(\frac{-E_{a2}}{RT}\right) \tag{3-12}$$

对其取指数，即可得:

$$\ln\frac{1}{\xi_2}=\ln A_2-\left(\frac{E_{a2}}{RT}\right) \tag{3-13}$$

式中　E_{a2}——stageⅡ的活化能，J/mol;

R——理想气体常数，8.314J/(mol・K);

T——绝对温度，K;

A_2——stageⅡ的碰撞因子常数。

因此，若已知 3 个或 3 个以上温度水平的 stage Ⅱ时长，就可以通过线性回归的方式获得 ln（$1/\xi_2$）和 $1/T$ 之间的关系式，进而求得活化能 E_{a2} 和碰撞因子 A_2。

Viebke 等认为可以采用暴露于水-气环境中的聚乙烯管道的活化能参数 75kJ/mol，联合实际试验获得的 85℃下的 stageⅡ参数，对其他温度条件下的 stageⅡ时间长度进行预测。推导过程如下:

根据阿伦尼乌斯公式，不同温度条件（T_1 和 T_2）下的氧化诱导速率之比为:

$$\frac{s''_{T_1}}{s''_{T_2}}=e^{-\left[\frac{E_{a2}}{R}\left(\frac{1}{T_1}-\frac{1}{T_2}\right)\right]} \tag{3-14}$$

式中　s''_{T_1}——T_1 温度下的 stageⅡ氧化诱导速率，月$^{-1}$;

s''_{T_2}——T_2 温度下的 stageⅡ氧化诱导速率，月$^{-1}$。

而不同温度条件下的 stageⅡ时间长度之间存在如下关系:

$$\xi''_{T_2}=\frac{s''_{T_1}}{s''_{T_2}}\times\xi''_{T_1} \tag{3-15}$$

显然，若已知温度 T_1（85℃）条件下的 stageⅡ时间长度 ξ''_{85}，和 E_{a2} 值，那么任意温度 T_2 条件下的 stageⅡ时间长度 ξ''_{T_2} 可以通过式（3-16）计算:

$$\xi''_{T_2}=e^{-\left[\frac{E_{a2}}{R}\left(\frac{1}{85+273.15}-\frac{1}{T_2}\right)\right]}\times\xi''_{85} \tag{3-16}$$

（3）stageⅢ老化参数计算

对于半衰期（stageⅢ），其时间长度 ξ_3 与其服役温度之间的关系同样可以用阿伦尼乌斯公式描述如下:

$$\frac{1}{\xi_3}=A_3\exp\left(\frac{-E_{a3}}{RT}\right) \tag{3-17}$$

对其取指数，即可得:

$$\ln\frac{1}{\xi_3}=\ln A_3-\left(\frac{E_{a3}}{RT}\right) \tag{3-18}$$

式中　E_{a3}——stageⅢ的活化能，J/mol;

R——理想气体常数，8.314J/(mol•K);

T——绝对温度，K;

A_3——stageⅢ的碰撞因子常数。

同样，若已知 3 个或 3 个以上温度水平的 ξ_3，就可以通过线性回归的方式获得 ln（$1/\xi_3$）

和 $1/T$ 之间的关系式，进而求得活化能 E_{a3} 和碰撞因子 A_3。但根据 3.1.2 数据收集结果，stage Ⅲ的数据相比于 stageⅡ更少，没有 1 个样品完成 1 个温度以上的 stageⅢ阶段，因此无法通过线性拟合的方式，得到活化能 E_{a3} 和碰撞因子 A_3。

此时，可以采用暴露于水-气环境中的聚乙烯管道的 stageⅢ活化能参数 80kJ/mol，联合实际试验获得的 85℃下的 stageⅢ参数，对其他温度条件下的 stageⅢ时间长度进行预测［见式（3-19)］。该公式的推导过程与 stageⅡ类似，在此不再赘述。

$$\xi_T''' = e^{-\left[\frac{E_{a3}}{R}\left(\frac{1}{85+273.15}-\frac{1}{T}\right)\right]} \times \xi_{85}''' \tag{3-19}$$

式中 ξ_T'''——待求温度 T 条件下的 stageⅢ时长，月；

E_{a3}——暴露于水-气环境中的聚乙烯管道的 stageⅢ活化能参数，80kJ/mol；

ξ_{85}'''——85℃试验条件下获得的 stageⅢ时长，月。

3.2.4.2 温度演进下

根据阿伦尼乌斯公式，用于 HDPE 膜老化速率和各阶段时长计算的温度必须是稳定的或者线性变化的，因此需要对上述温度过程数据进行概化处理，以便进行性能退化预测。根据前文分析，填埋堆体温度受环境温度（大气温度和地温）、雨水入渗和渗滤液水位、堆体自身的物理化学反应及产热过程等因素影响。对于某一特定区域，年际环境温度波动、年际降雨量波动较小，其影响可以不予考虑。主要影响因素为堆体内部的渗滤液水位和堆体自身的物理化学反应，显然在填埋场运行初期，填埋物较少，渗滤液水位也相对较浅，因此产热较少，堆体温度较低；随着填埋废物增多，堆体内部的反应热增加，同时渗滤液水位也可能随着抬升，堆体温度逐渐上升，并在一定时期达到峰值；随后，堆体内部的产热和放热过程保持相对动态平衡，峰值温度在一定时期内保持稳定（或波动较小）；之后随着大部分有机质反应（或水化放热反应）完成，产热潜力逐渐减小，堆体温度逐渐降低，并最终回归到初始温度。

根据上述假设，将堆体内部的温度演进过程概化为如图 3-8 所示的过程。假设库底土工膜的温度从 T_0 开始（即背景温度，没有填埋废物时的地温），在 t_1（t_1 可能为零）时刻前一直保持恒定；随后温度逐渐升高，在 t_2 时刻达到峰值 T_p，并保持稳定直至 t_3 时刻；t_3 时刻后温度呈线性降低，并在 t_4 时刻回归至初始温度并随后保持稳定。

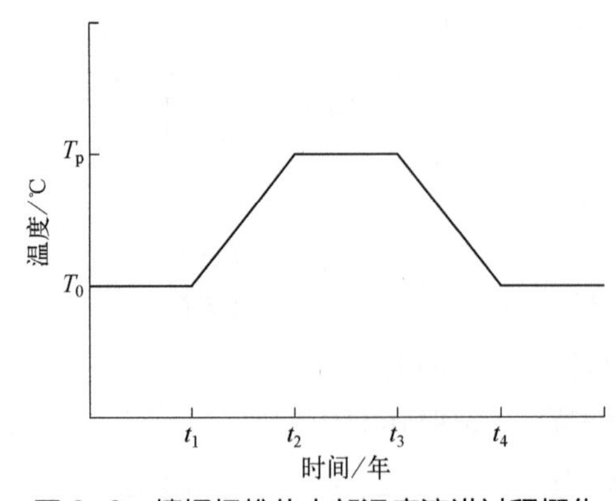

图 3-8 填埋场堆体内部温度演进过程概化

假设温度呈线性升高（升温过程）或降低（降温过程），那么可以先计算其变温过程的平均耗损速率，再按照式（3-11）计算耗损阶段时长。对于升温过程，假设从时间 t_1 到 t_2，温度从 T_0 增加到 T_p，那么该时段内的抗氧化剂平均耗损速率 s_{av} 采用式（3-20）计算：

$$s_{av}=\frac{\int_{t_1}^{t_2}Ae^{\frac{-E_a}{R\left[T_0+\alpha(t-t_1)\right]}}dt}{t_2-t_1} \tag{3-20}$$

$$\alpha=\frac{T_p-T_0}{t_2-t_1} \tag{3-21}$$

式中 α——升温速率，根据式（3-21）计算；

T_p——t_2 时刻的温度，K；

T_0——t_1 时刻的温度，K。

类似地，对于降温过程，假设从时间 t_3 到 t_4，温度从 T_p 下降到 T_0。那么，该时段内的抗氧化剂的平均耗损速率 s_{av} 可根据式（3-22）计算：

$$s_{av}=\frac{\int_{t_3}^{t_4}Ae^{\frac{-E_a}{R\left[T_p-\beta(t-t_3)\right]}}dt}{t_4-t_3} \tag{3-22}$$

$$\beta=\frac{T_p-T_0}{t_4-t_3} \tag{3-23}$$

式中 β——降温速率，根据式（3-23）计算；

T_p——t_4 时刻的温度，K；

T_0——t_3 时刻的温度，K。

当温度随时间变化时，氧化诱导阶段时长可根据下述步骤和方法计算[13]：假设 stage Ⅱ（氧化剂诱导阶段）于 t_1 时刻开始，此时温度为 T_1。将 stage Ⅱ（氧化诱导阶段）以 Δt 为间隔剖分为若干个时段，则该阶段内任意时刻 t_i 可用（$t_1+i\Delta t$）表示，对应服役温度为 T_i（根据其服役温度演进过程确定）。显然，对于第 1 个时段 $t_1+\Delta t$，将其服役温度 T_1 代入式（3-11）可以计算出温度 T_1 条件下的耗损阶段时长 ξ_1。$\Delta t/\xi_1$ 则为整个 stage Ⅱ 中该阶段所占比例。

类似地，在第 2 个时段 $t_1+2\Delta t$，服役温度为 T_2，对应的 ξ_2 可以根据式（3-11）算出。$\Delta t/\xi_2$ 则为整个 stage Ⅱ 中该阶段所占比例。

如此重复计算，直至 i 满足 $\Delta t/\xi_1+\Delta t/\xi_2+\cdots+\Delta t/\xi_i=1$ 停止。显然，stage Ⅱ 的时间长度即为 $\xi=i\Delta t$。

同理，stage Ⅲ 时间长度（性能退化期）也可根据上述方法确定。

3.2.5 典型老化试验案例

下面共 23 组试验案例，模拟了不同 HDPE 膜品牌/规格、HDPE 膜厚度、模拟试验条件、暴露介质（水、空气、渗滤液）和渗滤液特性的老化特性，见表 3-3～表 3-5。其中不同品牌和规格的 HDPE 膜有 8 种，分别来自 4 家公司：GSE、Solmax International 和 3 家未知品牌的 HDPE 膜。其中有 3 个样品虽然均来自 GSE，但其标准氧化诱导时间（Std-OIT）、高压氧化诱导时间（HP-OIT）等特性参数的初始值均存在显著差异，因此将其划分为不同类型；同样，有 2 个样品均来自 Solmax International，但材料性能并不完全相同，因此将其划分为不同类型。

表 3-3 HDPE 膜材质、老化试验方法及介质类型一览表

编号	变量		取值	说明
1	HDPE 膜材质	U1	未知品牌	—
2		G1	GSE	—
3		U2	未知品牌	—
4		G2	GSE	—
5		S1	Solmax International	—
6		G3	GSE	—
7		U3	未知品牌	—
8		S2	Solmax International	—
1	老化方法	老化方法 A		双面暴露
2		老化方法 B		单面暴露
3		老化方法 C		单面暴露且模拟压力荷载条件
1	介质类型	介质类型 A	空气	—
2		介质类型 B	水	—
3		介质类型 L	渗滤液	—

表 3-4 不同温度条件下的抗氧化剂耗损数据统计

温度/℃	10	20	22	25	26	35	40	55	60	65	70	75	80	85	95	100
数据个数	3	1	9	5	2	3	12	18	5	1	16	1	2	17	2	1

表 3-5 HDPE 膜基本特性及老化试验参数

编号	厚度/mm	老化方法	介质	渗滤液	HDPE 膜性能参数			品牌/规格	参考文献
					Std-OIT/min	HP-OIT/min	结晶度/%		
HGM1	1.5	C	B	—	80.5	210	—	U1	[15]
HGM2a	2	A	L	KV	133	380	44.0	G1	[16]
HGM2b	2	A	B	—	133	380	44.0	G1	
HGM3	1.5	A	L	AMD	208	484		U2	[17]
HGM4a	1.5	A	L	KV	135	660	49.0	G2	[18]
HGM4b	1.5	B	L	—	135	660	—	G2	
HGM5a	2	A	L	—	133	380	—	G1	[19]
HGM5b	2	A	B	KV	133	380	—	G1	
HGM5c	2	A	A	KV	133	380	—	G1	
HGM6a	1.5	A	L	KV	135	244	47.6	S1	[20]
HGM6b	2	A	L	KV	150	265	50.3	S1	
HGM6c	2.5	A	L	KV	136	235	46.6	S1	
HGM7a	1.5	A	L	KV	174	903	37.7	G3	[21]
HGM7b	1.5	A	L	KV-Ⅵ	174	903	37.7	G3	
HGM7c	1.5	A	L	KV-Ⅴ	174	903	37.7	G3	
HGM7d	1.5	A	L	KV-Ⅰ	174	903	37.7	G3	

续表

编号	厚度/mm	老化方法	介质	渗滤液	HDPE 膜性能参数			品牌/规格	参考文献
					Std-OIT/min	HP-OIT/min	结晶度/%		
HGM6d	1.5	C	L	KV	(135) 115	(244) 241	47.6	S1	[18]
HGM8	2.4		L	—	175	930			
HGM9a	0.5	A	L	—	175	960	52.7	S2	[22]
HGM9b	1.0	A	L	KV	175	960	53.6	S2	
HGM9c	1.5	A	L	KV	175	960	48.0	S2	
HGM9d	2.0	A	L	KV	175	960	46.7	S2	
HGM9e	2.4	A	L	KV	175	960	48.4	S2	

注: Std-OIT—标准氧化诱导时间; HP-OIT—高压氧化诱导时间; AMD—酸性矿山废水渗滤液; KV—基尔山谷 (Keele Valley) 垃圾填埋场渗滤液。

模拟的试验条件包括：浸泡试验、模拟衬垫试验以及模拟应力荷载试验 3 种，为表述方便下文分别以老化方法 A、B 和 C 表示；

模拟的 HDPE 膜厚度包含 4 种：1.0mm、1.5mm、2.0mm 和 2.5mm。

分析收集的老化试验统计数据可以看出，首先，几乎所有老化试验中的温度上限都不超过 90℃，大多数为 80℃或者 85℃，见表 3-6。这是因为试验温度设置太低则老化过程极为缓慢，试验周期将非常长；而温度过高，如 95℃，HDPE 膜的形态就可能发生改变，极大影响抗氧化剂耗损速率。因此，实验室一般选择 80℃或 85℃作为老化试验的上限温度。

表 3-6　不同试验条件下的老化试验参数（stage I -抗氧化剂耗损速率）

编号	试验温度/℃	抗氧化剂耗损速率/月$^{-1}$	编号	试验温度/℃	抗氧化剂耗损速率/月$^{-1}$
HGM1	55	0.0217		70	0.4809
	65	0.0589		85	1.2423
	75	0.0798	HGM4b	26	0.0053
	85	0.1404		55	0.0539
HGM2a	22	0.0188		55	0.0539
	40	0.0886		70	0.2123
	55	0.1504		85	0.257
	85	0.4074	HGM5a	10	0.0094
HGM2b	22	0.0043		35	0.0431
	40	0.0362		60	0.1573
	55	0.047		—	—
	70	0.105		—	—
	85	0.1746	HGM5b	10	0.0024
HGM3	20	0.0188		35	0.013
	40	0.0886		60	0.0556
	60	0.1504	HGM5c	10	0.0094
	80	0.4074		35	0.0431
	—	—		60	0.1573
HGM4a	26	0.0253	HGM6a	22	0.014
	—	—		55	0.116
	55	0.1183		70	0.392

续表

编号	试验温度/℃	抗氧化剂损耗速率/月$^{-1}$	编号	试验温度/℃	抗氧化剂损耗速率/月$^{-1}$
	85	1.111	HGM6d	70	0.2176
HGM6b	22	0.011		85	0.4982
	55	0.097	HGM8	60	0.0014
	70	0.276		80	0.0023
	85	0.902		100	0.0112
HGM6c	22	0.009	HGM9a	25	—
	—	—		40	—
	55	0.085		55	—
	70	0.232		70	1.49
	85	0.749		85	5.73
HGM7a	22	0.01	HGM9b	25	0.002
	40	0.025		40	0.013
	55	0.095		55	0.091
	70	0.241		70	0.71
	85	1.012		85	2.65
HGM7b	22	0.013	HGM9c	25	0.002
	40	0.036		40	0.013
	55	0.128		55	0.085
	70	0.299		70	0.583
	85	1.164		85	1.71
HGM7c	22	0.011	HGM9d	25	0.002
	40	0.03		40	0.013
	55	0.119		55	0.079
	70	0.276		70	0.495
	85	1.087		95	1.5
HGM7d	22	0.011	HGM9e	25	0.002
	40	0.028		40	0.012
	55	0.104		55	0.073
	70	0.256		70	0.402
	85	1.045		85	1.22
HGM6d	55	0.0434		95	1.35

另外，不同阶段的老化模拟试验成果数据差距较大。stage Ⅰ（抗氧化剂耗损阶段）的试验数据非常丰富，共计有22组老化试验数据（每组包含3～5个不同温度水平）。而stage Ⅱ（聚合物氧化诱导期阶段）和stage Ⅲ（半衰期）的数据非常少。事实上，文献研究表明尚没有一组HDPE膜完成了3个温度水平下的stage Ⅱ阶段，而完成2个温度下的stage Ⅱ的HDPE膜也只有一组（HGM7a）[14]，且均在较高温度条件下（70℃和85℃），见表3-7。即使是只完成1个温度的HDPE膜，也仅有5个，分别是HGM5a、HGM6a、HGM6d、HGM6b和HGM6c。stage Ⅲ的可用试验数据更少，只获得了85℃一个温度水平下的老化数据，见表3-8。

表 3-7　不同试验条件下的老化试验参数（stage Ⅱ：氧化诱导阶段时长）

编号	stage Ⅱ 时长/月				参考文献
	85℃		70℃		
	以拉伸断裂应变计	以耐环境应力开裂计	以拉伸断裂应变计	以耐环境应力开裂计	
HGM5a	17.7	6.40	—	—	[19]
HGM7a	15.7	15.7	—	—	[21]
HGM6a	4.07	4.07	—	—	[20]
HGM6d	4.07	4.07	—	—	[18]
HGM6b	4.90	4.90	—	—	[20]
HGM6c	3.97	3.97	—	—	[20]

表 3-8　不同试验条件下的老化试验参数（stage Ⅲ：半衰期时长）

编号	stage Ⅲ 时长/月				参考文献
	85℃		70℃		
	以拉伸断裂应变计	以耐环境应力开裂计	以拉伸断裂应变计	以耐环境应力开裂计	
HGM5a	35.0	21.3	—	—	[19]
HGM7a	21.9	—	—	—	[21]
HGM6a	21.7①	21.7①	—	—	[20]
HGM6d	21.7	21.7	—	—	[18]
HGM6b	19.8①	19.8①	—	—	[20]
HGM6c	15.5	19.8①	—	—	[20]

①表示截止至该时间为止，该 HDPE 膜样品尚未达到半衰期，因此取该时间作为其半衰期会高估其性能退化速率，导致结果偏保守。

3.3　典型温度下 HDPE 膜老化规律

HDPE 膜材料从发明至今才经历 50 余年时间，而针对其老化性能研究自最近十余年才大量开展，因此包含抗氧化剂耗损—氧化诱导—性能退化全过程的老化数据较少。一方面，整个老化过程中，抗氧化剂耗损期，即 stage Ⅰ 阶段是最先发生的，因而也是相关研究数据最为丰富的阶段；另一方面，抗氧化剂耗损期的长短是其生命周期的重要组成，不仅直接决定 HDPE 膜的服役寿命，同时通过影响氧化诱导期和性能退化期的服役温度，间接影响 HDPE 膜的服役寿命。

目前国内对于 HDPE 膜老化的试验研究较少，填埋场环境下的老化性能研究尤其缺乏，对于深入了解填埋场防渗性能的长期演化殊为不利。国外针对 HDPE 膜老化的研究较为丰富，通过大量模拟老化试验，研究并识别了填埋场服役环境下 HDPE 膜氧化老化的主要影响因素和作用机制。这些老化研究涉及 23 组试验，16 个温度水平，98 个老化速率数据。如上文所述，老化速率与温度之间存在指数关系，不同温度下的老化速率不同。因此，同一温度不同老化条件下的老化速率比较才具有意义。

为此本部分针对收集的 23 组试验数据（3.2.5 部分典型案例），基于 3.2.4 部分所述方法通过模型拟合获得典型试验条件下的老化速率估算模型库，基于该模型库计算同一温度水平不同老化条件下（试验方法、材质、暴露介质）的老化速率和抗氧化剂耗损期，并量化比较各因素对老化速率的贡献。

利用表 3-6 总结的各组 HDPE 膜在不同温度及其对应抗氧化剂耗损速率，依据恒温条件下 stage Ⅰ 老化参数计算进行线性回归和拟合后，得到不同组 HDPE 膜抗氧化剂耗损期（stage Ⅰ）活化能 E_{a1} 和碰撞因子 A_1 参数，如表 3-9 所列。

表 3-9 不同老化试验条件下的 Arrhenius 方程碰撞因子参数和活化能参数（stage Ⅰ）

编号	$\ln A_1$	E_{a1}/R	E_{a1}	HDPE 膜品牌/规格
HGM1	17.045	−6798	56	未知品牌 1
HGM2a	13.768	−5213	43.3	GSE.1
HGM2b	16.054	−6305	52.4	GSE.1
HGM3	19.16	−7099	58.9	未知品牌 2
HGM4a	19.85	−7084	62.7	GSE.2
HGM4b	20.06	−7540	5.89	GSE.2
HGM5a	14.09	−5308	44.1	GSE.1
HGM5b	15.01	−5960	49.5	GSE.1
HGM5c	15.74	−6371	53	GSE.1
HGM6a	20.367	−7304	60.7	Solmax International
HGM6b	19.823	−7204	59.9	Solmax International
HGM6c	19.776	−7245	60.2	Solmax International
HGM7a	21.22	−7702	64.03	GSE.3
HGM7b	20.9	−7516	62.49	GSE.3
HGM7c	21.11	−7618	63.34	GSE.3
HGM7d	21	−7606	63.24	GSE.3
HGM6d	26.21	−9591	79.7	Solmax International
HGM8				
HGM9b	37.55	−13073	109	Solmax International
HGM9c	35.17	−12343	103	Solmax International
HGM9d	34.19	−12049	100	Solmax International
HGM9e	32.87	−11654	97	Solmax International

3.3.1 土工膜厚度的影响

图 3-9 为厚度 1.0mm、1.5mm、2.0mm 和 2.5mm 的 HDPE 膜（其他条件相同）的抗氧化剂耗损速率和 stage Ⅰ 时长（书后另见彩图）。

从图 3-9 中可以看出，当温度大于 30℃时，相同温度条件下，抗氧化剂耗损速率随着 HDPE 膜厚度增加而减小。以 40℃为例，HDPE 膜厚度为 1.0mm、1.5mm、2.0mm 和 2.5mm 时，其抗氧化剂耗损速率分别为 0.0157 月$^{-1}$、0.0149 月$^{-1}$、0.0143 月$^{-1}$和 0.0135 月$^{-1}$，对应抗氧化剂耗损期分别为 24.4 年、25.7 年、26.8 年和 28.4 年。这与 Kelen 等的研究结果是一致的[22]，他在研究中发现聚合物的老化氧化速率随其厚度的增加而减小，厚度较大的聚合物氧化诱导时间比较薄的聚合物更长。分析其原因，氧化与可用来攻击聚合物链的氧分子数量有关，由于

HDPE 膜中氧的可用性基本上是扩散机制控制的，HDPE 膜厚度增加会降低氧气攻击聚合物的潜力；另外，HDPE 膜厚度还可能影响抗氧化剂的向外扩散速率，因而降低其耗损速率。

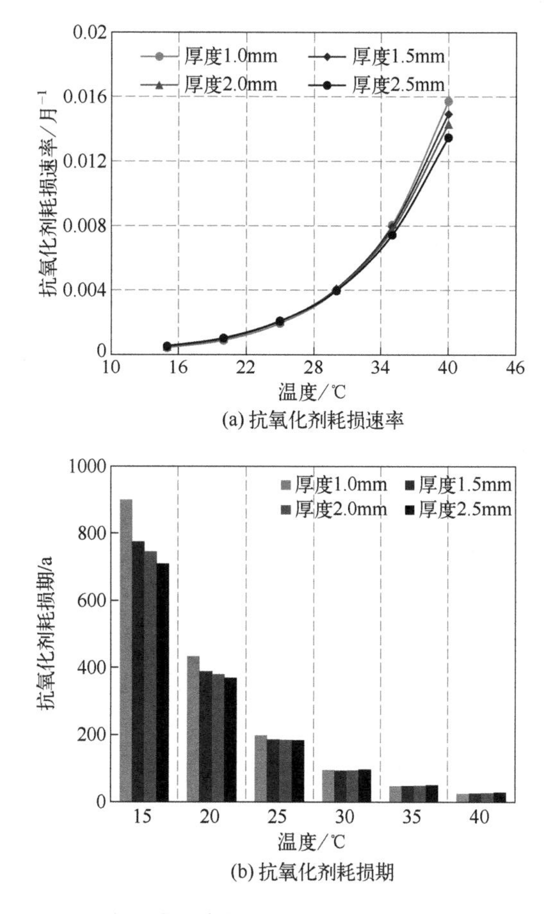

(a) 抗氧化剂耗损速率

(b) 抗氧化剂耗损期

图 3-9　不同土工膜厚度条件下的抗氧化剂耗损速率和耗损期

材质：S2；老化方法：A（双面浸泡）；暴露介质：渗滤液（见表 3-3）

然而随着温度降低，不同厚度 HDPE 膜抗氧化剂耗损速率的差异逐渐减小，当温度低于 25℃时，2.5mm 厚度 HDPE 膜的抗氧化剂耗损速率甚至会大于 1mm 厚 HDPE 膜。如当 40℃时，1.0mm 与 2.5mm 的 HDPE 膜抗氧化剂耗损速率相差 16.6%；35℃时，1.0mm 与 2.5mm 的 HDPE 膜相差 8.4%；然而当温度继续下降至 30℃时，1mm 的 HDPE 膜抗氧化剂耗损速率仅比 2.5mm 的小 0.4%；当温度继续下降至 25℃、20℃和 15℃时，2.5mm 的 HDPE 膜抗氧化剂耗损速率反而比 1.0mm 分别大 7.1%、14.7%和 21.2%。分析其原因，在较低温度条件下（25℃及以下），抗氧化剂的耗损速率已低至 2×10^{-3} 月$^{-1}$～4×10^{-5} 月$^{-1}$ 的数量级，该条件下，对测试精度的要求显著增加，因此不排除是试验误差造成的影响。另外，此时即使是耗损速率较大的 2.5mm HDPE 膜，其抗氧化剂耗损期也长达 183 年和 709 年（25℃和 15℃时），此时就工程角度而言，已经完全可以满足一般工程的寿命预期要求。

总体上，当温度低于 25℃时，HDPE 膜厚度对抗氧化剂耗损速率的影响几乎可以忽略，随着厚度增加，其影响逐渐增大；当温度达到 40℃时，不同厚度之间（2.5mm 和 1.0mm）

的抗氧化剂耗损速率最大可相差16.6%，从而导致近4年的stage Ⅰ时长差异(33年和28年)。

3.3.2 暴露介质的影响

图3-10为不同暴露介质（空气、水和渗滤液）条件下HDPE膜（其他条件相同）的抗氧化剂耗损速率和stage Ⅰ时长（书后另见彩图）。

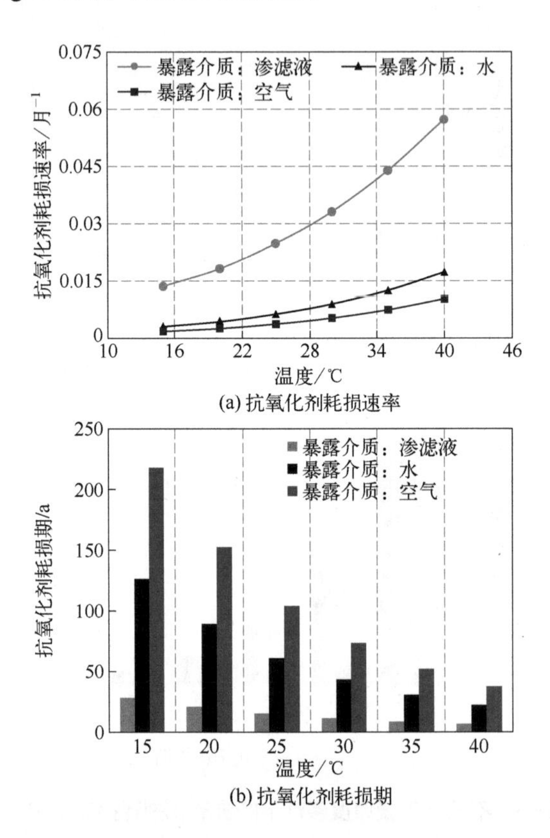

图3-10 不同暴露介质条件下的抗氧化剂耗损速率和耗损期

材质：G1；老化方法：A（双面浸泡）；厚度：2mm（见表3-3）

从图3-10中可以看出浸泡于液体中的HDPE膜样品抗氧化剂耗损速率明显高于暴露于空气中的样品。总的说来，在15～40℃温度条件下，暴露于水中的HDPE膜，其抗氧化剂耗损速率是暴露于空气的1.69～1.72倍，而暴露于渗滤液环境下的HDPE膜抗氧化剂耗损速率是暴露于水中3.3～4.5倍。由此导致该温度条件下，空气中的HDPE膜耗损期长达37～218年，水中的22～127年，而渗滤液条件下仅有6.7～21.1年。液相中的抗氧化剂耗损速率高于空气相的，这可能是液体的存在导致了萃取作用：HDPE膜中的抗氧化剂由于萃取作用进入液相中，而对于空气相而言则不会发生萃取。

而同为液相，纯水条件下的抗氧化剂耗损速率明显低于渗滤液条件下的，可能是渗滤液中的组分，如过渡金属等可以扩散到HDPE膜中，直接与抗氧化剂反应或通过催化的形式使其反应或加速其反应[16]。过渡金属的存在（例如Co、Mn、Cu、Al和Fe）可以提高氧化速率，因为它们通过氧化还原反应分解氢过氧化物并产生额外的自由基[16,23]。这些过渡金属元素通常来自用于聚合树脂的残留催化剂。有报道显示渗滤液中存在该类元素[24]，尤其对于危险废物填埋场（HWL）而言，Mn、Co 以及 Cu 等浓度并不低，因此是 HDPE 膜长期耐久性研究需要重点关注的对象。

另外，与厚度对抗氧化剂耗损速率的影响不同，暴露介质对抗氧化剂耗损速率的影响随着温度降低而增大。例如，在 40℃时，渗滤液中的抗氧化剂耗损速率是水中的 3.7 倍；但在 35℃、30℃、25℃和 10℃时，分别是水中的 3.9 倍、4.2 倍和 4.5 倍。

总体上，HDPE 膜抗氧化剂耗损速率在不同暴露介质条件下的排名（由大到小）依次为渗滤液、水和空气；不同暴露介质条件下抗氧化剂耗损速率的差异随着温度增加而降低，在 40℃时，最大可相差 4.8 倍（空气和渗滤液），由此导致 36 年的 stage Ⅰ 时长差异（44 年和 8 年）；而在 15℃时，stage Ⅰ 时长的差异最大相差 190 年（218 年和 28 年）。

3.3.3 渗滤液的影响

图 3-11 为不同渗滤液组分条件下 HDPE 膜（其他条件相同）的抗氧化剂耗损速率和 stage Ⅰ 时长（书后另见彩图）。在其他条件相同时，纯水与渗滤液中的 HDPE 膜抗氧化剂耗损速率存在着明显差异，显然，渗滤液中的组分对此起到了关键作用，为此进一步分析了不同渗滤液组分条件下的抗氧化剂耗损速率。以 40℃为例，不同渗滤液组分条件下 HDPE 膜抗氧化剂耗损速率分别 0.035 月$^{-1}$、0.038 月$^{-1}$、0.041 月$^{-1}$和 0.046 月$^{-1}$，最大相差 0.31 倍。而随着温度降低，差异还会有一定程度的增加，15℃时差异为 0.38 倍。

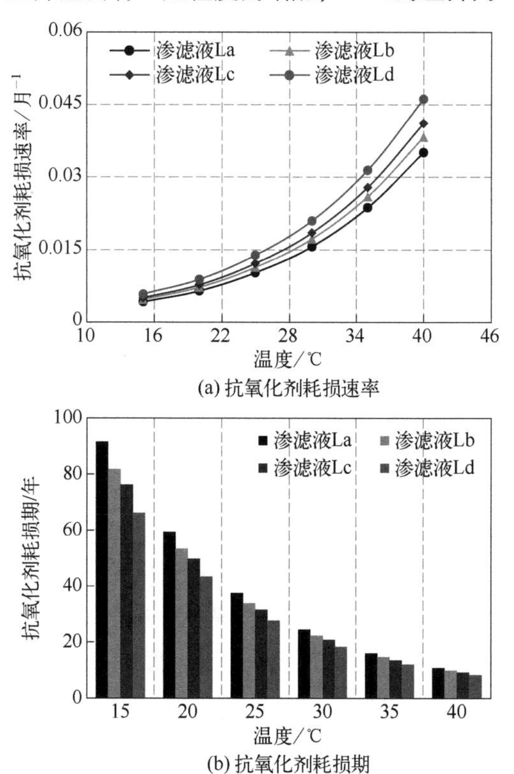

图 3-11 不同渗滤液特性条件下的抗氧化剂耗损速率和耗损期

材质：G3；老化方法：A（双面浸泡）；厚度：1.5mm（见表 3-3）

3.3.4 暴露条件的影响

图 3-12 为不同暴露条件（浸泡试验、模拟衬垫试验以及模拟应力荷载试验）条件下 HDPE 膜（其他条件相同）的抗氧化剂耗损速率和 stage Ⅰ 时长（书后另见彩图）。为表述方便，下文分别以老化方法 A、B 和 C 表示：方法 A，即浸泡试验，是使用最早也最为广泛的填埋场 HDPE 膜老化模拟方法，该方法中 HDPE 膜被直接浸泡于模拟渗滤液的环境中，双面均与渗滤液接触，但是不受任何应力作用。方法 B 是方法 A 的改进，只有单面与渗滤液接触，但依然没有考虑应力荷载。方法 C 在此基础上进一步改进，加入了应力荷载。方法 A 的试验条件（双面接触），与 HDPE 膜破损位置处的暴露条件类似；方法 B 的试验条件与完整 HDPE 膜的暴露条件相同。

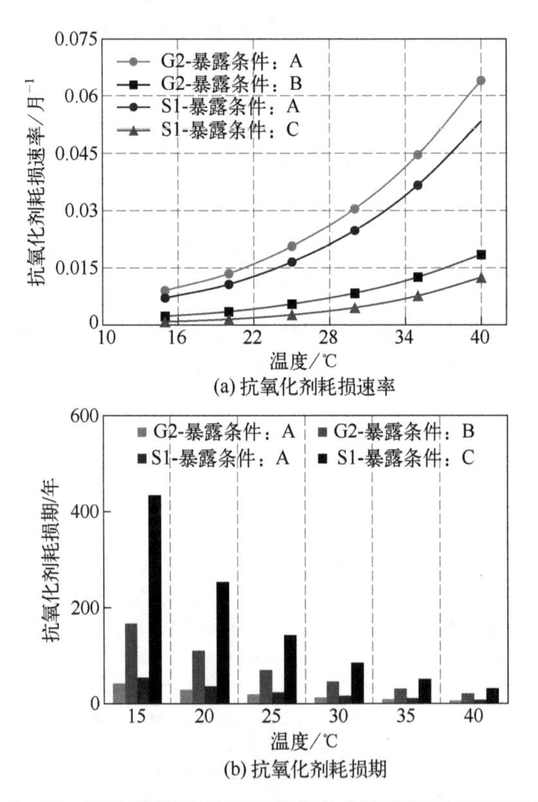

图 3-12 不同暴露条件下的抗氧化剂耗损速率和耗损期

材质：G2、S1；暴露介质：渗滤液；厚度：1.5mm（见表 3-3）

对照组材质 S1-老化 A 和材质 S1-老化 C 均采用完全相同的 HDPE 膜以及暴露介质，同样的对照组材质 G2-老化 A 和材质 G2-老化 B 也均暴露于相同的介质条件下，且材质相同，唯一区别在于两者的试验方法。对比图 3-12（a）可以看出，对于材质 S1 在不同的暴露条件下（老化方法 A 和老化方法 C），其抗氧化剂的耗损速率分别为 0.007～0.0053 月$^{-1}$、0.0009～0.012 月$^{-1}$，差别可达 3.3～7.0 倍；对于材质 G2 在不同的暴露条件下（老化方法 A 和老化方法 B），其抗氧化剂的耗损速率分别为 0.009～0.064 月$^{-1}$、0.002～0.018 月$^{-1}$，差别可达 2.8～3.5 倍。

比较老化方法 C 和老化方法 B 与老化方法 A 的差异，可以看出，老化方法 C 与老化方法 A 之间抗氧化剂耗损速率的差别并不比老化方法 B 与老化方法 A 之间的差别大，这说明相比于老化方法 B，老化方法 C 尽管加载了荷载，但是抗氧化剂耗损速率并没有明显增加，这也间接说明在填埋场环境下的荷载（26kPa 左右）并不会加剧氧化老化进程。研究表明[25]作用于聚合物上的外部应力或荷载，主要通过蠕变破坏导致其使用寿命的减少，同时应力条件也有可能增强聚合物的化学降解过程。早在 1972 年，针对聚丙烯棒的研究[26]就发现存在一个安全的应力阈值，当应力低于该阈值时应力增加并不会对氧化降解产生影响；反之，当应力大于该阈值时，施加的应力会引起聚合物脆化的明显加速。一些学者对天然气运输 HDPE 管道的老化性能研究[25]表明，该阈值通常在 7000kPa 以上。而对于填埋场底部的 HDPE 膜，假设填埋物高度为 30m，密度为 $2g/cm^3$，等效压力荷载约为 588kPa，远小于该应力荷载阈值。因此，在此应力荷载条件下应力对氧化过程的影响完全可以忽略。

综合上述分析，应力荷载超过一定阈值会对 HDPE 膜老化产生影响，但是填埋废物导致的应力荷载（以 30m 填埋厚度，密度 $2g/cm^3$ 计算）通常小于该阈值，因此填埋场正常的应力荷载不会对其老化产生影响；不同暴露条件（双面暴露和单面暴露）会对抗氧化剂耗损速率［图 3-12（a）］和抗氧化剂诱导期时长［图 3-12（b）］产生显著影响，最多可相差 7.0 倍。

3.3.5　HDPE 膜品牌/规格的影响

图 3-13 为不同品牌和规格 HDPE 膜（其他条件相同）的抗氧化剂耗损速率和 stage Ⅰ时长（书后另见彩图）。

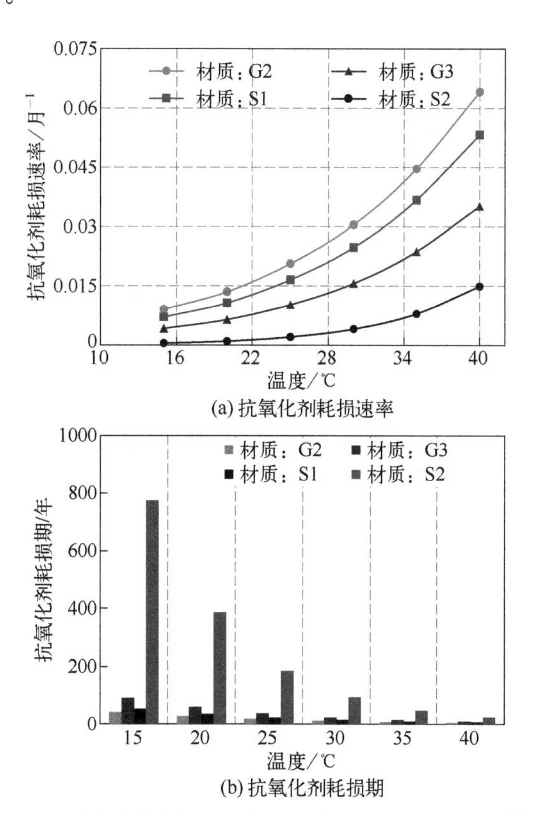

(a) 抗氧化剂耗损速率

(b) 抗氧化剂耗损期

图 3-13　不同 HDPE 膜材质的抗氧化剂耗损速率和耗损期

老化方法：A（双面浸泡）；暴露介质：渗滤液；厚度：1.5mm（见表 3-3）

从图 3-13（a）中可以看出不仅不同品牌的 HDPE 膜老化性能存在差异，相同品牌不同材质的 HDPE 膜也存在较大差异。以 40℃为例，GSE 的 G2 号样品抗氧化剂耗损速率是 Solmax 公司 S2 号样品的 4.3 倍，随着温度降低，差异越来越大；至 15℃时，G2 的抗氧化剂耗损速率可达 S2 的 17.3 倍。另外，同为 GSE 的产品，G2 在 40℃时的抗氧化剂耗损速率也达到 G3 的 1.8 倍，15℃时为 2.2 倍。

HDPE 膜材质对抗氧化剂耗损速率的影响主要通过两个方面：聚合物本身的化学结构以及土工膜中除聚合物以外的其他组分及含量，如炭黑、抗氧化剂等。相关介绍详见文献[15, 16]，在此不再赘述。

总体上，不同品牌 HDPE 膜的老化速率不同，相同品牌不同规格的老化速率也有所差异。不同品牌 HDPE 膜的抗氧化剂耗损速率相差 3.3～17.3 倍（40℃和 15℃），相同品牌不同规格 HDPE 膜的抗氧化剂耗损速率相差也可达 0.8～1.2 倍（40℃和 15℃）。

3.3.6 抗氧化剂耗损速率的参数敏感性

3.3.6.1 参数敏感性

40℃条件下各因素对抗氧化剂耗损速率和耗损期影响的差异见表 3-10。以 40℃为例，2.5mm 的 HDPE 膜抗氧化剂耗损速率最慢，1.0mm 的 HDPE 膜抗氧化剂耗损速率最快，两者抗氧化剂耗损速率相差 17%，导致抗氧化耗损期 4 年的差异（28.4 年和 24.4 年）；水、空气和渗滤液三种介质中，渗滤液耗损中最快，空气中最慢，两者耗损速率相差 2.12 倍，导致抗氧化耗损期 30.8 年的差异（6.7 年和 37.5 年）；不同渗滤液中，渗滤液 d 老化最快，渗滤液 a 老化最慢，两者相差 31%，导致抗氧化剂耗损期 2.6 年的差异（8.3 年和 10.9 年）；不同试验方法中 A 与 C 的差异最大（但 B 与 C 之间并无太大差异），两者相差 4.1 倍，导致抗氧化剂耗损期 23.0 年的差异；不同品牌/材质的 HDPE 膜，G2 和 S2 的差异最大，两者相差 3.3 倍，导致抗氧化剂耗损期 19.7 年的差异。

表 3-10　40℃条件下各因素差异导致的抗氧化剂耗损速率相对差异和耗损期差异

因素	抗氧化剂耗损速率相对差异（无量纲）	耗损期差异/年
厚度	17%	4
介质类型	2.12 倍	30.8
渗滤液特性	31%	2.6
暴露条件	4.1 倍	23
品牌/材质	3.3 倍	19.7

老化速率对各影响因素的敏感性由大到小依次为暴露条件/试验方法 > 品牌/材质 > 介质类型（水、空气和渗滤液）> 渗滤液特性 > 厚度，分别可导致分别可导致 5 倍、4.4 倍、2 倍、0.31 倍和 0.09 倍的抗氧化剂耗损速率差异。

3.3.6.2 敏感性随温度变化规律

图 3-14（书后另见彩图）为抗氧化剂耗损速率对各因素的敏感性随着温度的变化情况。

进一步比较了随着温度增加，上述影响因素敏感性的变化情况，结果发现抗氧化剂耗损速率对材质、暴露条件、老化介质的敏感性随着温度升高而降低；对渗滤液特性的敏感性随着温度变化较小，但也呈现随温度升高而降低的趋势；对厚度的敏感性随着温度升高而呈现略微升高的趋势。

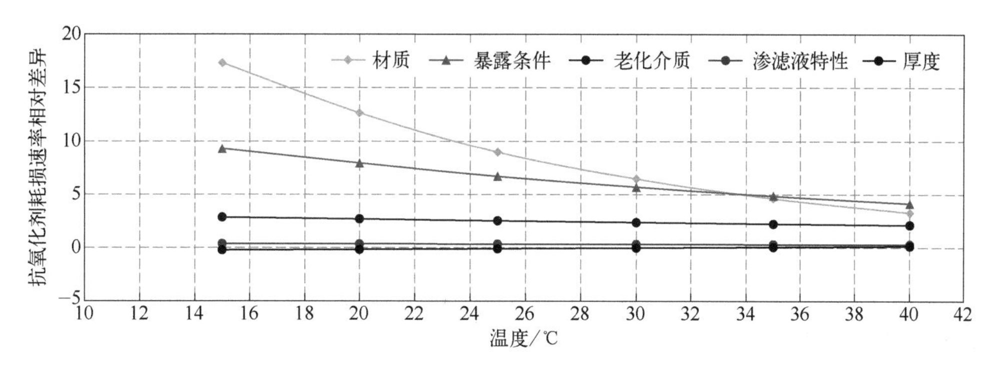

图 3-14　抗氧化剂耗损速率对各因素的敏感性随着温度的变化情况

3.4　温度演进条件下 HDPE 膜老化规律

3.4.1　典型填埋场堆体与衬垫系统温度特征

通过文献检索，收集了国内外 25 个填埋场的温度数据，见表 3-11 与表 3-12。因为不同区域气象条件可能影响温度，尤其是温度的增长速率，因此表中给出了不同填埋场的位置信息，同时还给出了渗滤液水位、填埋运行时间、填埋场所处阶段、堆体及土工膜的最高温度等信息。

表 3-11　文献中报告不同填埋场的堆体温度和 HDPE 膜服役温度

地理位置	堆体厚度/m	渗滤液水位/m	运行时间/年	堆体温度/℃	HDPE 膜温度/℃	参考文献
Altwarmbüchen，德国	40	—	4	—	38	[31]
Pickering，N，加拿大	60	20	11	60	—	[32]
Raleigh，美国	30	—	35	80	—	[33]
Hannover，德国	60	6	12	65	60	[34]
	60	4	12	64	30	
Bavaria，德国	20	<0.1	6～10	44～64	35～53	[35]
Ontario，加拿大	25	0.3	1	60	—	[36]
Alaska，美国	51	—	10	33	13	[29]
Michigan，美国	31	—	5～7	56	—	
New Mexico，美国	19	—	5	32	30	
British Columbia，加拿大	19	—	4	43	15	

续表

地理位置	堆体厚度/m	渗滤液水位/m	运行时间/年	堆体温度/℃	HDPE 膜温度/℃	参考文献
South of France，法国	20	< 0.1	1	50～60	—	[37]
Tokyo，日本	35	18	7	66	45	[38]
	35	11	30	—	30	
Philadelphia，PA，美国，干区	70	< 0.1	0～6	—	20	[28]
	70	< 0.1	13	—	33	
Philadelphia，PA，美国，湿区	70	< 0.1	6	—	50～54	
一期，Maple，ON，加拿大	65	1	0～5	—	12	[39]
		7	14	—	37	
		7	14～21	—	37	
二期，Maple，ON，加拿大	65	1	0～3	—	9～11	
		1～5	18	—	35～36	
三期，Maple，ON，加拿大	65	< 0.3	0～6	—	10	
		< 0.3	16	—	37	
四期，Maple，ON，加拿大	65	< 0.3	1	—	7	
		< 0.3	1～15	—	7～35	
Ingolstadt，德国（飞灰填埋场）	9	< 0.3	0.25	87	23	[30]
	9	< 0.3	1.5	64	4	
	9	< 0.3	3	43	40	
年均温度 15℃的某国内城市	60		20	—	27	[40, 41]
年均温度 25℃的某国内城市	60		20	—	37	
年均温度 30℃的某国内城市	60		20	—	42	

表 3-12　不同填埋场的典型时间节点及温度

案例编号	t_1	t_2	t_3	t_4	T_0	T_p	说明/参考文献
单位	年				℃		
1	3	16	26	40	10	35	[39]
2	3	16	26	50	10	35	
3	3	16	50	64	10	35	
4	8	14	20	40	10	37	
5	8	14	40	60	10	37	
6	6	7	20	40	20	33	文献[28]填埋场的干区数据
7	6	16	25	45	20	33	
8	5	14	20	50	12	37	[39]
9	5	14	40	70	12	37	
10	0	6	14	24	20	50	文献[28]填埋场的湿区数据
11	0	6	20	30	20	50	
12	0	6	30	40	20	50	
13	0	8	20	30	20	60	
14	0	8	30	40	20	60	
15	0	8	40	50	20	60	

续表

案例编号	t_1	t_2	t_3	t_4	T_0	T_p	说明/参考文献
单位	年				℃		
16	0	10	30	40	20	70	
17	0	2	10	20	20	43	[30]
18	0	2	30	40	20	43	
19	0	8	14	30	15	45	[38]
20	0	8	14	40	15	45	
21	0	8	18	30	15	50	
22	0	8	18	40	15	50	
23	0	5	20		15	27	[40-41]
24	0	5	20		20	37	
25	0	5	20		30	42	

日本学者针对一家填埋场（Tokyo port）底部的温度进行了观测，并建立了模型进行预测[27]。该研究的温度监测自填埋场运行 7 年后开始，此时填埋场渗滤液的饱和液位约 18m。随后，在接下来的 7 年中，液位慢慢降低至 11m，并始终保持温度直至报告时（见表 3-11）。堆体底部及 2.5m 高度处的温度，在 7 年填埋后分别为 50℃和 45℃（实测值和预测值）。在随后的 6～10 年中基本保持稳定，再随后逐渐降低。基于实测数据校正的模型，预测其温度在 10 年左右达到峰值（45℃），随后逐渐降低，到 30 年左右达到稳定值（30℃）。

Koerner 等[28]对美国一个填埋场的不同单元（干、湿）主防渗层温度进行了监测。在湿区，水分被注入以促进生物降解；而在干区，则没有水分注入。在初始的 5～6 年中，干区的 HDPE 膜温度基本保持在 20℃左右；随后逐渐增加，在 7 年后增至 33℃，并在随后的 6 年中保持稳定（见表 3-11）。而在湿区，温度在 5.7 年后就急剧增加至 50℃，之后温度有可能在 50℃左右保持稳定，但也有可能继续增加，两种情形都需要考虑。

Yesiller 等[29]针对加拿大安大略省旺市基尔山谷垃圾填埋场（KVL）不同阶段不同分区的温度进行了监测。该填埋场运行分四个阶段（称为阶段 1～4）建造和运行。阶段 1 和阶段 2 的渗滤液收集系统采用间距为 65m 的排水沟，而阶段 3 和阶段 4 采用连续的土工排水毯。研究表明该填埋场不同位置，温度均有一个缓慢升高的时期，接着是一段相对迅速的升温阶段，然后在 35～37℃的温度达到稳定状态。

上述填埋场均是针对生活垃圾填埋场，其主要组分为有机、易腐垃圾。而我国 HWL 填埋物主要以无机固体废物为主，虽然部分污泥中可能存在一定量的有机质，但含量较少。那么对于以无机固体废物为主的填埋场温度是如何变化的？德国某飞灰填埋场的堆体及 HDPE 膜温度检测数据表明[30]，由于飞灰内部的放热反应导致衬垫上方 6m 处的温度在飞灰填埋 3 个月后达到 87℃的高温，在达到最高温度以后，温度逐渐降低，在 30 个月后降低到 43℃；而在堆体底部，温度在 17 个月后达到 46℃，3 年后降低到 40℃（见表 3-11）。这表明即使对于没有有机质的填埋场，也需要考虑温度的影响。

上述典型填埋场的温度演进过程分析表明，填埋场中的温度在运行一段时间后会逐渐升高，若干年后达到某一峰值，并在一段时间内保持稳定，然后逐渐降温。尽管目前没有足够长的监测数据表明温度会最终回归到初始温度，但预计随着反应热的逐渐耗尽，填埋场温度最终将回到初始温度。

3.4.2 抗氧化剂耗损规律

3.4.2.1 不同试验条件下的 stage Ⅰ

上述分析表明老化试验方法对于 HDPE 膜抗氧化剂耗损速率及 stage Ⅰ 时间长度的影响。8 种 HDPE 膜中，6 种膜采用了老化方法 A，采用方法 B 和方法 C 的各 1 种膜（见表 3-13）。从图 3-15 和图 3-16 中可以看出，老化方法 A 预测得到的 6 种 HDPE 膜的 stage Ⅰ 时间长度均比较小，在 7～37 年之间；而老化方法 B（HGM4b）的在 11～210 年之间，老化方法 C（HGM6d）的在 10～750 年之间。

表 3-13 不同 HDPE 膜对应的试验条件、厚度和品牌信息

参数	HGM4a	HGM4b	HGM5a	HGM7a	HGM6a	HGM6d	HGM6b	HGM6c
老化方法	A	B	A	A	A	C	A	A
厚度/mm	1.5	1.5	1.5	1.5	1.5	1.5	2.0	2.5
品牌	G.2	G.2	G.1	G.3	S1	S1	S1	S1

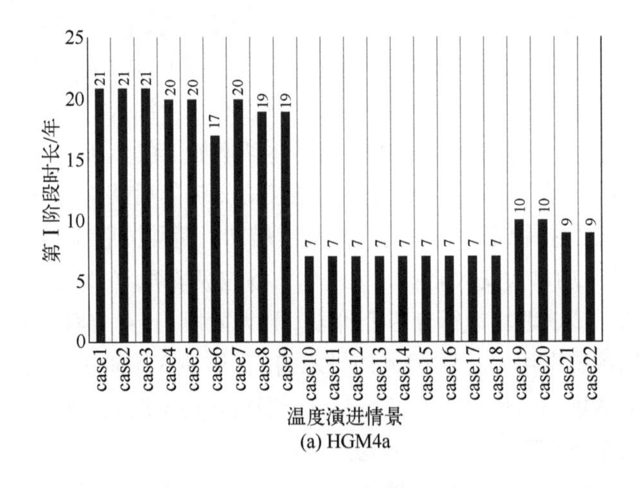

(a) HGM4a

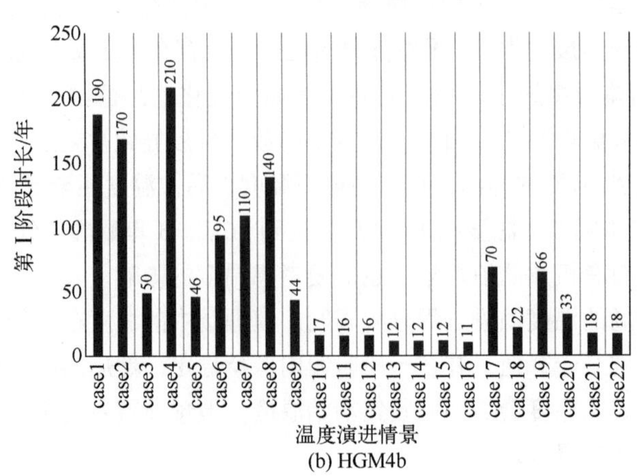

(b) HGM4b

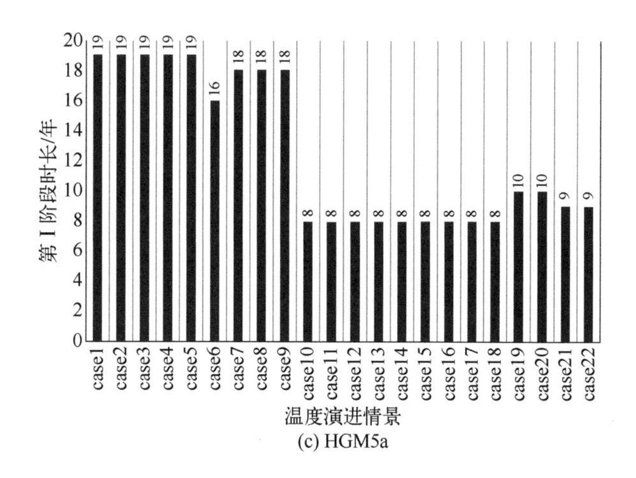

(c) HGM5a

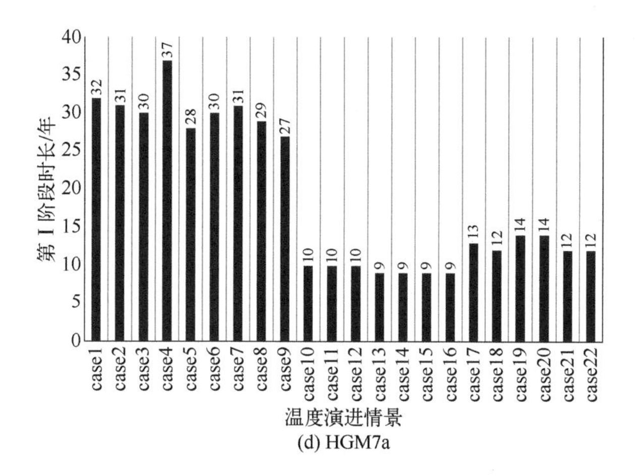

(d) HGM7a

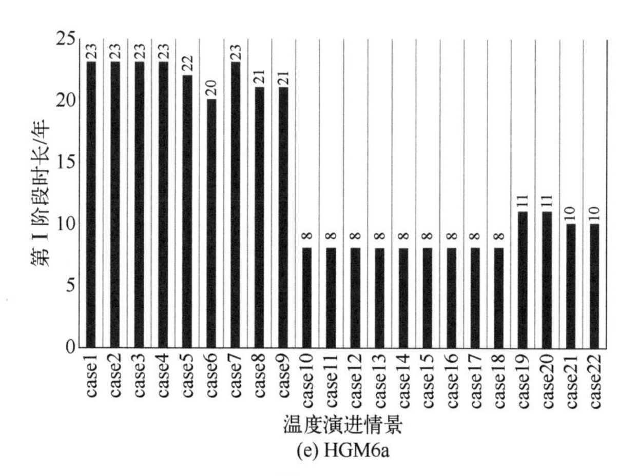

(e) HGM6a

图 3-15

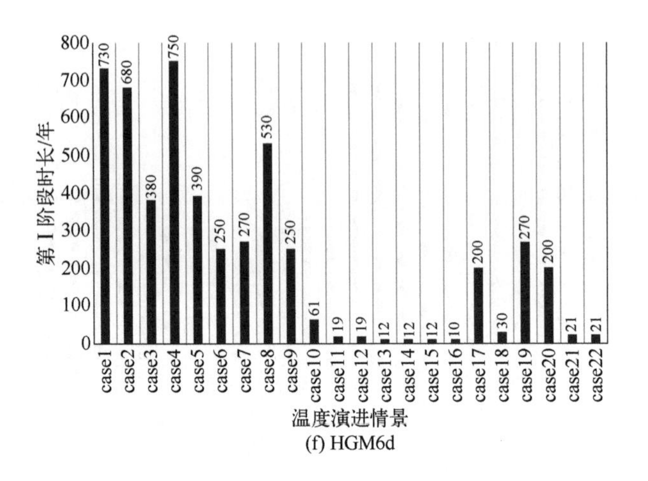

(f) HGM6d

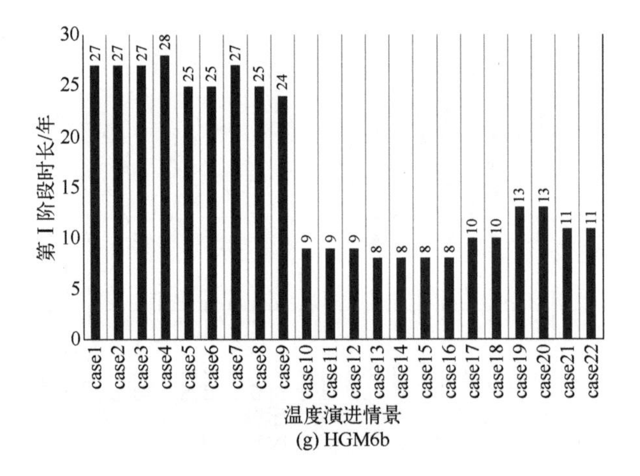

(g) HGM6b

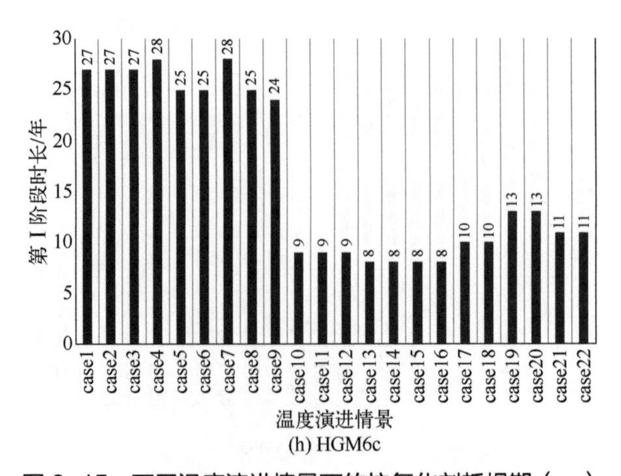

(h) HGM6c

图 3-15　不同温度演进情景下的抗氧化剂耗损期（一）

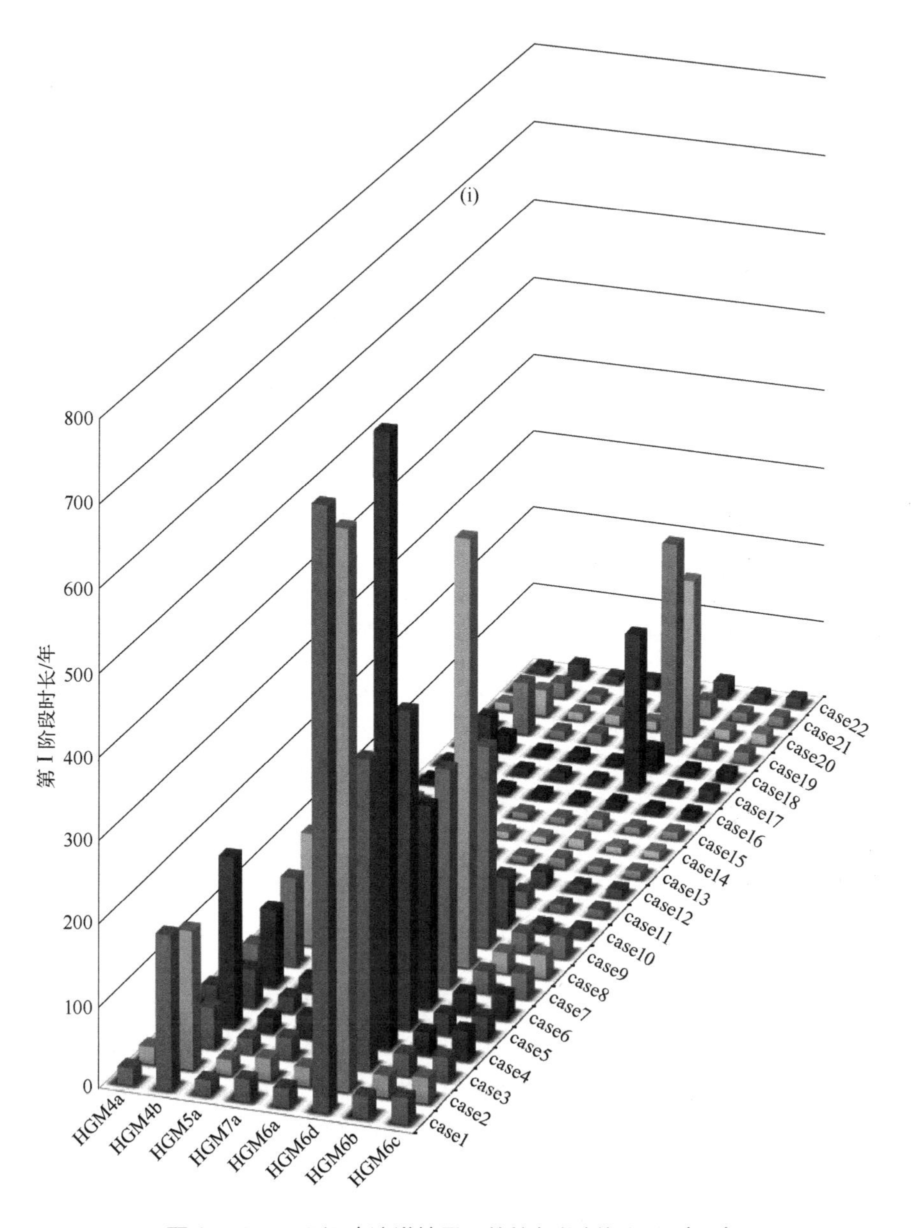

图 3-16　不同温度演进情景下的抗氧化剂耗损期（二）

以 HGM4a 和 HGM4b 为例，两者除试验方法外，其他条件完全一致（均采用渗滤液作为暴露介质，1.5mm G2 品牌 HDPE 膜）。在 22 种不同温度环境下，利用老化方法 A［图 3-15 (a)，HGM4a］预测氧化剂耗损的最短时间仅为 7 年（case10～case18），最长时间也仅为 21 年（case1～case3）；相较而言，利用老化方法 B［图 3-15 (b)，HGM4b］预测的氧化剂耗损时间，最短为 11 年（case16），最长可达 210 年（case4）。同种温度条件下，不同老化方法预测的氧化剂耗损时间差别最大可达 10.5 倍（case4）。

HGM6a 和 HGM6d 在不同老化试验方法下（其他条件完全一致，均采用渗滤液作为暴露介质，HDPE 膜为 1.5mm 的 S1 品牌），预测的氧化剂耗损时间差异更大：利用老化方法 A［图 3-15（e），HGM6a］预测氧化剂耗损的最短时间仅为 8 年（case10～case18），最长时间也仅为 23 年（case1～case4，case7）；相较而言，利用老化方法 C［图 3-15（f），HGM6d］预测的氧化剂耗损时间，最短为 10 年（case16），最长可达 750 年（case4）。同种温度条件下，不同老化方法预测的氧化剂耗损时间差别最大可达 32.6 倍（case4）。

一旦存在破损，由此导致的暴露条件，即使在温度条件较低（峰值温度 33℃，且持续时间较短）的条件下，stage Ⅰ 可能也仅有 20 年左右，较厚的 HDPE 膜可能达到 30 年；而在温度较不利条件下，可能仅有 7 年，较好的 HDPE 膜也仅有 9 年。

3.4.2.2 不同温度演进情景下的 stage Ⅰ

3.2.4 部分对不同老化方法的老化速率差异的原因及适用场景进行了分析。其中方法 A 模拟的 HDPE 膜性能退化过程更接近 HDPE 膜上存在漏洞，且渗滤液发生渗漏导致 HDPE 膜上下表面均与渗滤液接触的情景。考虑到漏洞面积只占 HDPE 膜总面积的很小一部分，因此对于大部分填埋场，尤其是新建的，且经过较为严格的 CQ 和 CA 的填埋场而言，利用老化方法 A 模拟的老化过程可能过于保守。因此，下文的讨论主要针对采用老化方法 B［图 3-15（b）］和老化方法 C［图 3-15（f）］的 HDPE 膜，分析在老化方法 B 和 C 条件下，不同温度演进情景导致的抗氧化剂耗损期差异。

（1）峰值温度≥50℃

峰值温度≥50℃对应 case10～case16 以及 case21～case22。从图 3-15（b）和图 3-15（f）中可以看出，上述 9 种温度演进情景下，2 个 HDPE 膜的 stage Ⅰ 均明显偏短，分别仅为 11～17 年和 10～61 年。实际上，除了 case10 情景下的 HGM6d 样品，其他两个 HDPE 在其他温度演进条件下，stage Ⅰ 都不超过 19 年。

另外，图 3-15 显示在 case10 的温度条件下，HGM6d 和 HGM4b 的 stage Ⅰ 时间差异显著；反之，case11 情景下，HGM6d 的 stage Ⅰ 时间仅是略微长于 HGM4b。而 case10 和 case11 除峰值温度持续时间不同外，其他条件均类似。因此推论 HGM6d 可能在短期内具有更强的耐高温（50℃）氧化能力，但是两者的长期耐高温的性能没有明显差别。

综合上述分析，可以认为即使对于没有漏洞，而且处于较有利的暴露条件（单面暴露于渗滤液）下的 HDPE 膜，当其服役的峰值温度 > 50℃时，除非其持续时间极短（8 年以下，此时 stage Ⅰ 可达 60 年以上），且 HDPE 膜本身质量较好，否则其 stage Ⅰ 仅有 10～20 年。

（2）峰值温度在 40～45℃区间

峰值温度在 40～45℃区间的是 case17～case20。可以看到在 case18 和 case20 条件下，HGM4b 的为 22 年和 33 年，HGM6d 的为 30 年和 200 年；而在 case17 和 case19 条件下，HGM4b 的为 70 年和 66 年，HGM6d 的为 200 年和 270 年。而 case18 的主要特征在于峰值的持续时间长（28 年），而 case20 虽然峰值持续时间短，但是峰值下降的速度慢。

综合上述分析表明，当温度在 40～45℃区间时，对于较好的 HDPE 膜 HGM6d，除非峰值温度时间持续极长（大于 28 年，此时其 stage Ⅰ仅有 30 年），否则其 stage Ⅰ在 200 年以上；而对于较差的 HDPE 膜 HGM4b，即使持续时间较短，stage Ⅰ也仅有 70 年左右，而当峰值温度持续时间较长，或峰值温度虽然持续时间短但下降速度慢时，stage Ⅰ仅有 20 年左右。

（3）峰值温度在 33～37℃区间

case1～case9 的峰值温度在 33～37℃区间。可以看到除 HGM4b 的 case3 和 case5（分别为 50 年和 46 年），其他的 stage Ⅰ均在 95 年以上。而 case3 和 case5 对应的是峰值温度持续时间特别长的情景，如 35℃持续 34 年，或 37℃持续 26 年。

综合上述分析，当峰值温度在 33～37℃时，除非峰值温度持续时间特别长，如 35℃持续 34 年，或 37℃持续 26 年，且 HDPE 膜本身质量较差（stage Ⅰ分别为 50 年、46 年），否则寿命均能达到 95 年以上；而对于质量较好的即使峰值持续时间长，也均能达到 250 年以上。

3.4.2.3　抗氧化剂耗损期对氧化诱导期的影响

显然，抗氧化剂耗损期时长对于氧化诱导期乃至后期的半衰期都有重要影响。如果抗氧化剂耗损期足够长，甚至大于堆体回归初始温度所需的时间，那么 HDPE 膜的氧化诱导期和性能退化期可能都在初始温度的环境下度过。而初始温度通常较低，这个时候的氧化诱导速率和性能退化速率都将非常的缓慢。

对于 case10～case12，峰值温度为 50℃，差别仅在于峰值温度的停留时间。在 case10 中，峰值温度假定为 8 年，并最终在第 24 年达到完全稳定，此时，对于 HGM6d 其抗氧化剂耗损时间（61 年）远超过堆体达到最终稳定温度（20℃）所需时间（24 年）；即使是 HGM4b，其抗氧化剂耗损时间也达到 17 年，此时堆体为温度 40℃，根据温度过程线［图 3-17（a）］，在氧化剂完全耗损后，其堆体温度还需 7 年达到最终稳定温度。这 7 年的平均温度为 30℃，而 HDPE 膜在该温度条件下 stage Ⅱ所需的时间将比较长，因此该情形下，HDPE 膜的 stage Ⅲ很可能完全在初始低温中度过，因而性能退化将比较慢。

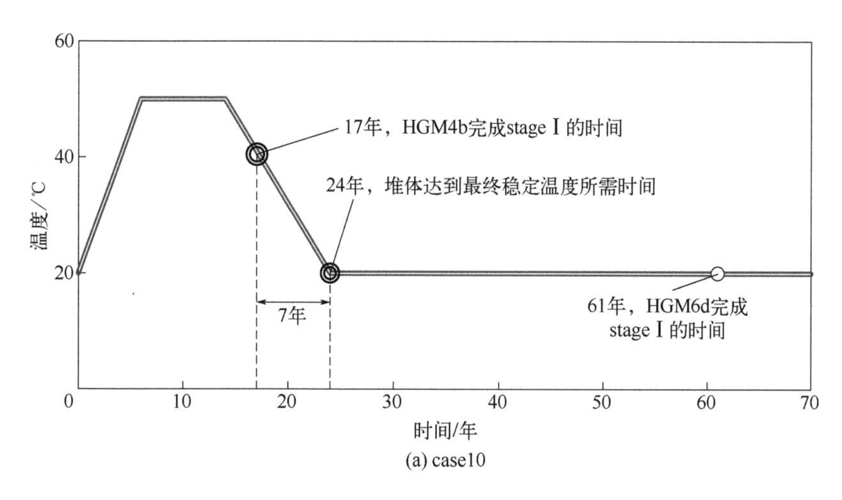

(a) case10

图 3-17

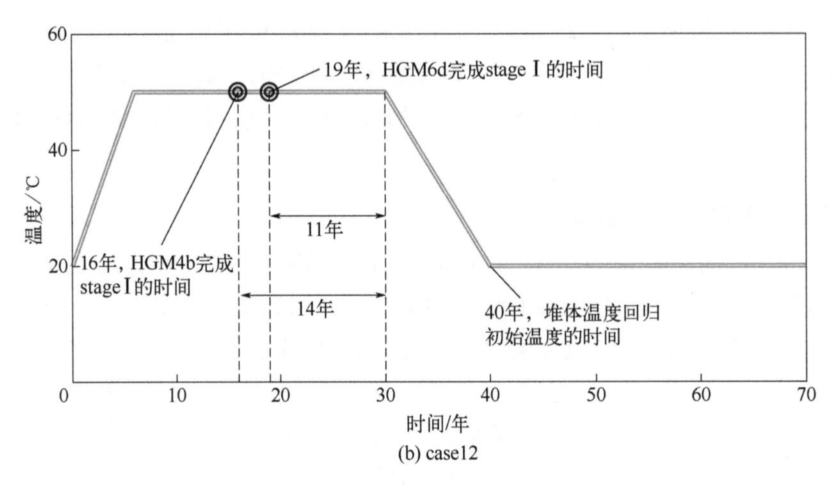

(b) case12

图 3-17　温度演进过程与老化阶段

然而，如果峰值温度（50℃）持续至 24 年（case12），此时，对于 HGM4b 其抗氧化剂耗损时间为 16 年，也即是说其 stage Ⅱ 甚至是 stage Ⅲ 需要经历 14 年的峰值温度[图 3-17(b)]，然后经过 10 年的温度下降过程才达到初始低温，这期间的平均温度达到 44.8℃；而即使是对于耐老化性能较好的 HGM6d，其抗氧化剂耗损时间也仅为 19 年，还需经历 11 年的峰值温度，以及 10 年的温度下降过程，期间的平均温度达 38.5℃，该温度条件以及持续时间条件下，HDPE 膜的性能退化过程可能就需要特别谨慎对待了。这也就增加了进一步开展后期的 stage Ⅱ 和 stage Ⅲ 分析的比较性。

如果峰值温度达到 60℃，则在 12 年（case13～case15）抗氧化剂就完全耗竭，也即是堆体达到峰值温度后的 4 年。

总体来讲，在模拟实际填埋场的应力、渗滤液环境条件下，在 22 种不同温度过程条件下 HDPE 膜的抗氧化剂耗损时间从 10 年至 750 年不等，其中抗氧化剂耗损时间的上限值（750 年）对应于 HWL 的温度演进过程[39]（渗滤液小于 0.3m 且峰值温度为 37℃）；下限值（10 年，case16）对应峰值温度为 70℃的温度演进过程；另外，峰值温度为 60℃时，抗氧化耗损时间也仅有 12 年（case13～case15）。

完全从技术角度考虑，生活垃圾填埋场的有害特性在 30～50 年就已经降解完全，因此抗氧化剂的耗损时间大于该值就完全可以满足防渗要求。但是对于 HWL 而言，由于危险废物的有害特性主要以重金属为主，尽管随着渗滤液的产生也有一定的危险组分会逐渐溶出，导致废物中的有害组分含量逐渐降低，但是该过程非常缓慢，尤其是填埋场封场后，渗滤液产生量极小，几乎没有或者只有极少量的有害组分浸出，因此危险废物的有害特性降至风险可接受水平的时间可能长达 1000 年。此时单纯从技术角度考虑，750 年的抗氧化剂耗损时间可能不完全足以保障防止污染的要求。但是从另一方面考虑，人类社会发展迅速，科技发展日新月异，100 年前可能视为天方夜谭的技术现在都已实现，我们完全可以期待 100 年后对于危险废物会有更科学的处置技术。

相对于现代填埋场污染风险的潜在持续时间，HGM4a 和 HGM6a 在老化试验方法 A 的条件下，其抗氧化剂耗损期分别仅为 7～21 年和 8～23 年。对此，需要进一步考虑 HDPE 膜的 stage

Ⅱ和 stageⅢ阶段老化机理，涉及 HDPE 膜性能退化（包括力学性能和功能性，如渗透性）。当防渗层存在破损时，渗滤液通过漏洞渗漏，这样膜的上方和下方均与渗滤液接触，接近于老化试验方法 A 所表示的条件，这将加速 HDPE 膜的老化过程。因此，为了评估这种机制的潜在风险，阶段Ⅱ和Ⅲ的时间长度对于所有检查的时间-温度历史都是非常关键的。上面讨论的结果突出了峰值温度、峰值温度的持续时间以及从峰值温度回到地温所需的时间的显著影响。由于与峰值温度，及其持续时间和减温过程所需的相关数据有限，这强调需要更多和更长期的对填埋场 HDPE 膜进行监测。同时由于第Ⅰ阶段的时间偏短，开展第Ⅱ和第Ⅲ阶段研究也就非常必要。

3.4.3 氧化诱导规律

采用 3.2.4 部分所述方法，对温度演进条件下的氧化诱导时间，即 stageⅡ时间进行计算。图 3-18 给出了 6 个 HDPE 膜在不同温度演进情景（case1、case4 和 case14）下完成 stageⅡ阶段所需的时间。在 3 种温度演进情景下，HDPE 膜的服役温度均假定在填埋后 40a 回归到初始温度。选择前两个案例（案 case1 和 case4）来说明在峰值温度为 35～37℃的情况下，温度变化对氧化诱导时间的影响；第三种情况（case14）用来说明更高的峰值温度（60℃）的潜在影响。

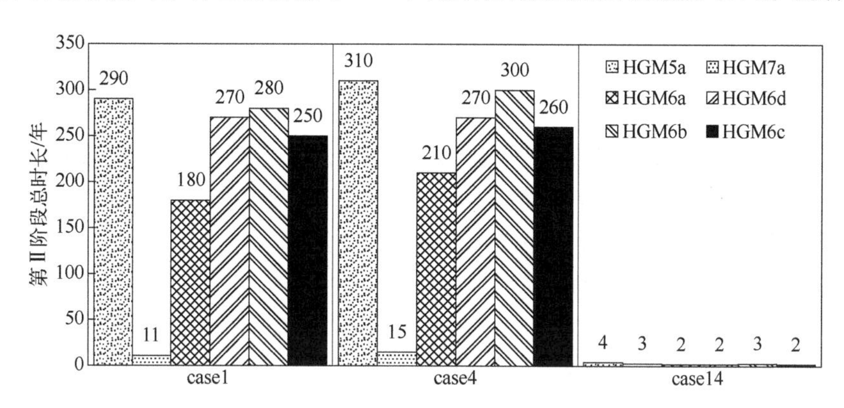

图 3-18　不同温度演进情景下的氧化诱导期

在温度演进过程 case1 和 case4 的条件下，HGM6d 的抗氧化剂耗损阶段长达 730 年和 750 年［见图 3-15（f）］，而堆体温度在第 40 年就已经回归到初始温度了，这意味着 HGM6d 的氧化诱导阶段都是在 10℃的温度条件下进行的，这导致其氧化诱导时间长达 270 年（见图 3-18）。而对于其他 HDPE 膜，在其抗氧化剂完全耗损后，或者峰值温度已经解除并处在减温阶段，或者峰值温度的剩余时间已经极短（如 HGM5a 在温度过程 case1 和 case4 条件下，其抗氧化剂消耗完后，距离温度下降区间只分别剩余 7 年和 1 年；而 HGM6a 在 case 1 条件下，在抗氧化剂消耗完后距离温度下降区间只剩 3 年）。在这种情况下，这些 HDPE 膜的氧化诱导时间均超过 180 年。

根据现有老化数据预测的 HGM7a 的第Ⅱ阶段时间显著短于其他 HDPE 膜，仅为 11 年和 15 年。需要指出，HGM7a 的 stageⅡ老化参数（活化能 E_{a_2} 和 A_2）是根据实验室已完成的 85℃和 70℃下的老化试验确定的，因此相比于其他 HDPE 膜的氧化诱导时间预测，HGM7a 的预测可能是最可靠的（其余 HDPE 膜的老化参数是基于已完成的 85℃的 stageⅡ长度，以及 Viebke 等[42]假定的空气-水环境下的聚乙烯管道的 75kJ/mol 的活化能）。当然，该 HDPE 膜在 70℃时的老化试验已经完成，而其他 HDPE 膜在该温度下的老化试验尚未结束，也间接说明该 HDPE 膜的长期性能可能相对较差。这也再次表明，不同品牌 HDPE 膜的老化性能相差迥异，迫切需要开展更多的各种不同品牌、规格 HDPE 膜（尤其是国产 HDPE 膜）的长期性能测试，以丰富其老化性能参数数据库。

在温度演进过程 case14 的条件下，HGM5a、HGM7a、HGM6a 和 HGM6b 在堆体温度刚到达峰值就完成了氧化剂耗损阶段；而 HGM6d 和 HGM6c 也是在堆体达到峰值温度后不久就完成了氧化剂耗损阶段。这也就意味着 HGM5a、HGM7a、HGM6a 和 HGM6b 的氧化诱导阶段会在较长一段时间在峰值温度度过。说明在温度演进过程 case14 条件下，所有土工膜的氧化诱导时间，乃至退化失效所需的时间，可能都比温度演进过程 case1 和温度演进过程 case4 所需时间短。事实上，温度演进过程 case14 的条件下，土工膜的寿命仅为 2～4 年。显然，60℃的温度对缩短土工膜使用寿命的阶段Ⅰ和Ⅱ影响显著。

3.4.4 性能退化规律

第Ⅲ阶段预测的计算过程与第Ⅱ阶段预测所述方法相同。本书提出的第Ⅲ阶段预测远比其他两个阶段更具推测性，这是因为模拟填埋场环境的 HDPE 膜老化试验运行时间还比较短，不足以完成第Ⅲ阶段的老化试验，也就不能获得相关的老化参数。Viebke 等[42]将 stage Ⅲ的活化能近似处理为 80kJ/mol，基于此进行了第Ⅲ阶段的计算。他的假设是将分子链断裂而不是力学特性如耐压力开裂作为聚合物降解的标志。而耐压力开裂是与 HDPE 膜寿命关系最为密切的指标，虽然分子链断裂与 HDPE 膜降解不完全相关，但本项目还是采用了该假设，也是受限于目前没有更好的数据。尽管存在这些缺点，但该方法对于说明温度演进过程对土工膜性能退化及寿命的影响还是具有十分重要的意义。

图 3-19 显示了完成氧化诱导的土工膜接着完成第Ⅲ阶段所需的时间。土工膜在温度演进过程 case14 的条件下从氧化诱导至寿命终止所需的时间远远短于温度演进过程。这是因为在过程 case14 条件下，土工膜在其第Ⅲ阶段服役寿命中经历了更高的温度（20～60℃）；而在温度演进过程 case1 和 case4 条件下，大多数 HDPE 膜的第Ⅲ阶段都是在堆体温度回归到初始温度后开始的。唯一的例外是在演进过程 case1 条件下的 HGM7a，其第Ⅲ阶段经历了 2a 的减温过程才到达初始地温。

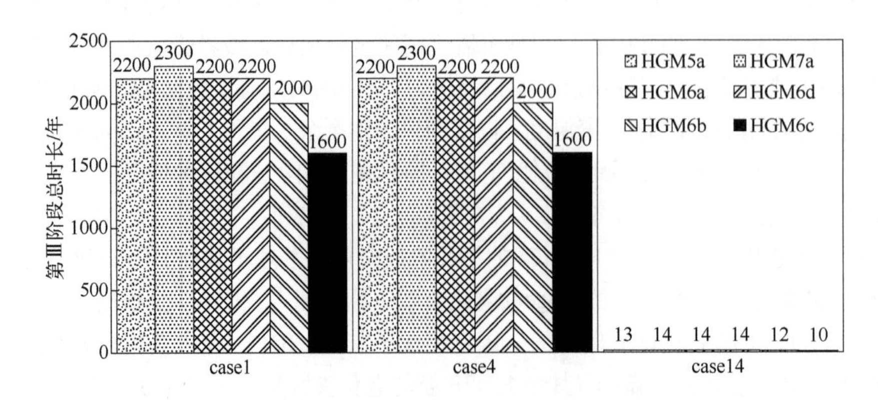

图 3-19　不同温度演进情景下的半衰期

3.4.5　温度演进下的 HDPE 膜 3-stage 总时长

将各阶段的时长相加，就可以得到 HDPE 膜的服役寿命（见图 3-20）。从图 3-20 中可知不同模拟填埋场环境条件和温度演进条件下，HDPE 膜的寿命最短仅为 20 年，最长可达 3300 年。在 case1 和 case4 条件下，其最高温度仅为 40℃，且最高温度的持续时间仅为 10 年和 16 年，这导致其寿命可以达到 1900～3300 年，远远超过一般生活垃圾的降解周期（20～30 年），即使对于危险废物而言，长达 1000 年的服役寿命也是可以接受的。而在较不利的情景下，寿命最短仅为 20 年，对应于 case14 的温度演进过程，该情景下温度在运行 8 年内从 20℃增至 60℃，随后保持该温度 22 年，随后在 10 年内下降至 20℃。这表明温度的演进过程对于 HDPE 膜的性能有着至关重要的意义。

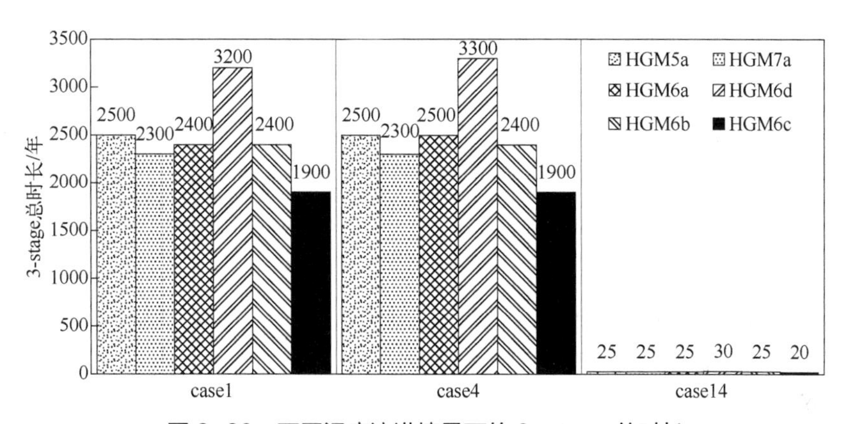

图 3-20　不同温度演进情景下的 3-stage 总时长

参考文献

[1] 能昌信，徐亚，刘景财，等. 深度填埋条件下堆体表面电势分布特征及漏洞定位机理[J]. 环境科学研究，2016, 29(09): 1344-1351.

[2] 徐亚，能昌信，刘玉强，等. 垃圾填埋场 HDPE 膜漏洞密度及其影响因素的统计分析[J]. 环境工程学报，2015, 9(09): 4558-4564.

[3] 蒋秀亭，杨旭东，胡吉永，等. 不同光源下 HDPE 土工膜的光氧老化性能[J]. 东华大学学报（自然科学版），2016, 42(06): 809-815.

[4] 袁爽，陈燕，冯志新，等. 水上光伏系统用高密度聚乙烯（HDPE）的紫外光氧老化性能研究[J]. 合成材料老化与应用，2019(02): 34-37.

[5] 徐兵，梅长彤，潘明珠，等. 纳米白炭黑核-壳型木塑复合材料抗紫外老化研究[J]. 塑料工业，2017, 45(04): 77-82.

[6] Requirements for hazardous waste landfill design,construction, and closure[R]. Cincinnati, OH: Center for Environmental Research Information，Office of Research and Development，U.S. Environmental Protectin Agency, 1989.

[7] Sun X, Xu Y, Liu Y, et al. Evolution of geomembrane degradation and defects in a landfill: Impacts on long-term leachate leakage and groundwater quality[J]. Journal of Cleaner Production, 2019, 224: 335-345.

[8] Tian K, Benson C H, Yang Y, et al. Radiation dose and antioxidant depletion in a HDPE geomembrane[J]. Geotextiles and Geomembranes, 2018, 46(4): 426-435.

[9] Yang P, Xue S, Song L, et al. Numerical simulation of geomembrane wrinkle formation[J]. Geotextiles and Geomembranes, 2017, 45(6): 697-701.

[10] Koerner G R, Hsuan Y G, Koerner R M. 3-The durability of geosynthetics [M]//SARSBY R W. Geosynthetics in civil engineering. London: Woodhead Publishing, 2007: 36-65.

[11] Koerner R M. 10-Long-term geotextile degradation mechanisms and exposed lifetime predictions[M]//Koerner R M. Geotextiles. London: Woodhead Publishing, 2016: 217-236.
[12] Berger K U. On the current state of the hydrologic evaluation of landfill performance(HELP)model[J]. Waste Management, 2015, 38: 201-209.
[13] 梁森荣，张澄博，张永定，等. HDPE 土工膜长期性能稳定性的研究进展[J]. 环境科学与技术，2012, 35(09): 77-81.
[14] Bian X L, Liu J G. Influence factors in clogging of landfill leachate collection system[J]. Advanced Materials Research, 2014, 878: 631-637.
[15] Hsuan Y G, Koerner R M. Lifetime prediction of polyolefin geosynthetics utilizing acceleration tests based on temperature[J]. Long Term Durability of Structural Materials, 2001: 145-157.
[16] Rowe R K, Sangam H P. Durability of HDPE geomembranes[J]. Geotextiles and Geomembranes, 2002, 20(2): 77-95.
[17] Gulec S B, Edil T B, Benson C H. Effect of acidic mine drainage on the polymer properties of an HDPE geomembrane[J]. Geosynthetics International, 2004, 11(2): 60-72.
[18] Rowe R K. Aging of HDPE geomembrane in three composite landfill liner configurations[J]. Journal of Geotechnical & Geoenvironmental Engineering, 2008, 134(7): 906-916.
[19] Rowe R K, Rimal S, Sangam H. Ageing of HDPE geomembrane exposed to air, water and leachate at different temperatures[J]. Geotextiles and Geomembranes, 2009, 27(2): 137-151.
[20] Islam M Z. Long-term performance of hdpe geomembranes as landfill liners[D]. Kingston: Queen's University 2009.
[21] Abdelaal F B, Rowe R K, Islam M Z. Effect of leachate composition on the long-term performance of a HDPE geomembrane[J]. Geotextiles & Geomembranes, 2014, 42(4): 348-362.
[22] Rowe R K, Ewais A M R. Antioxidant depletion from five geomembranes of same resin but of different thicknesses immersed in leachate[J]. Geotextiles & Geomembranes, 2014, 42(5): 540-554.
[23] Osawa Z. Photoinduced degradation of polymers[M]. 1992.
[24] Monroy Sarmiento L, Roessler J G, Townsend T G. Trace element mobility from coal combustion residuals exposed to landfill leachate[J]. Journal of Hazardous Materials, 2019, 365: 962-970.
[25] Rowe R, Sangam H P. Durability of HDPE geomembranes[J]. Geotextiles and Geomembranes, 2002,20(2): 77-95.
[26] Hsuan Y G. Approach to the study of durability of reinforcement fibers and yarns in geosynthetic clay liners[J]. Geotextiles and Geomembranes, 2002, 20(1): 63-76.
[27] Needham A, Knox K. Long-term basal temperatures at beddington farmlands landfill and temperature influences on HDPE liner service life[C]: Euro Geo, Fourth European Geosynthetics Conference, Edinburgh, UK, 2008.
[28] Koerner G R, Koerner R M. Long-term temperature monitoring of geomembranes at dry and wet landfills[J]. Geotextiles & Geomembranes, 2006, 24(1): 72-77.
[29] Yesiller N, Hanson J L, Liu W L. Heat generation in municipal solid waste landfills[J]. Journal of Geotechnical & Geoenvironmental Engineering, 2005, 131(11): 1330-1344.
[30] Klein R, Baumann T, Kahapka E, et al. Temperature development in a modern municipal solid waste incineration (MSWI)bottom ash landfill with regard to sustainable waste management[J]. Journal of Hazardous Materials, 2001, 83(3): 265-280.
[31] Brune M, Ramke H G, Collins H, et al. Incrustation processes in drainage systems of sanitary landfills[C]. Proceedings of the Third International Landfill Symposium, Sardinia, 1991.
[32] Bleiker D E. Landfill performance: Leachate quality prediction and settlement implications[D]. Waterloo: University of Waterloo, 1992.
[33] Hao Z, Sun M, Ducoste J, et al. Heat generation and accumulation in municipal solid waste landfills[J]. Environmental Science & Technology, 2017, 51(21): 12434-12442.
[34] Collins H J. Impact of the temperature inside the landfill on the behaviour of barrier systems[C]. Proceedings of Fourth International Landfill Symposium, Sardinia, 1993.
[35] Gartung E, Mullner B, F D. Performance of compacted clay liners at the base of municipal landfills: the Bavarian experience. In: Christensen, T.H. et al[C]. Proceedings of the Seventh International Waste Management and Landfill Symposium, CISA, Italy, 1999.
[36] Hoor A, Rowe R K. Application of tire chips to reduce the temperature of secondary geomembranes in municipal solid waste landfills[J]. Waste Management, 2012, 32(5): 901-911.

[37] Lanini S, Houi D, Aguilar O, et al. The role of aerobic activity on refuse temperature rise: Ⅱ. Experimental and numerical modelling[J]. Waste Management & Research the Journal of the International Solid Wastes & Public Cleansing Association Iswa, 2001, 19(1): 58-69.
[38] Yoshida H, Rowe R K. Consideration of landfill liner temperature[C]. Proceedings Sardinia, Ninth International Waste Management and Landfill Symposium, Italy, 2003.
[39] Rowe R K. Long-term performance of contaminant barrier systems[J]. Geotechnique 2005, 54(9): 631-678.
[40] 张春华．填埋场复合衬垫污染物热扩散运移规律及其优化设计方法[D]．杭州：浙江大学，2018.
[41] 杨军．城市生活垃圾填埋处置中的温度——化学耦合作用研究[D]．成都：西南交通大学，2007.
[42] Viebke J, Elble E, Ifwarson M, et al. Degradation of unstabilized medium-density polyethylene pipes in hot-water applications[J]. Polymer Engineering & Science, 1994, 34(17): 1354-1361.

第4章 HDPE膜缺陷产生和演化特征与预测方法

△ HDPE 膜缺陷产生和演化过程
△ HDPE 膜缺陷检测方法
△ HDPE 膜初始缺陷预测方法
△ 我国填埋场 HDPE 膜缺陷产生特征
△ 案例研究：基于统计学的 HDPE 膜初始缺陷模型构建

4.1　HDPE 膜缺陷产生和演化过程

4.1.1　HDPE 膜缺陷产生和演化原因

试验研究表明，即使是最科学、最严谨的设计和安装方式也不能绝对保证填埋场中的 HDPE 膜没有任何缺陷。根据产生阶段和原因不同，HDPE 膜的缺陷可分为：制造缺陷、安装缺陷、运行过程损伤，以及老化后的缺陷扩展 4 类。

（1）制造缺陷

制造缺陷又称原生漏洞，是指在 HDPE 膜生产和制造过程中产生的缺陷，通常是由制作工艺造成的，如聚合时的缺陷。随着当前制作和聚合工艺的提高，制造缺陷的数量已经越来越少。

制造缺陷的大小通常在 1mm（直径）左右，甚至以下，而 HDPE 膜的厚度通常在 1～2mm 之间。当缺陷直径小于膜的厚度时，通过缺陷的液体的渗漏规律可能发生变化，因此很多用于预测 HDPE 膜渗漏量的模型，针对制造缺陷和其他缺陷常采用不同的计算模型。

（2）安装缺陷

安装缺陷是指在 HDPE 膜及其覆盖材料（保护材料如土工布、GCL 等，以及更上层的导排材料如土工排水网、卵石、碎石等）铺设过程中，由运输和安装机械损伤、石子或树根等尖锐物刺穿等造成 HDPE 膜损伤。包括安装机械荷载导致的过应力开裂、安装机械荷载作用于 HDPE 膜上方或者下方石子等尖锐物上导致的 HDPE 膜刺伤或穿孔、HDPE 膜与其接触材料接触面的相对滑移导致的划伤、不当的施工机械操作导致的刺伤或穿透等。另外，由于工艺或质量保证不充分，HDPE 膜之间的连接点（如焊缝），及其与其他材料（如导排管）之间的连接也可能存在缺陷。

（3）运行过程损伤

运行过程损伤是指在填埋场运行过程中，由运输和填埋机械、石子或树根等尖锐物刺穿、废物荷载及其沉降、应力循环等因素造成 HDPE 膜缺陷。包括填埋物荷载导致的过应力开裂、机械荷载或填埋荷载作用于 HDPE 膜上方或者下方石子等尖锐物上导致的 HDPE 膜刺伤或穿孔、HDPE 膜与其接触材料接触面的相对滑移导致的划伤、不当的填埋施工机械操作导致的刺伤或穿透等。

上述因素与导致安装缺陷的因素比较接近。除此以外，还包括以下因素可能导致运行过程的 HDPE 膜损伤：堆体或地基的不均匀沉降导致 HDPE 膜拉裂；废物荷载等恒定应力长期作用下由裂纹缓慢扩展机制引起的脆性破坏；重复应力（如热膨胀收缩引起的应力）引起的疲劳导致脆性失效。

（4）老化后的缺陷扩展

填埋场环境下 HDPE 膜会发生氧化老化，导致其力学性能下降。显然，当力学性能，尤其是抗刺穿、抗拉裂等能力持续下降，并低于其应力荷载时，会导致新的缺陷产生，以及旧缺陷的扩展。

4.1.2 HDPE 膜缺陷表征指标

HDPE 膜的缺陷是评估 HDPE 膜完整性的重要指标，也是评估填埋场渗漏和地下水污染风险的关键参数，如何对其进行科学、准确表征至关重要。目前，土工膜缺陷的表征方式有两种：一种是直接给定单位 HDPE 膜面积上的缺陷面积，即单位缺陷面积；另一种是给定单位 HDPE 膜面积上的缺陷数量，即缺陷密度，同时给定缺陷的面积或直径。其中第二种方式是目前国外常见的表征方式，填埋场水文特性评估（hydrologic evaluation of landfill performance，HELP）模型中即是采用该种表征方式。考虑到不同大小的缺陷（小于等于 HDPE 膜厚度的以及大于 HDPE 膜厚度的），其渗漏控制机理不同，由此导致的渗漏规律也不一样。HELP 模型将缺陷分为针眼漏洞和其他漏洞，并要求在进行填埋场水文过程计算时，分别输入不同类型漏洞的密度。Landsim 模型在上述基础上，对漏洞进行进一步细分，划分成针眼漏洞（pin hole）、漏洞（hole）以及撕裂口（tears），对应尺寸分别为 0.1～5mm、5～100mm 以及 100～10000mm，并要求在进行渗漏量预测时，分别输入不同类型缺陷的密度。

综合参考上述 HELP 模型和 Landsim 模型对 HDPE 膜缺陷的表征方式，建议以直径 1mm 作为阈值，将漏洞分为针眼漏洞和非针眼漏洞，以及两者之和总漏洞。同时，考虑到针眼漏洞通常在 HDPE 膜的生产和加工过程中产生，又将其与制造缺陷等同。对应地，非针眼漏洞通常在 HDPE 膜安装过程中产生，又可将其等同为安装缺陷。加上以缺陷面积为度量的表征方式，一共形成 4 个潜在的缺陷特征表征指标，即单位缺陷面积（defect area in an unit area，DAUA）、针眼漏洞密度（pinholes in an unit area，PUA）、安装缺陷密度（construction defects in an unit area，CDUA）以及总缺陷密度（total defects in an unit area，TDUA）。

4.1.3 HDPE 缺陷产生和演化全过程概化

如上文所述，土工膜损伤包括制造缺陷、安装缺陷、运行过程损伤以及老化后的缺陷扩展（或演化）。假设土工膜生产成型时刻为 0 时刻，该时刻缺陷数量（或面积）为 N_{0-1}；安装过程中缺陷数量（或面积）随时间呈线性增加，至安装完成时刻 T_i，缺陷为 N_{0-2}；运行过程中缺陷继续随时间呈线性增加，至填埋场封场时刻 T_c，缺陷增至 N_{1-0}。

由于填埋场封场后，不再进行填埋机械作业（包括废物运输车辆，以及卸载、压实等机械），因此机械损伤造成的缺陷可以不再考虑。同时，假设堆体不均匀沉降造成的缺陷均发生在运行期，封场后不再产生，因此从封场时刻 T_o 至氧化诱导期末 T_{s2}（氧化老化期初）可假设缺陷数量或面积不再增加。研究表明正常服役情况下，即无紫外光直射、服役温度较低时，HDPE 膜的氧化耗损期（即 T_{s1} 值）可长达几十年，而填埋场运行期通常为 10～20a，因此一般而言 T_o 小于 T_{s1}，但 T_c 可能大于也可能小于 T_{s1}。

从 HDPE 膜的氧化诱导期末 T_{s2} 开始，HDPE 膜开始逐渐老化，其机械性能如拉伸强度、冲击强度、弯曲强度、压缩强度等逐渐衰减，在应力荷载不变的条件下更容易产生撕裂、刺穿、划伤等损坏；同时现有缺陷会发生扩展，缺陷尺寸逐渐增大。Landsim 认为由于材料老化，缺陷数量或面积将随时间延长而增加，其时间演化过程可用式（4-1）表达：

$$N(t)\big|t \geqslant T_{s2} = N_{1-0}^{\,0.004\frac{(t-T_{s2})}{D_{half}}+1} \tag{4-1}$$

式中　$N(t)|t \geqslant T_{s2}$——HDPE 膜氧化老化后的缺陷数量或面积；

T_{s2}——HDPE 膜从服役至达到氧化诱导期末（或氧化老化期初）的时长，a;

D_{half}——漏洞数量增加 1 倍所需的时间，等于氧化老化期（或称性能半衰期），$T_{s3}-T_{s2}$，年;

$N_{1\text{-}0}$——未受老化影响前的缺陷数量或面积，等于制造缺陷、安装缺陷与运行过程损伤之和。

因此，土工膜从生产加工成型开始，至其铺设、填埋场运行、封场、老化全过程的缺陷产生和演化过程可以概化为图 4-1 所示（书后另见彩图）。

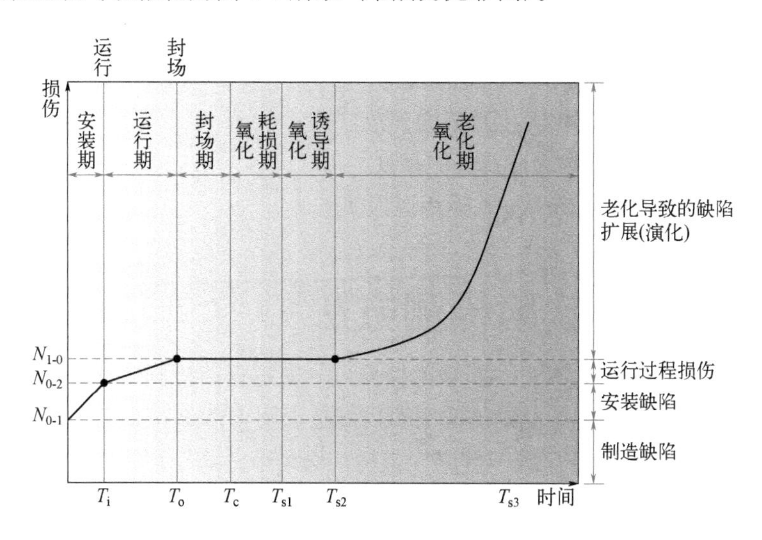

图 4-1　HDPE 膜全生命周期的缺陷产生和演化过程概化

在进行填埋场环境下的土工膜缺陷产生和演化预测，乃至填埋场寿命评估时，初始时刻（即 0 时刻）通常从填埋场投入运行开始，即 T_i 等于 0。因此上述概化模型可以简化为如图 4-2 所示（书后另见彩图），并用分段函数表示［式（4-2）]:

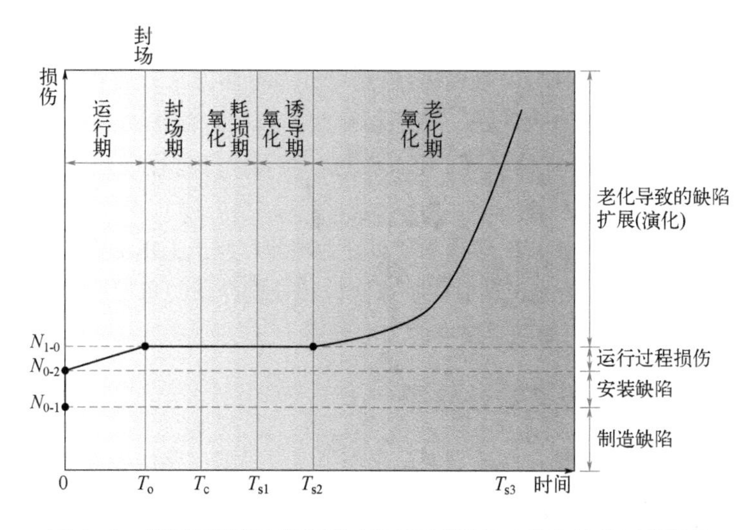

图 4-2　填埋场服役环境下的 HDPE 膜缺陷产生和演化过程概化

$$N(t)=\begin{cases}\dfrac{N_{1\text{-}0}-N_{0\text{-}2}}{T_o}t+N_{0\text{-}2} & t<T_o\\ N_{1\text{-}0} & T_o\leqslant t<T_{s2}\\ N_{1\text{-}0}^{0.004\frac{(t-T_{s2})}{D_{oub}}+1} & t\geqslant T_{s2}\end{cases}\tag{4-2}$$

式中　$N(t)$——t 时刻的缺陷表征参数，以单位 HDPE 膜面积上的缺陷数量（或缺陷面积）表征；

$N_{0\text{-}2}$——制造缺陷和运行过程损伤之和，由于填埋场的寿命从其运行时刻开始，而 $N_{0\text{-}2}$ 均在运行前产生，因此 $N_{0\text{-}2}$ 可称为初始损伤或初始缺陷；

$N_{1\text{-}0}$——运行过程损伤和初始损伤之和；

T_{s2}——HDPE 膜氧化老化有关的参数；

D_{oub}——HDPE 膜氧化老化有关的参数。

因此重点是确定初始损伤 N_{0-2} 和运行过程损伤。

4.2　HDPE 膜缺陷检测方法

根据检测的不同阶段，HDPE 膜缺陷检测可分为运行前检测或称施工验收检测、运行过程在线监测。其中，运行前检测的主要目的是识别 HDPE 膜制造缺陷及安装和铺设过程造成的损伤，保证 HDPE 膜“健康”上岗，避免带“病”运行；运行过程在线监测是为了对运行过程出现的 HDPE 膜缺陷第一时间响应，便于及早修复和渗漏污染风险管控。运行过程在线监测通常需要预先安装检测传感器，部分未预先安装检测传感器的填埋场，运行过程中产生的 HDPE 膜缺陷难以第一时间发现，直至渗滤液渗漏后污染物迁移扩散至地下水监测井时方可发现。针对这种情形，也需要对导致渗漏和地下水污染的 HDPE 膜漏洞进行检测和精准定位，以便于后续修补，这个阶段可以称为“漏后漏洞定位”。与此对应，运行前检测可以称为“漏前预防检测”；运行过程在线监测可以称为“漏中实时预警”。

根据检测原理的不同，HDPE 膜缺陷检测可分为电学方法（包括偶极子、单极子、阵列式偶极子等）、磁法、电火花法、气压检测法、真空检测法。其中，用于运行前检测的主要是气压检测法、真空检测法、电火花法；用于运行过程在线监测的主要是电学方法。

根据检测对象的不同，HDPE 膜检测又可分为裸膜（膜上无覆盖介质或尚未铺设覆盖介质）、覆盖有导电介质的膜（已铺设保护层介质和导排介质的单层膜或双层膜中的上层膜）、覆盖有绝缘介质的膜（如双层膜中的下层膜）。

4.2.1　运行前 HDPE 膜完整性检测

偶极子法和感应电势法是在高压直流电压作用下，根据回路中电流变化或介质中电势分布的差异来进行漏洞定位的，因此统称为高压直流电法。感应电势法和偶极子法测试由于定位准确、操作方便，成为填埋场运行期间渗漏检测和 HDPE 膜施工质量检查的主要手段[1]。

（1）偶极子法

偶极子法适用于铺设保护层和导排层（卵石层）后 HDPE 膜防渗层的完整性检测，是在填埋场外使用直流电源，具有高电压和极低电流。阴极（-）和阳极（+）从直流电源发出，阴极接地在土工膜下（地基土、压实黏土衬层、土工合成黏土衬层、土工复合排水、导电土工膜底面等），必须有足够的水分（或导电）才能进行电流流动；阳极通过积水、水坑或水喷枪程序置于土工膜上方的介质中。当没有针孔和漏洞（或其他连续缺陷）时，就没有电流；反之，当有孔时，移动检测电极两端就会有一定的电压显示。该孔的位置是由一名技术人员手持一个电压指示器感应到的，有孔处该电压指示器立即响应，因为在该孔的精确位置上完成了一个电流回路。然后记录下该孔的识别信息，以便后续修复。为了覆盖整个设施的面积，技术人员通常走网格模式，网格模式越接近，定位小洞的技术就越敏感。通过由移动检测电极测得的电压数据所绘制的电压分配图，可以判断漏洞的位置和数量。该法适用于没填埋垃圾前的衬层施工验收。

（2）感应电势法

感应电势法是利用稳恒电流场下介质中电势分布情况进行定位的方法，是在偶极子法的基础上铺设了电势传感器，在防渗膜上、下各放一个供电电极，供电电极两端接高压直流电源，如图 4-3 所示。一般情况下，当防渗膜完好无损时供电回路中没有电流流过，一旦有漏洞发生，会在膜上下介质中产生稳定的电流场，根据传感器检测的各点电势分布规律来定位漏洞。感应电势法定位准确、检测范围广，但是成本高。

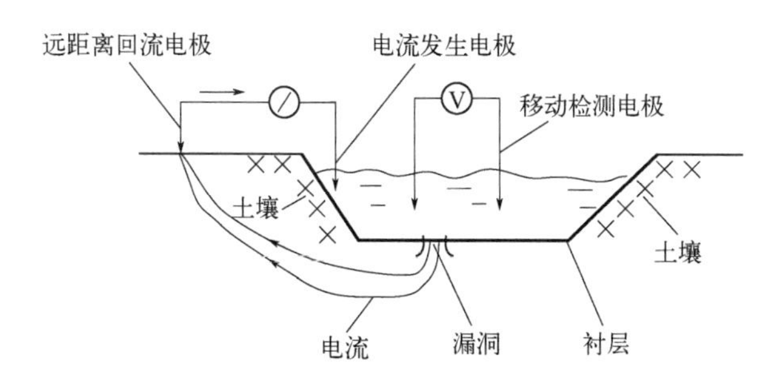

图 4-3　感应电势法示意

本书采用地电学方法对填埋场铺设完成后的 HDPE 膜进行完整性检测和缺陷定位。地电学方法是美国材料与试验协会（American Society for Testing Materials，ASTM）推荐的最为高效和准确的 HDPE 膜完整性检测和缺陷定位方法。其基本原理是利用 HDPE 膜的高阻特性，以及漏洞的导电特性，在膜的两侧施加电压信号，当防渗层上存在漏洞时，则会出现电流或电压的异常。根据检测目标（即 HDPE 膜）上方是否铺设有导排层或土工布等介质，地电学检测方法又可分为偶极子法［又称电压法，图 4-4（a）］和单极子法［又称电流法，图 4-4（b）］。该方法的主要设备构成、性能特征及检测流程参见相关文献。

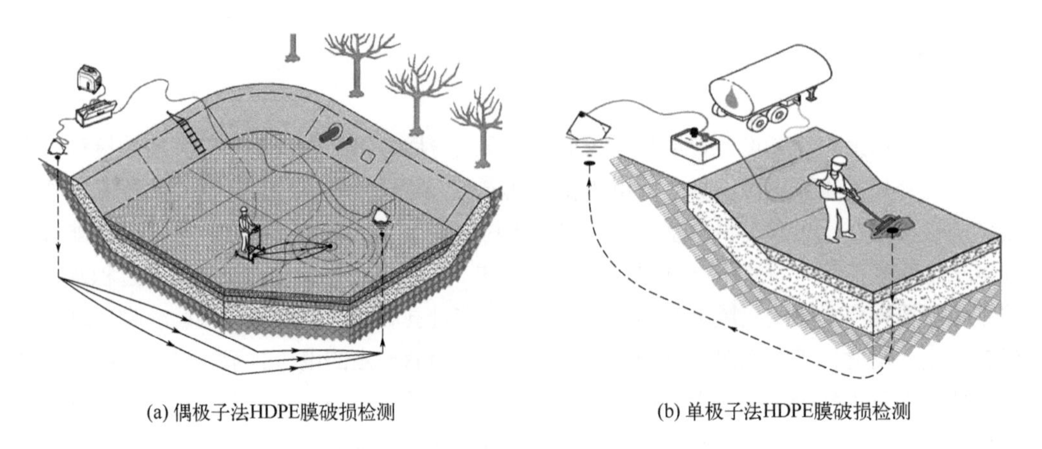

(a) 偶极子法HDPE膜破损检测　　(b) 单极子法HDPE膜破损检测

图 4-4　HDPE 膜缺陷检测的地电学方法

4.2.2　运行过程渗漏监测（预装电极）

电极格栅法是利用渗滤液比地下水有更好的导电性来实现渗漏监测的。施工时在土工膜下安装电极格栅（用导线做的格栅，每根导线上都按一定的距离有若干电极），当有渗漏发生时，被渗滤液浸湿的电极显示出比没有被浸湿的电极较高的电压，有较多渗滤液的区域比渗滤液较少区域的电压高。根据绘制的电压分配图可以判断漏洞的位置、大小和数量，如图 4-5 和图 4-6 所示（书后另见彩图）。

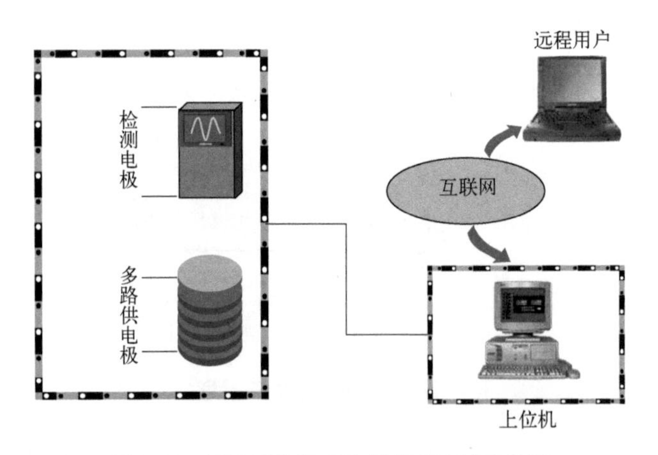

图 4-5　基于蜂窝原理的低密度高精度监测

该方法的优点是组件简单、耐用、可监测衬层下的完整区域；缺点是不适用于已建好的垃圾填埋场，因为电极格栅必须在施工时放入填埋单元。

4.2.3　运行过程渗漏定位（未预装电极）

阵列式偶极子检测技术的基本原理是利用防渗膜（主要是 HDPE 膜，以下均称 HDPE 膜）的高阻特性，在膜的两侧施加电压信号，当防渗层上存在漏洞时则电流通过漏洞形成回路，在膜上、下介质中形成稳定的电流场。堆体底部的漏洞会在堆体表面的电场形成"映像"，映像的位置随堆体表面信号源与实际漏洞的相对位置关系变化而变化，根据其变化规律，就可以对相隔十几米甚至二十几米的垃圾堆库底防渗膜上的漏洞进行定位。

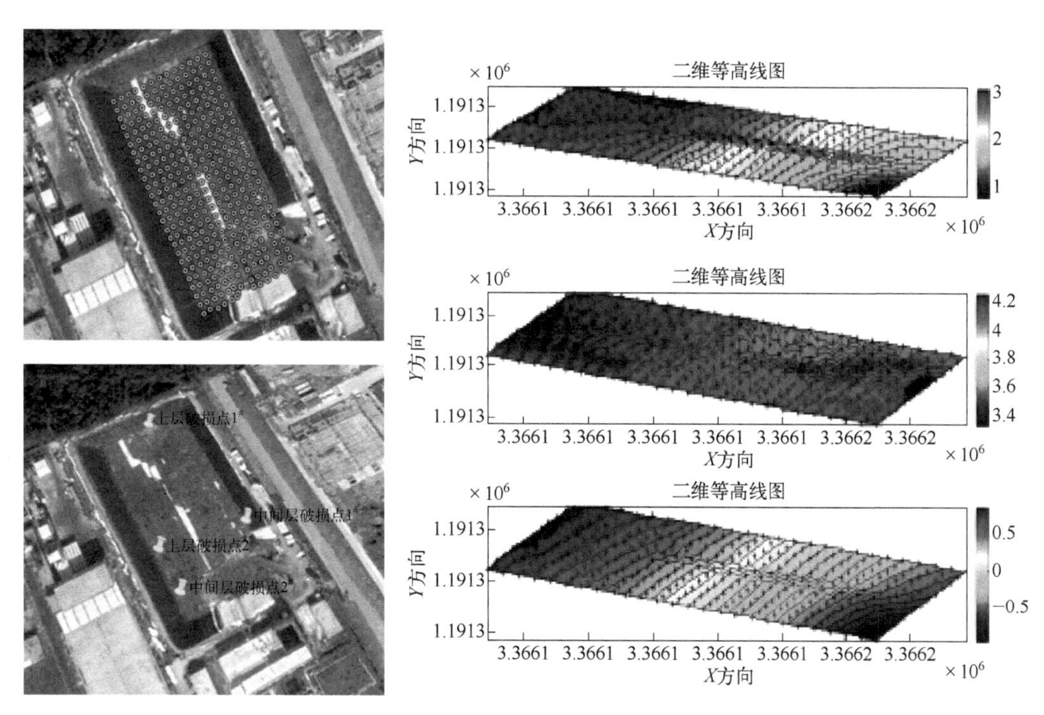

图 4-6　电极格栅法、基于蜂窝原理的低密度高精度监测

阵列式偶极子检测流程如图 4-7 所示。

图 4-7　阵列式偶极子检测流程

边界定位法是基于偶极子法改进而来的，其基本原理同样基于 HDPE 膜的高阻特性。在次防渗层 HDPE 膜的上下两侧分别放置一个供电电极，并接在高压信号源的两端，在检测区域周边安装采样电极，测量电势的二维或一维分布；改变场内供电电极位置，再次利用测线上的采样电极测量电势的二维或一维分布。多次测量后，将测量结果

与模型反演结果进行拟合，判断是否渗漏以及漏点的大致位置。边界定位法检测原理如图 4-8 所示。

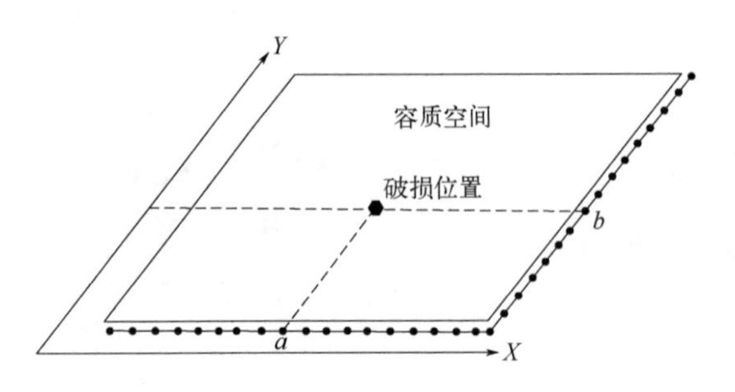

图 4-8　边界定位法检测原理

填埋场运行不同阶段、不同场景下 HDPE 膜缺陷检测方法如表 4-1 所列。

表 4-1　HDPE 膜缺陷检测方法

使用阶段		检测方法	适用对象/条件	适用场地
漏前检测	施工验收完整性检测	电火花法	裸膜	填埋场、废水池
		偶极子法	HDPE 膜+导排介质，深度 < 0.6m	填埋场、废水池
		边界定位法	双衬层膜的下层膜	填埋场、废水池
漏中监测	运行过程渗漏实时监测	传统电极格栅法	无限制，需预装传感器	填埋场、废水池
		基于物联网的监测预警云平台	无限制，需预装传感器	填埋场、废水池
漏后检测	渗漏后的漏点定位	阵列式偶极子法	固态填埋物，深度 < 30m	固体废物填埋场
		边界定位法	深度 < 30m	固体废物填埋场、废水池

4.3　HDPE 膜初始缺陷预测方法

HDPE 膜在制造和铺设过程中不可避免地会出现缺陷，为估算漏洞数量，评价由此带来的环境污染问题。再说一下为什么可以进行缺陷检测，还要开展初始缺陷预测？一是新建项目要进行渗漏风险预测需要缺陷数据；二是一些填埋场运行前没有开展初始缺陷检测，运行后开展渗漏风险预测需要缺陷数据。

研究材料损伤特征（包括缺陷数量和面积）及其预测的方法包括故障树分析法、数值模拟预测法、基于数据挖掘技术的统计模型法 3 种。

4.3.1　故障树分析法

故障树分析（fault tree analysis，简称 FTA）法是安全系统工程中常用的一种分析方法。1961 年，美国贝尔电话研究所的维森（H.A.Watson）首创了 FTA 法，并应用于民兵式导弹发射控制系统的安全性评价，用它来预测导弹发射的随机故障概率。接着，美国波音飞机公司的哈斯尔（Hassle）等对这个方法又做了重大改进，并采用电子计算机进行辅助分析和计算。1974 年，美国原子能委员会应用 FTA 法对商用核电站进行了风险评价，发表了拉斯姆逊报告（Rasmussen report），引起世界各国的关注。目前故障树分析法已从宇航、核工业进入一般电子、电力、化工、机械、交通等领域，它可以进行故障诊断、分析系统的薄弱环节，指导系统的安全运行和维修，实现系统的优化设计。

故障树分析法是一种演绎推理法，这种方法把系统可能发生的某种故障与导致故障发生的各种原因之间的逻辑关系用一种被称为故障树的树形图表示，从图中能详细找出系统各种潜在的危险因素；通过对故障树的定性与定量分析，可以找出事故发生的主要原因，为确定安全对策提供可靠依据，以达到预测与预防故障发生的目的。

FTA 法[2]具有以下特点：

① 故障树分析是一种图形演绎方法，是故障事件在一定条件下的逻辑推理方法。它可以围绕某特定的故障做层层深入的分析，在清晰的故障树图形下表达系统内各事件间的内在联系，并指出单元故障与系统故障之间的逻辑关系，便于找出系统的薄弱环节。

② FTA 具有很大的灵活性，不仅可以分析某些单元故障对系统的影响，还可以对导致系统故障的特殊原因如人为因素、环境影响进行分析。

③ 进行 FTA 的过程是一个对系统更深入认识的过程，它要求分析人员把握系统内各要素间的内在联系，弄清各种潜在因素对故障发生影响的途径和程度，因而许多问题在分析的过程中就被发现和解决了，从而提高了系统的安全性。

④ 利用故障树模型可以定量计算复杂系统发生故障的概率，为改善和评价系统安全性提供了定量依据。

⑤ 大量底层事件的概率需要根据专家经验获得或者历史故障资料给定，存在较大的主观性，且对数据需求较大。

故障参数包括缺陷密度和缺陷大小，是影响渗漏量及风险评价结果的最重要参数。缺陷密度（个/ha）可理解为防渗层破损的故障概率，可采用 FTA 方法计算。

故障树顶事件发生与否是由构成故障树的各种基本事件的状态决定的。很显然，所有基本事件都发生时，顶事件肯定发生。然而，在大多数情况下，并不是所有基本事件都发生时顶事件才发生，而是只要某些基本事件发生就可导致顶事件发生。在故障树分析中，把引起顶事件发生的基本事件的集合称为割集，也称截集或截止集。一个故障树中的割集一般不止一个，在这些割集中，凡不包含其他割集的，叫作最小割集。换言之，如果割集中任意去掉一个基本事件后就不是割集，那么这样的割集就是最小割集。所以，最小割集是引起顶事件发生的充分必要条件。

用布尔代数法计算最小割集，通常分 3 个步骤进行：

① 建立故障树的布尔表达式。一般从故障树的顶事件开始，用下一层事件代替上一层事件，直至顶事件被所有基本事件代替为止。

② 将布尔表达式化为析取标准式。

③ 化析取标准式为最简析取标准式。

根据上述步骤求得防渗层破损这一顶事件的最小割集为:

$$T=x_1+x_2+x_3x_4+x_5x_6+x_7+x_{11}x_{12}+x_{10} \quad (4\text{-}3)$$

式中　x——影响 HDPE 膜缺陷密度的影响因素。

若已知式 (4-3) 中底事件的概率，则可将其代入式 (4-3) 计算得到防渗层发生破损的概率。

4.3.2　数值模拟预测法

数值模拟预测的基本流程是首先通过数值模拟获得 HDPE 膜服役环境条件下的应力分布，然后结合其应力-抗力特征对损伤特征进行模拟和预测。该方法需要获得其服役全过程的荷载、应力情况，以及 HDPE 膜的抗力情况，所需的数据信息和计算量极大。

4.3.3　基于数据挖掘技术的统计模型法

基于数据挖掘技术的统计模型法，基本原理是根据历史破损数据和可能导致破损的相关因素数据，采用数据挖掘方法进行数学分析，建立具有一定可信度的回归模型后，通过回归模型对 HDPE 膜的损伤特性进行预测。

下面详细介绍基于数据挖掘技术开展 HDPE 膜缺陷的预测研究，具体思路和步骤[3]如下:

① 选择我国不同地区的填埋场开展 HDPE 膜铺设完成后的破损检测，获得其破损特征数据 (数量、大小)，结合现场数据收集和问卷调查获得对防渗层破损及其缺陷演化具有预测意义的 11 个指标，包括设计施工指标 [施工人员素质、施工工艺 (机械或人工铺设)、HDPE 膜上下方介质情况 (如是否直接与导排颗粒接触、导排颗粒类型)]、HDPE 膜材料特性指标 (厚度、产地)、填埋场基本情况 (面积、类型等);

② 对采集到的数据进行预处理，剔除异常值、未检出 (ND，no detection)，并对预处理后的数据进行分布检验 (正态分布、指数分布以及 Gamma 分布);

③ 基于统计学分析方法,对初始缺陷特征指标以及可能对初始缺陷具有预测意义的上述 11 个指标进行相关性分析，确定确实具有预测意义的指标;

④ 基于上述识别的对初始缺陷具有预测意义的指标，通过多元回归分析，构建 HDPE 膜初始缺陷预测模型，并通过拟合优度检验、F 检验以及回归系数的显著性检验等方法对预测模型进行检验。

4.4　我国填埋场 HDPE 膜缺陷产生特征

4.4.1　我国填埋场缺陷总体情况

对国内 108 个填埋场进行 HDPE 膜完整性检测和缺陷定位、缺陷密度计算、缺陷数据预处理后，得到各填埋场的缺陷特征数据，总计开展了 $1.255\times10^6 m^2$ HDPE 膜检测，检测出漏洞 3213 个，平均每万平方米 (每公顷) 25.6 个，平均每个填埋场 29.7 个。缺陷检测结果见图 4-9；缺陷的现场照片见图 4-10～图 4-12。

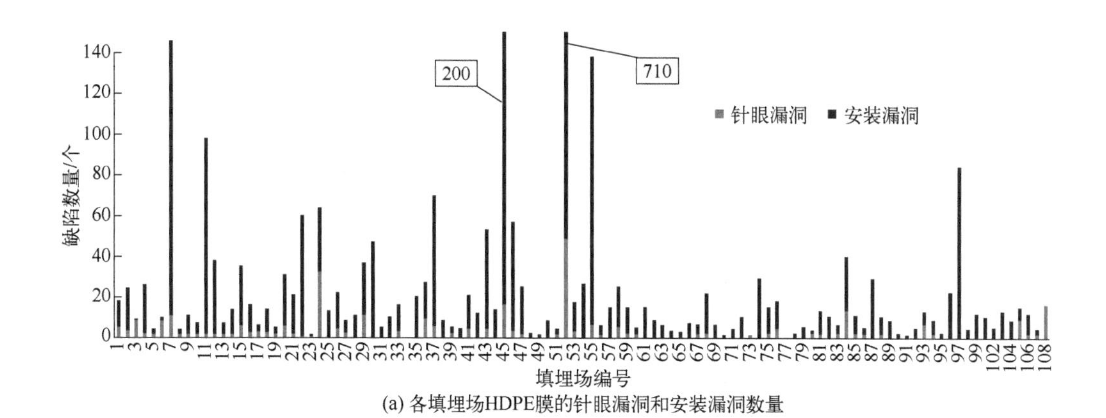

(a) 各填埋场HDPE膜的针眼漏洞和安装漏洞数量

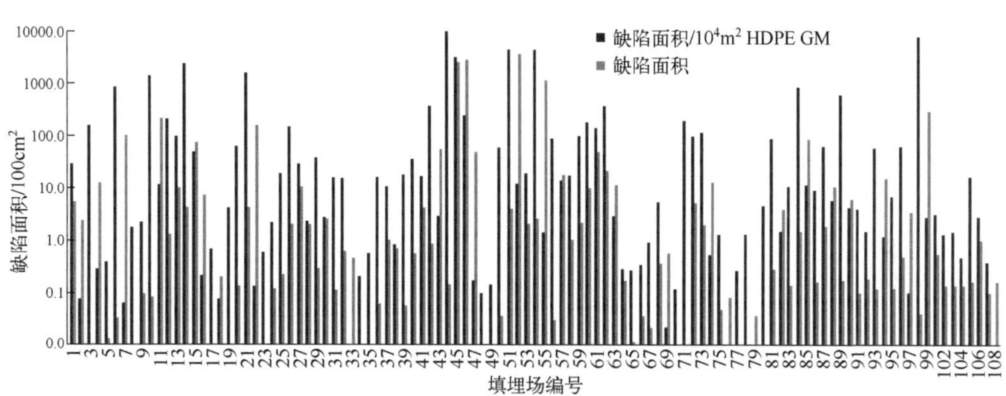

(b) 各填埋场HDPE膜的缺陷面积与单位HDPE膜缺陷面积

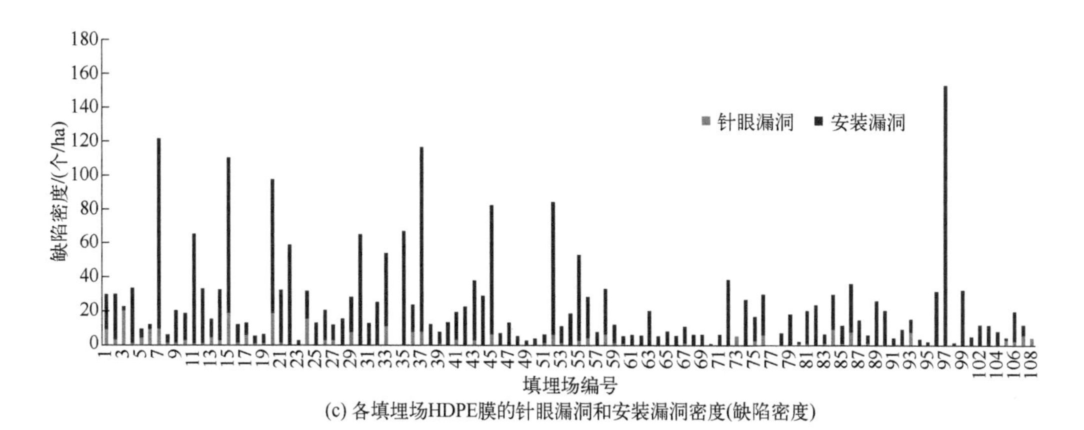

(c) 各填埋场HDPE膜的针眼漏洞和安装漏洞密度(缺陷密度)

图 4-9　国内填埋场 HDPE 膜缺陷检测结果

(a) 石子造成的单个破损

(b) 碎石造成的连片破损

图 4-10　石子或其他尖锐物造成的 HDPE 膜破损

(a) 卵石铺设过程的机械操作

(b) 填埋过程的机械操作

图 4-11　施工和填埋过程的机械操作

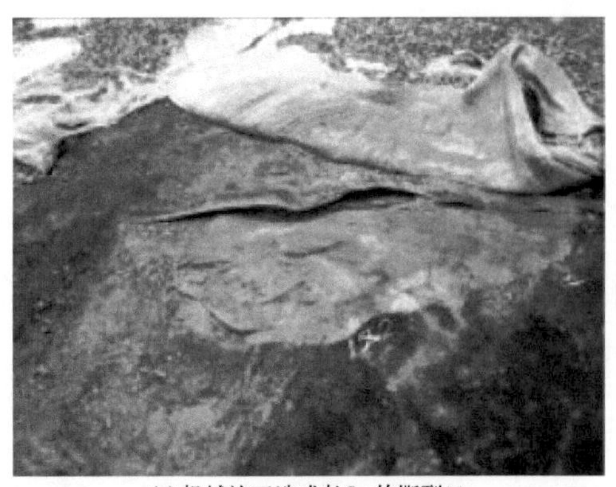

(a) 机械施工造成长5m的撕裂口

(b) 机械施工造成长3m的撕裂口

图 4-12　施工和填埋过程的机械操作造成的巨大撕裂口

4.4.2　我国填埋场缺陷密度分类统计情况

对于可能影响初始缺陷的 11 个潜在影响因素，重点选择施工单位资质、HDPE 膜产地、填埋场所处省份、防渗系统结构以及 HDPE 膜厚度 5 个因素，分别统计同一因素不同取值条件下的缺陷密度，初步分析不同条件对缺陷密度的影响。

（1）施工单位资质

图 4-13（a）为不同防渗施工单位的填埋场缺陷密度。根据是否具有工程施工资质和防渗工程施工经验，将施工单位分为 EC、C、N、P 和 U 五种类型，见表 4-2。

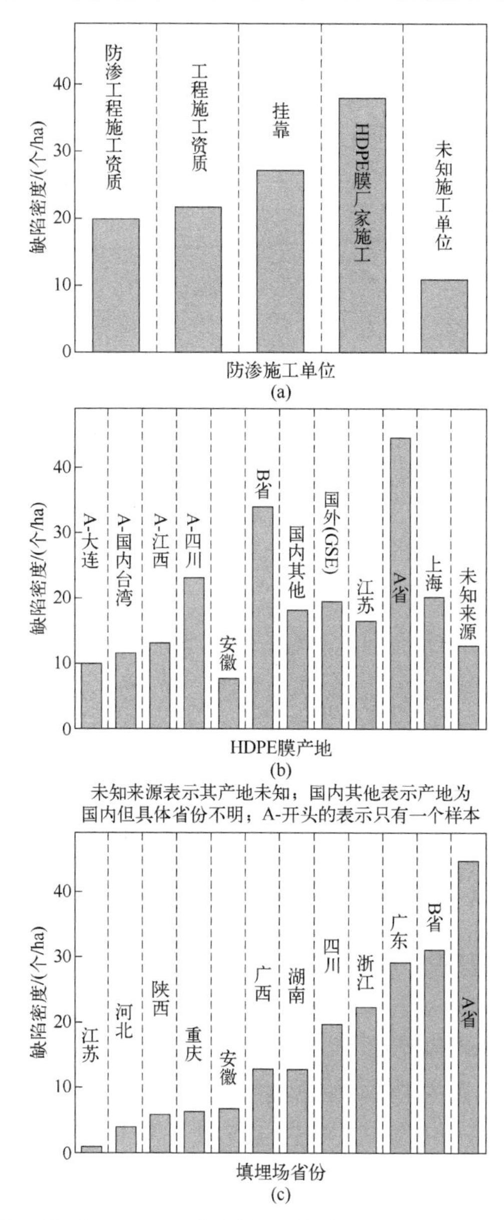

图 4-13　施工资质、HDPE 膜产地和填埋场省份因素对缺陷密度的影响

表 4-2 施工单位资质及其分类[6]

编号	资质类型	英文	代码
1	具有工程施工资质且防渗工程施工经验丰富的建筑公司	Experienced and Certified	EC
2	具有工程施工资质的建筑公司	Certified	C
3	挂靠其他公司资质的公司	None	N
4	HDPE 膜生产厂家	Producer	P
5	施工单位信息未知	Unknown	U

从图 4-13（a）中可以看出不考虑 U 类公司条件下，EC 类公司负责建设的防渗层缺陷密度最小，其次为 C 类和 N 类，缺陷密度最大的是 P 类公司[4]。具有工程施工资质的公司具有较高的管理水平，而具有专业防渗工程施工经验的公司显然经验较丰富，因此缺陷密度都比较小[5]。这表明填埋场 HDPE 膜的工程质量与施工人员的经验以及施工队伍的管理水平有很大关系。

（2）HDPE 膜产地

图 4-13（b）为不同 HDPE 膜产地的填埋场缺陷密度，从图中可以看出 A 省和 B 省生产的 HDPE 膜缺陷密度更大，平均每公顷 HDPE 膜上缺陷数量分别达到 44.5 个和 34.0 个。分析其原因，可能是由于该产地的 HDPE 膜多采用再生料生产[6]。采用再生料生产的 HDPE 膜虽然短期防渗性能可以满足要求，但是机械性能方面，如抗刺穿强度、抗拉强度均弱于采用原生料生产的[7]。江苏、上海和国外（GSE）的 HDPE 膜缺陷密度基本相等；其他产地（安徽、台湾、江西、大连和四川）的 HDPE 膜缺陷密度最小，但是其统计的样本均为 1～2 个，因此存在代表性不足的问题[8]。

（3）填埋场所处省份

图 4-13（c）为根据填埋场所处省份统计的缺陷密度，从图中可以看出 A 省、B 省和广东 3 个省份的 HDPE 膜单位面积上的缺陷数量较大。分析其原因：A 省和 B 省等地的填埋场通常采用本地 HDPE 膜，而根据对图 4-13（b）的分析，这两个产地的 HDPE 膜由于采用再生料生产，质量相对较差，更容易产生缺陷[9]。另外，现场调查表明 B 省填埋场多采用碎石作为导排材料，而缺陷产生较少的安徽等地则多采用鹅卵石作为导排材料[9]。相比鹅卵石导排颗粒，碎石导排颗粒外观更为尖锐且不规则，更容易刺穿 HDPE 膜。而广东省的填埋场样本数量仅为一个，因此存在代表性不足的问题[9]。

4.4.3 我国填埋场 HDPE 膜缺陷特征

（1）国内填埋场缺陷数量的概率分布特征

对国内填埋场 HDPE 膜的初始缺陷密度数据进行拟合优度检验和统计参数计算，结果表明（见图 4-14），其频率分布服从参数为（25.62，0.88）的 Gamma 分布。对比国外填埋场 HDPE 膜的缺陷密度分布特征 Uniform 分布（0，25），可以发现两者的频率分布曲线存在明显差异[8]。

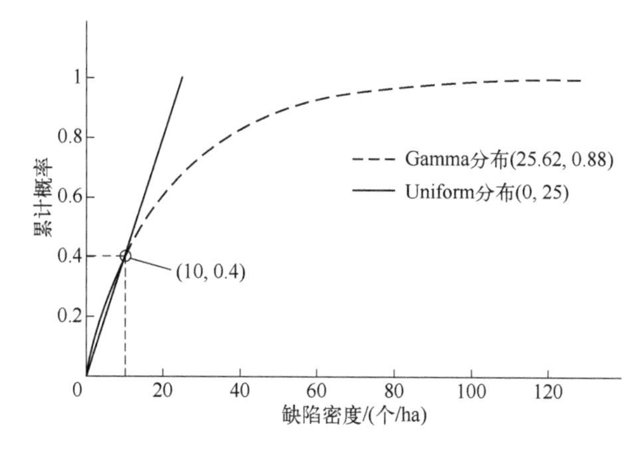

图 4-14　Uniform（0, 25）分布和 Gamma（25.62, 0.88）分布的累计概率比较

两个分布曲线的前半部分（累计概率≤0.4 的区间）重合比较好，说明我国填埋场中缺陷密度 < 10 个/ha 的填埋场出现频率与国外发达国家非常接近；两个分布曲线的后半部分（累计概率 > 0.4 的区间），差异较大，说明我国填埋场中缺陷密度 > 10 个/ha 的填埋场出现频率及其分布与国外存在较大差异[9]。

通常认为 10 个/ha 的填埋场是工程质量较好的填埋场，因此可以认为在施工较好的填埋场方面，国内与国外发达国家比较接近；而对于施工较差的填埋场，我国施工质量较差的填埋场比国外更差[10]。这与现场检测中发现的情况是一致的，很多 HDPE 膜的铺设队伍均为当地农民工，一方面未经过专业培训，另一方面施工经验也非常匮乏。而国外相对比较重视防渗层的铺设，要求进行 HDPE 膜铺设的工人必须经过一定时间的专业培训[11]。

（2）国内填埋场缺陷大小特征

从缺陷大小来看（见图 4-15），$1mm^2$ 以下缺陷占 12%。通常认为 $1mm^2$ 以下缺陷是由安装过程产生的，因此可认为 12%的缺陷是安装过程产生的。$1mm^2$～$1cm^2$ 的缺陷约为 41%，加上 1mm 以下缺陷 12%，那么 $1cm^2$ 以下的小型缺陷约为 53%。即一半以上的缺陷 < $1cm^2$。

$50cm^2$ 以上的缺陷占 12%，这部分缺陷可称为大型缺陷，通常是由施工机械撕裂、焊缝开裂等因素造成的。

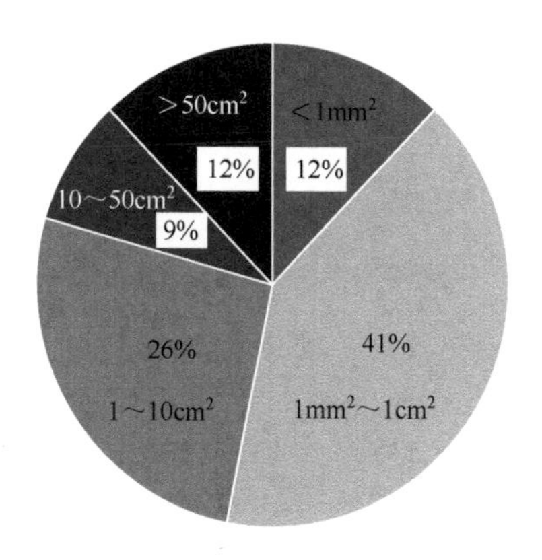

图 4-15　不同缺陷大小所占比例

（3）不同原因造成的 HDPE 膜缺陷大小

根据造成 HDPE 膜缺陷的原因，将风险事件分为机械损伤、原生漏洞、焊接问题和石子或其他尖锐物刺穿，分别统计不同风险事件下缺陷大小的最小值、最大值和平均值，结果见表 4-3。

表 4-3　不同原因导致的 HDPE 膜缺陷大小　　单位：cm^2

参数	机械损伤	原生漏洞	焊接问题	石子或其他尖锐物刺穿
最小值	3.00×10^{-1}	7.90×10^{-3}	1.00×10^{-1}	1.00×10^{-2}
最大值	5.00×10^{5}	3.00×10^{-1}	3.00×10^{5}	8.03×10^{4}
平均值	4.26×10^{3}	1.00×10^{-2}	1.79×10^{3}	2.32×10^{2}

从表 4-3 中可以看出，就平均值而言，机械损伤造成的缺陷面积最大，其次为焊接问题，再次为石子（或其他尖锐物）刺穿，最后为原生漏洞。就最小值而言，机械损伤造成的 HDPE 膜缺陷最小为 $0.3cm^2$，而焊接问题造成的缺陷最小为 $0.1cm^2$，石子或其他尖锐物刺穿（或划伤）造成的缺陷最小为 $0.01cm^2$，而原生漏洞造成的缺陷最小值为 $0.0079cm^2$，见表 4-3，与平均值的规律相同。另外，对漏洞最大值的分析也呈现同样规律。上述分析表明施工和填埋过程中的机械操作很容易对 HDPE 膜造成重大缺陷；其次为焊接问题；石子或其他尖锐物刺伤导致的 HDPE 膜缺陷面积相对较小，但是数量较多，也需要重点关注；原生漏洞导致的缺陷的数量和面积均比较少（小）。

缺陷数量可能还与防渗膜厚度、导排层颗粒有关，为此进一步统计了上述不同因素下的缺陷密度，结果见图 4-16（a）。从图中可知，导排介质为卵石的填埋场 HDPE 膜平均缺陷数量为 17.7 个/ha；导排介质为碎石的填埋场 HDPE 膜平均缺陷密度为 27.8 个/ha[9]。显然卵石外观更为圆润而碎石更为尖锐是导致两者缺陷密度差异的原因。另外，图 4-16（b）中厚度为 2.0mm 的 HDPE 膜平均缺陷密度（9.9 个/ha）远小于 1.5mm 的 HDPE 膜（29.9 个/ha）[9]。这也是可以理解的，更厚的土工膜具有更强的抗刺穿能力。

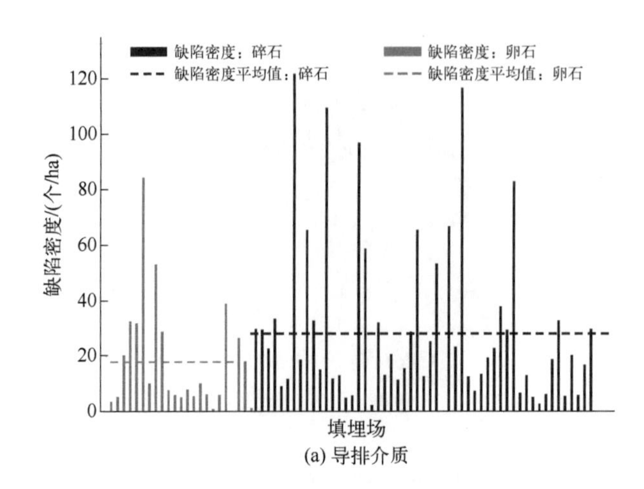

(a) 导排介质

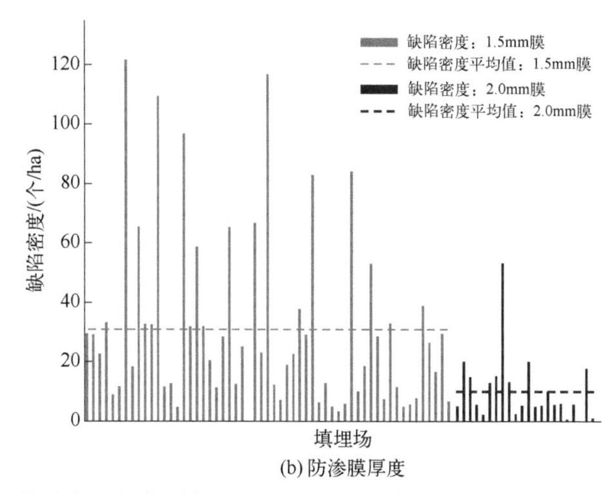

(b) 防渗膜厚度

图 4-16　防渗系统结构因素（导排介质和防渗膜厚度）对缺陷密度的影响（书后另见彩图）

4.5　案例研究：基于统计学的 HDPE 膜初始缺陷模型构建

4.5.1　初始缺陷的预测模型构建方法

（1）多元回归模型数学原理

基于上述相关分析识别的影响初始缺陷的若干个影响因子 $x_1,x_2,\cdots,x_p$，若缺陷特征指标 y 与影响因子之间存在线性关系，则两者之间可用式（4-4）的线性方程描述：

$$y=\beta_0+\beta_1x_1+\beta_2x_2+\cdots+\beta_px_p+\varepsilon \tag{4-4}$$

式中　$\beta_0,\beta_1,\cdots,\beta_p$——$p$+1 个待拟合的参数，$\beta_0$ 称为回归常数，$\beta_1,\cdots,\beta_p$ 称为回归系数；

y——被解释变量（或因变量，对应本研究中的缺陷特征指标）；

$x_1,x_2,\cdots,x_p$——p 个对缺陷特征指标 y 有影响并存在相关关系，且可以精确测量的影响变量（如 HDPE 膜厚度、导排介质类型、防渗结构等），通常又称为自变量或解释变量；

ε——随机误差项。

对于本研究而言，如果获得 n 组与缺陷特征有关的观测数据 $x_{i1},x_{i2},\cdots,x_{ip},y_i\,(i=1,2,\cdots,n)$，则线性回归模型式（4-4）可表示为：

$$\begin{cases} y_1=\beta_0+\beta_1x_{11}+\beta_2x_{12}+\ldots+\beta_px_{1p}+\varepsilon_1 \\ y_2=\beta_0+\beta_1x_{21}+\beta_2x_{22}+\ldots+\beta_px_{2p}+\varepsilon_2 \\ \vdots \\ y_n=\beta_0+\beta_1x_{n1}+\beta_2x_{n2}+\ldots+\beta_px_{np}+\varepsilon_n \end{cases} \tag{4-5}$$

写成矩阵形式为：

$$\boldsymbol{Y}=\boldsymbol{X\beta}+\boldsymbol{\varepsilon} \tag{4-6}$$

式中：

$$\boldsymbol{Y}=\begin{pmatrix} y_1 \\ y_2 \\ \vdots \\ y_n \end{pmatrix},\ \boldsymbol{X}=\begin{pmatrix} 1 & x_{11} & x_{22} & \cdots & x_{1p} \\ 1 & x_{21} & x_{22} & \cdots & x_{2p} \\ \vdots & \vdots & \vdots & & \vdots \\ 1 & x_{n1} & x_{n2} & \cdots & x_{np} \end{pmatrix},\ \boldsymbol{\beta}=\begin{pmatrix} \beta_0 \\ \beta_1 \\ \vdots \\ \beta_p \end{pmatrix},\ \boldsymbol{\varepsilon}=\begin{pmatrix} \varepsilon_1 \\ \varepsilon_2 \\ \vdots \\ \varepsilon_n \end{pmatrix} \tag{4-7}$$

矩阵 $\boldsymbol{X}$ 是一个 $n(p+1)$矩阵，对应各被调查填埋场（n 个）的各被影响因子（$p+1$），称 $\boldsymbol{X}$ 为回归设计矩阵或资料矩阵。

（2）模型参数估计方法

显然在式（4-5）中，若已明确影响因子及其数量 p，且可确定 β_0，$\beta_1,\cdots,\beta_p$ 的取值，那么缺陷特征指标 y 的预测模型就可以确定。对于任一填埋场，已知各影响因子的取值，就可通过式（4-5）对缺陷数量或面积进行计算。在 4.4 部分中，通过相关性分析方法确定了主要影响因子（或称预测模型的因变量），安装缺陷密度和总缺陷密度与自变量 x_6（施工单位资质）、x_2（防渗结构）、x_3（HDPE 膜厚度）和 x_5（导排介质类型）之间均存在较强的相关性，因此尝试利用上述 4 个影响因子建立安装缺陷密度和总缺陷密度的预测模型。

那么如何确定 β_0，$\beta_1,\cdots,\beta_p$ 的取值呢？常用方法包括最小二乘法和最大似然估计。本书采用最小二乘法，其基本原理如下：

所谓最小二乘法，就是寻找参数 β_0，$\beta_1,\cdots,\beta_p$ 的估计值 $\hat{\beta}_0$，$\hat{\beta}_1$，$\hat{\beta}_2,\ldots,\hat{\beta}_p$，其满足：

$$\begin{aligned} Q(\hat{\beta}_0,\ \hat{\beta}_1,\ \hat{\beta}_2,\cdots,\hat{\beta}_p) &= \sum_{i=1}^{n}(y_i-\hat{\beta}_0-\hat{\beta}_1x_{i1}-\hat{\beta}_2x_{i2}-\cdots-\hat{\beta}_px_{ip})^2 \\ &= \min_{\beta_0,\ \beta_1,\cdots,\beta_p}\sum_{i=1}^{n}(y_i-\beta_0-\beta_1x_{i1}-\beta_2x_{i2}-\cdots-\beta_px_{ip})^2 \end{aligned} \tag{4-8}$$

依照式（4-8）求出的 $\hat{\beta}_0$，$\hat{\beta}_1$，$\hat{\beta}_2,\ldots,\hat{\beta}_p$ 就称为回归参数 β_0，$\beta_1,\cdots,\beta_p$ 的最小二乘估计。上述待估参数的估计值满足以下方程组：

$$\begin{cases} \sum(\hat{\beta}_0+\hat{\beta}_1x_{i1}+\hat{\beta}_2x_{i2}+\ldots+\hat{\beta}_px_{ip})=\sum y_1 \\ \sum(\hat{\beta}_0+\hat{\beta}_1x_{i1}+\hat{\beta}_2x_{i2}+\ldots+\hat{\beta}_px_{ip})x_{i1}=\sum y_ix_{i1} \\ \sum(\hat{\beta}_0+\hat{\beta}_1x_{i1}+\hat{\beta}_2x_{i2}+\ldots+\hat{\beta}_px_{ip})x_{i2}=\sum y_ix_{i2} \\ \qquad\vdots \\ \sum(\hat{\beta}_0+\hat{\beta}_1x_{i1}+\hat{\beta}_2x_{i2}+\ldots+\hat{\beta}_px_{ip})x_{ip}=\sum y_ix_{ip} \end{cases} \tag{4-9}$$

解由这 $p+1$ 个方程组成的线性代数方程组，即可得到 $p+1$ 个待估参数的估计值 $\hat{\beta}_j(j=0,1,2,\cdots,p)$。

用矩阵形式表示的正规方程组为：

$$(\boldsymbol{X'X})\hat{\boldsymbol{\beta}}=\boldsymbol{X'Y} \tag{4-10}$$

当 $(\boldsymbol{X'X})^{-1}$ 存在时，即得回归参数的最小二乘估计：

$$\hat{\boldsymbol{\beta}}=(\boldsymbol{X'X})^{-1}\boldsymbol{X'Y} \tag{4-11}$$

（3）逐步回归方法

在实际多元回归分析过程中，人们总是试图选择一些对预测变量具有显著影响的变量作为自变量，建立“最优”的预测方程。本书中，同样希望选择对 HDPE 膜损伤特征具有显著影响，且能准确表征其特征的变量作为自变量，并围绕其建立损伤特征的多元回归模型。逐步回归方法就是依据该理论提出的一种分析方法，其基本思想是构建多元回归预测模型时，逐步引入变量，每次引入后进行 F 检验，同时对已经选入的变量逐一进行 t 检验，剔除由于新变量的引入而不再显著的原变量。如此重复进行，直到既没有新的变量可引入又没有变量可以剔除时终止，以保证最终引入的解释变量都有意义。

（4）模型检验方法

采用拟合优度检验、F 检验、回归系数的显著性检验等方法对构建的模型进行检验，以验证其有效性。上述检验均采用 SPSS 统计分析工具进行，其基本原理详见相关文献[4]，在此不再赘述，仅简单对其基本原理和目的进行介绍。

1）拟合优度检验

主要用于衡量样本回归线对样本观测值的拟合优度，拟合优度的结果用样本可决系数 R^2 表征。其取值通常在[0, 1]区间内，R^2 越接近 1，表明回归拟合的效果越好；R^2 越接近 0，表明回归拟合的效果越差[12]。

2）F 检验

对多元线性回归方程的显著性 F 检验可以检验模型自变量 $x_1,x_2,\cdots,x_p$ 从整体上对随机变量 y 是否有明显影响[13]。

3）回归系数的显著性检验

在多元线性回归中，回归方程显著并不意味着每个解释变量对预测变量 y 的影响都是显著的，因此开展每个自变量的显著性检验就尤为必要[14]。

4.5.2 CDUA 的多元回归预测模型

（1）CDUA 的影响因素识别

针对 11 个潜在影响因素与安装缺陷密度（CDUA）的相关分析结果见表 4-4。安装缺陷密度与填埋场使用年限、总库容、垃圾日处理能力、库底面积等连续变量的相关性分析结果显示，显著性系数在 0.36～0.97 之间，两两之间均不存在显著差异。

填埋场所处地区、HDPE 膜产地、施工单位资质、填埋场类型、HDPE 膜厚度、导排介质类型、防渗结构与安装缺陷密度的列联相关分析结果（见表 4-4）表明，施工单位资质（$r=0.623$，$P=0.001<0.05$）、防渗结构（$r=0.602$，$P<0.05$）、HDPE 膜厚度（$r=0.376$，$P=0.035<0.05$）、导排介质类型（$r=0.472$，$P=0.021<0.05$）与 HDPE 膜安装缺陷密度之间具有显著相关性，因此尝试构建以施工单位、防渗结构、HDPE 膜厚度以及导排介质类型为自变量的预测模型。

表 4-4 潜在影响因素与 CDUA 的相关性/列联相关分析结果

相关分析方法	影响因素	相关系数/列联系数	显著性 P
列联相关	填埋场所处地区	0.16	0.862
	HDPE 膜产地	0.43	0.344
	施工单位资质	0.623	0.001

续表

相关分析方法	影响因素	相关系数/列联系数	显著性 P
	填埋场类型	0.161	0.856
	防渗结构	0.602	0
	HDPE 膜厚度	0.376	0.035
	导排介质类型	0.472	0.021
相关性	使用年限	−0.11	0.356
	总库容	0.005	0.968
	日处理能力	0.088	0.458
	库底面积	0.04	0.74

（2）CDUA 预测模型拟合和检验

针对 CDUA 和潜在影响因素的多元回归拟合结果如式（4-12）所示：

$$\mathrm{CDUA}=\begin{cases}25.7+16.7x_6-12.9x_2-11.8x_3, & x_2=1\text{时}\\ 25.7+16.7x_6-11.8x_3-9.4x_5, & x_2=0\text{时}\end{cases} \tag{4-12}$$

模型检验结果如表 4-5 所列，在系数表格中删掉了冗余系数，只保留了有效数据。模型的 F=6.6461（P=0.0000＜0.05），表明模型显著，有统计意义。

表 4-5　回归系数的显著性检验结果（单样本 t 检验）

项目	系数	标准误差	t	P 值
截距	13.848	5.346	2.590	0.011
x_6=3	16.741	6.038	2.773	0.007
x_2=1 或 2	−12.878	6.927	−1.859	0.066
x_3=2	−11.815	5.467	2.161	0.033
x_5=1	−9.374	5.222	−1.795	0.076

上述预测模型中：

① x_6 为施工单位资质，当施工单位既没有专业防渗施工资质，又不具有 3 系认证的专业工程施工资质（P=0.007＜0.05）时，取 1，此时安装缺陷密度 CDUA 增加 16.7；而 x_6 取其他值时，对 CDUA 值没有影响。这说明不正规的施工单位会导致安装缺陷的显著增加。

② x_2 为防渗结构，当防渗系统中不采用导排颗粒或者导排颗粒与 HDPE 膜之间保护层数量大于 1 层时（P=0.066＜0.1）时，取 1，此时安装缺陷密度 CDUA 减少 12.9；而 x_2 取其他值时，对 CDUA 值没有影响。这说明防渗结构对缺陷产生具有直接影响，增加导排颗粒与 HDPE 膜之间的保护层可以有效减少缺陷产生。

③ x_3 为 HDPE 膜厚度，当其厚度≥2mm 时（P=0.033＜0.05）时，取 1，此时 CDUA 减少 11.8；而 x_3 取其他值时，取值为 0，对 CDUA 值没有影响。这说明 HDPE 膜的厚度与安装缺陷密度具有直接关系，厚度增加能有效减少安装缺陷的产生。

④ x_5 为导排介质类型（P=0.076＜0.1），当其为卵石时取 1，此时 CDUA 减少 9.4；而其为碎石时取 0，对 CDUA 值没有影响。这说明采用卵石作导排介质时，对控制安装缺陷的产生具有积极效应。

(3) CDUA 预测误差分析

CDUA 的模型预测值与实测值的比较、预测误差情况见图 4-17 和图 4-18；预测误差统计情况见表 4-6。

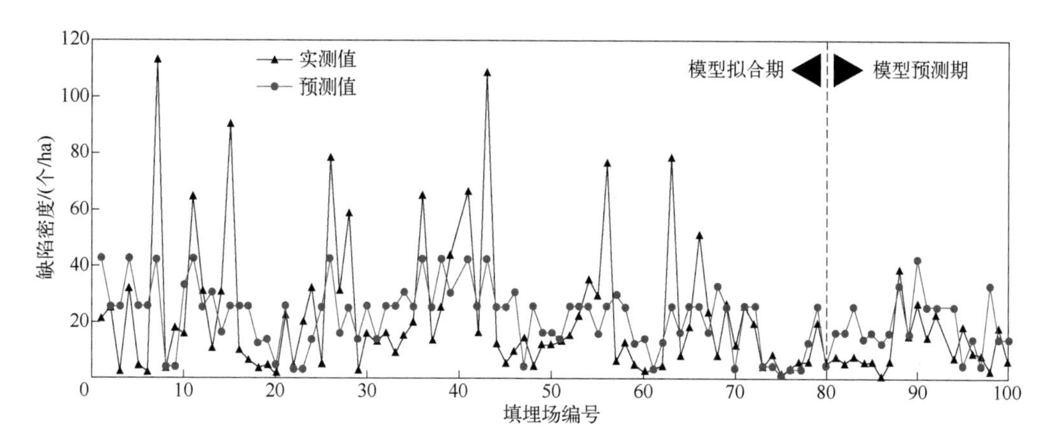

图 4-17　模型预测值与实测值比较（安装缺陷密度）

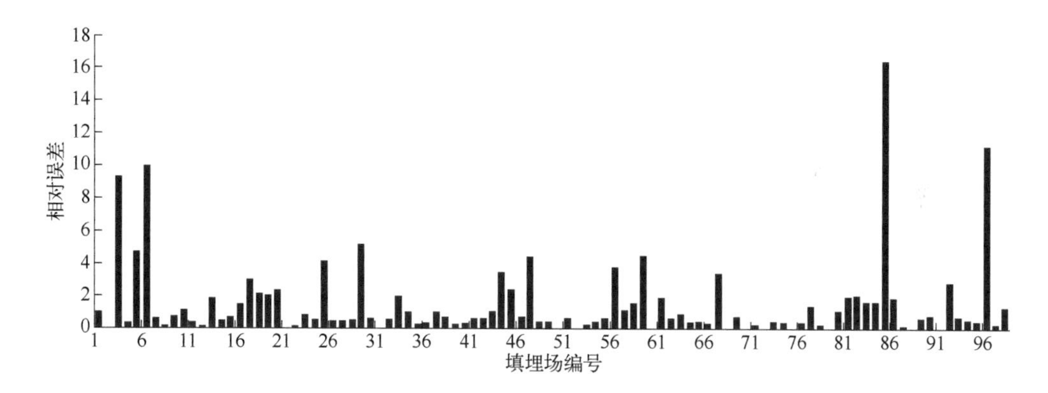

图 4-18　模型预测误差（安装缺陷密度）

表 4-6　安装缺陷密度的预测误差统计表

相对误差	个数	占比/%
0.2	17	17.3
$0.2<\|\varepsilon\|<0.5$	23	23.5
$0.5<\|\varepsilon\|<1$	23	23.5
$1<\|\varepsilon\|<2$	14	14.3
$2<\|\varepsilon\|<5$	16	16.3
$\|\varepsilon\|>5$	5	5.1

由误差分布情况表可以看到：误差绝对值在 1 以内的，占比达到 64.3%，这表明模型的预测误差不超过 1 倍的占总数的 50%以上；而误差绝对值超过 5 的，占比有 5.1%，在误差较大的样本中，发现实测值 CDUA 为 0 或者异常偏大值的时候，误差会比较大。总体来说，模型的预测准确度基本满足要求，可以进行预测。

4.5.3 TDUA 的多元回归预测模型

(1) TDUA 的影响因素识别

针对 11 个潜在影响因素与总缺陷密度 (TDUA) 的相关性/列联相关分析结果见表 4-7。总缺陷密度与填埋场使用年限、总库容、垃圾日处理能力、库底面积等连续变量的相关性分析结果显示，显著性系数在 0.36～0.92 之间，两两之间均不存在显著差异。

表 4-7 潜在影响因子与 TDUA 的相关性/列联相关分析结果

相关分析方法	影响因素	相关系数/列联系数	显著性 P
列联相关	填埋场所处地区	0.298	0.213
	HDPE 膜产地	0.433	0.328
	施工单位资质	0.64	0
	填埋场类型	0.187	0.756
	防渗结构	0.503	0.006
	HDPE 膜厚度	0.428	0.006
	导排介质类型	0.412	0.019
相关性	填埋场使用年限	−0.108	0.363
	总库容	−0.012	0.917
	日处理能力	0.071	0.548
	库底面积	0.024	0.841

填埋场所处地区、HDPE 膜产地、施工单位资质、填埋场类型、HDPE 膜厚度、导排介质类型、防渗结构与总缺陷密度的列联相关分析结果（表 4-7）表明，施工单位资质 (r=0.64，$P<0.05$)、防渗结构 (r=0.503，P=0.006$<$0.05)、HDPE 膜厚度 (r=0.428，P=0.006$<$0.05)、导排介质类型 (r=0.412，P=0.019$<$0.05) 与安装缺陷密度之间显著相关。

综上所述，总缺陷密度与施工单位资质、防渗结构、HDPE 膜厚度、导排介质类型之间均具有较强的相关性。不同的施工单位、不同防渗结构、不同 HDPE 膜厚度、不同导排介质均会造成 HDPE 膜缺陷密度的差异。

(2) TDUA 的影响因素识别

针对 TDUA 和潜在影响因素的多元回归拟合结果如式 (4-13) 所示：

$$\mathrm{TDUA}=\begin{cases}16.1+17.2x_6-14.0x_2+12.9x_3, & x_2=1\text{时}\\16.1+17.2x_6+12.9x_2-10.7x_5, & x_2=0\text{时}\end{cases} \tag{4-13}$$

模型检验结果如表 4-8 所列，在系数表格中删掉了冗余系数，只保留了有效数据。模型的 F=6.6461 (P=0.0000$<$0.05)，表明模型显著，有统计意义。

上述预测模型中：

① x_6为施工单位资质，当施工单位既没有专业防渗施工资质，又不具有 3 系认证的专业工程施工资质 (P=0.008$<$0.05) 时，取 1，此时总缺陷密度 TDUA 增加 17.2；而 x_6 取其

他值时，对 TDUA 值没有影响。这说明不正规的施工单位会导致总缺陷密度的显著增加。

表 4-8　回归系数的显著性检验结果（单样本 t 检验）

项目	系数	标准误差	t	P 值
截距	16.094	5.625	2.861	0.005
x_6=4	17.198	6.352	2.707	0.008
x_2=1	−13.935	7.288	−1.912	0.059
x_3=0，1.5	12.895	5.752	2.242	0.027
x_5=1	−10.648	5.494	−1.938	0.055

② x_2 为防渗结构，当防渗系统中不采用导排颗粒或者导排颗粒与 HDPE 膜之间保护层数量大于 1 层时（P=0.059＜0.1）时，取 1，此时总缺陷密度 TDUA 减少 14.0；而 x_2 取其他值时，对 TDUA 值没有影响。这说明防渗结构对总缺陷产生具有直接影响，增加导排颗粒与 HDPE 膜之间的保护层可以有效减少缺陷产生。

③ x_3 为 HDPE 膜厚度，当其厚度＜2mm 时（P =0.027＜0.05）时，取 1，此时 TDUA 增加 12.9；而 x_3 取其他值时，取值为 0，对 TDUA 值没有影响。这说明 HDPE 膜的厚度与总缺陷密度具有直接关系，厚度减少导致总缺陷密度的增加。

④ x_5 为导排介质类型（P =0.055＜0.1），当其为卵石时取 1，此时 TDUA 减少 10.7；而为碎石时取 0，对 TDUA 值没有影响。这说明采用卵石作导排介质时，对控制总缺陷的产生具有积极效应。

（3）TDUA 的预测误差分析

TDUA 的模型预测值与实测值的比较、误差情况见图 4-19 和图 4-20；误差统计情况见表 4-9。

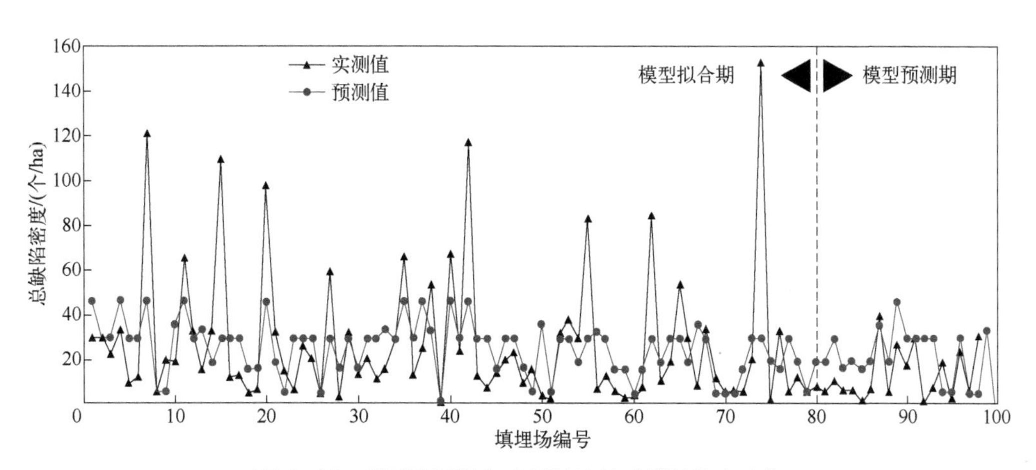

图 4-19　模型预测值与实测值比较（总缺陷密度）

分析图表可知：误差绝对值在 1 以内的，占比达到 63.5%，这表明模型的预测误差不超过 1 倍的占总数的 50%以上；而误差绝对值超过 5 的，占比有 5.2%，在误差较大的样本中，发现真实值 TDUA 为 0 时误差会比较大，且在最开始利用众数对缺失值进行补充，也会导致预测存在一定误差。总体来说，模型的预测准确度基本满足要求，可以进行预测。

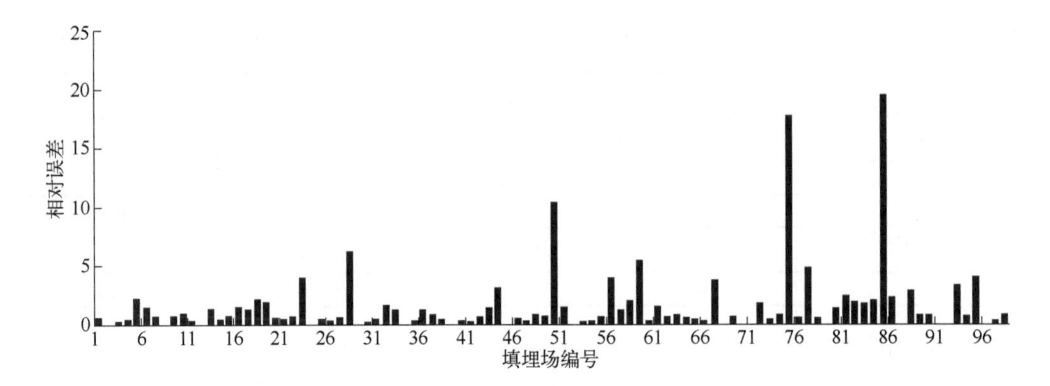

图 4-20　模型预测误差（总缺陷密度）

表 4-9　初始缺陷的预测误差统计表

误差范围	个数	占比/%
0.2	13	13.5
$0.2<\|\varepsilon\|<0.5$	25	26.0
$0.5<\|\varepsilon\|<1$	23	24.0
$1<\|\varepsilon\|<2$	17	17.7
$2<\|\varepsilon\|<5$	13	13.5
$\|\varepsilon\|>5$	5	5.2

参考文献

[1] 能昌信，徐亚，刘景财，等．深度填埋条件下堆体表面电势分布特征及漏洞定位机理[J]．环境科学研究，2016, 29(09): 1344-1351.

[2] 徐亚，能昌信，刘玉强，等．垃圾填埋场 HDPE 膜漏洞密度及其影响因素的统计分析[J]．环境工程学报，2015, 9(09): 4558-4564.

[3] 颜湘华，王兴润，李丽，等．铬污染场地调查数据评估与暴露浓度估计[J]．环境科学研究，2013, 26(01): 103-108.

[4] 张文彤．SPSS 统计分析基础教程[M]．3 版．北京：高等教育出版社，2017.

[5] 赵春兰，凌成鹏，吴勇，等．垃圾渗滤液对地下水水质影响的数值模拟预测——以冕宁县漫水湾生活垃圾填埋场为例[J]．环境工程，2017, 35(02): 163-167.

[6] 王珂，戴俊生，张宏国，等．裂缝性储层应力敏感性数值模拟——以库车坳陷克深气田为例[J]．石油学报，2014, 35(01): 123-133.

[7] 李琴，崔晓鹏，曹洁．四川地区一次暴雨过程的观测分析与数值模拟[J]．大气科学，2014, 38(06): 1095-1108.

[8] 李忠，能昌信，宁书年，等．物探技术在固体废弃物探测的应用及前景展望[J]．环境科学与技术，2006(12): 93-95, 121.

[9] 能昌信，董路，姜文峰，等．土工膜渗漏检测系统研究[J]．环境科学与技术，2005(04): 1-3,115.

[10] 杨坪，姜涛，李志成，等．填埋场防渗处理及渗漏检测方法研究进展[J]．环境工程，2017, 35(11): 129-132, 142.

[11] 王勋，陈琼，鄢俊．三电极法在土工膜渗漏检测中的应用[J]．环境卫生工程，2019, 27(01): 60-63.

[12] 王斌，王琪，董路，等．垃圾填埋场人工衬层渗漏的电学法检测研究[J]．环境科学研究，2004(04):63-66.

[13] 王斌，王琪，董路．垃圾填埋场防渗层渗漏检测方法的比较[J]．环境科学研究，2002(05):47-48,54.

[14] 王斌，汪苹．垃圾填埋场衬层渗漏检测方法[J]．北京工商大学学报(自然科学版)，2004(04):5-7,19.

第5章 导排介质淤堵规律及预测方法

△ 填埋场导排系统结构及淤堵机理
△ 导排层淤堵模拟试验方法
△ 导排层导排性能退化预测方法
△ 典型场景下淤堵时空演化的淤堵实验模拟规律
△ 填埋场尺度下的淤堵时间演化的模型模拟

5.1 填埋场导排系统结构及淤堵机理

5.1.1 导排系统结构和类型

5.1.1.1 导排系统结构

导排层和导排管共同组成填埋场渗滤液收集和导排系统（leachate collection and drainage system，LCDS），它是填埋场的重要功能单元，应用于大部分现代工程填埋场，以阻止污染物透过屏障系统的渗漏，从而降低堆填区地下水受污染的可能性[1, 2]。典型的填埋场渗滤液导排系统设计如图 5-1 所示。导排管通常由多孔高密度聚乙烯收集管组成；导排层位于填埋废物与导排管之间，通常由卵石、碎石等粒状骨料组成，或者在卵石上方再铺设一层土工布膜，骨料按照一定的级配铺设在固体废弃物与导排管之间的界面上[3]。

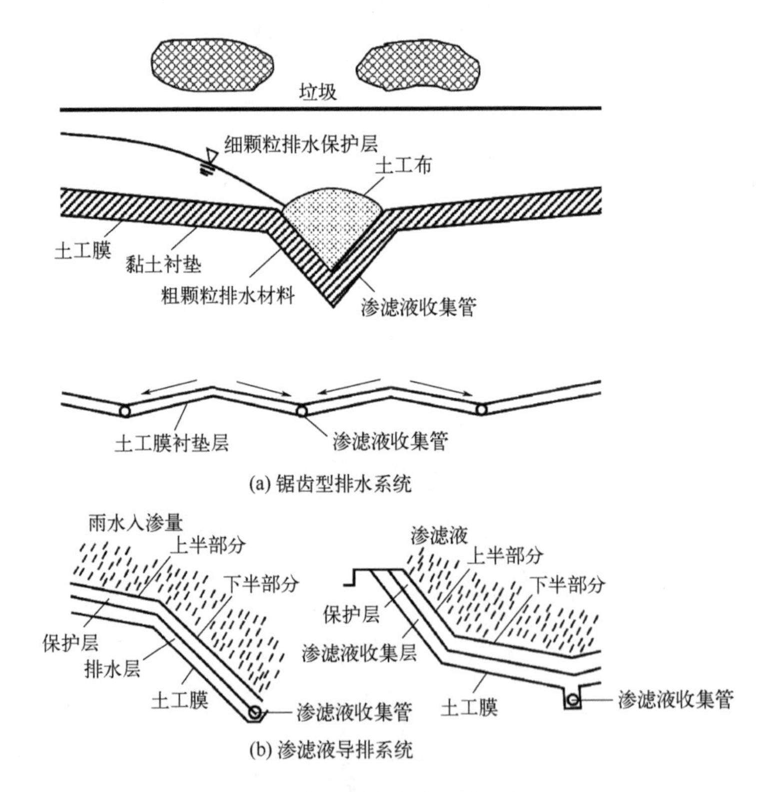

图 5-1 填埋场渗滤液导排系统设计

导排层的主要功能：a．提供渗流途径，使渗滤液高效、快速地通过导排管，从填埋场导流至调节池；b．将渗滤液从填埋废物中带出的大颗粒固体与液体分离，防止颗粒物质将导排管堵塞，影响渗滤液的正常排出。其中，侧向导排量是渗滤液的主要排泄途径，因此导排系统导排能力越强（导排层渗透系数越大，导排管间间距越小，导排坡度越大），侧向导排量越大。根据水均衡原理，堆体中渗滤液的储存量越小，渗滤液饱和水位越低。渗流途径长度是进行渗滤液水位高度分布计算的重要参数。渗流途径是指水流（渗滤液）在导排层中（进入导排管之前）的流动路径；而渗流途径长度则是指水在导排层中的流动距离。渗流途径长度与导排系统类型和结构、库底类型等因素有关。

5.1.1.2　导排系统类型

作者及其团队对国内填埋场，包括生活垃圾填埋场、危险废物填埋场和工业固体废物填埋场的导排系统结构进行了调查，目前国内的导排系统大致包括以下几种类型[4]。

（1）根据有无导排管

根据有无导排管可以划分为如图 5-2 所示的 5 种类型导排系统。

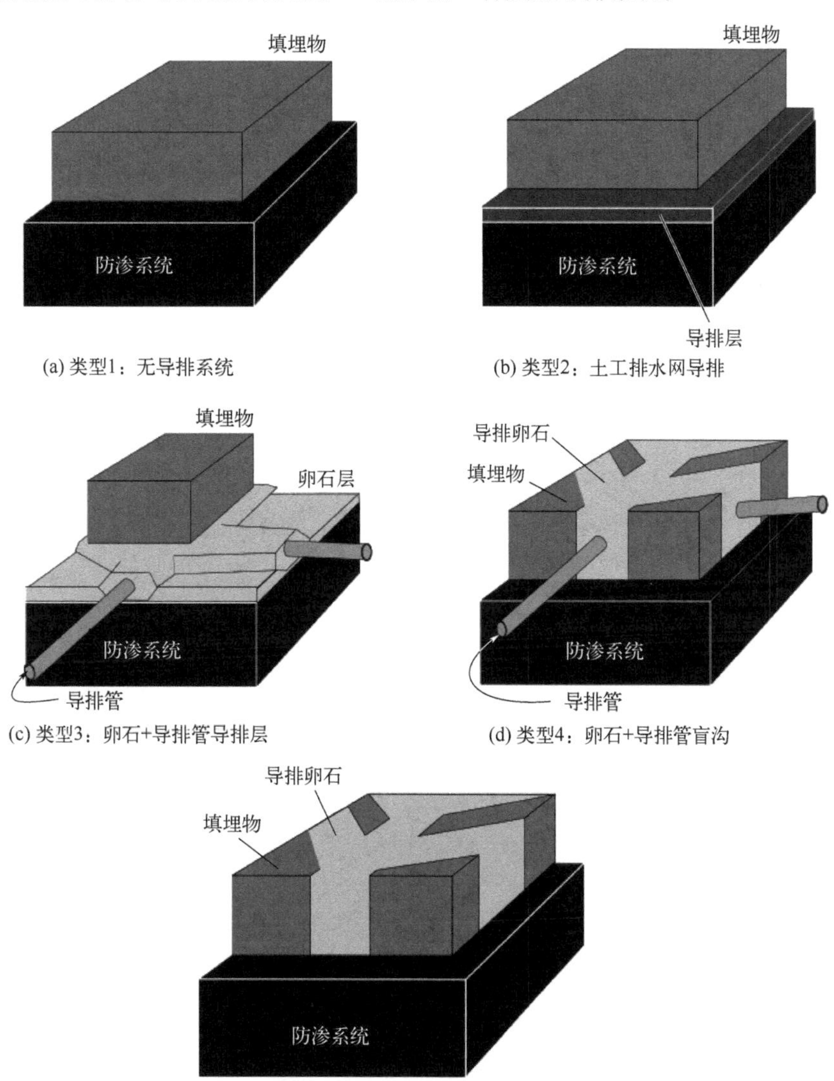

图 5-2　典型渗滤液导排系统概化图

① 类型 1。[见图 5-2（a）] 常见于早期的非正规垃圾填埋场，该类型填埋场没有设计专门的导排层，由防渗系统上方的垃圾层或废物层行使侧向导排的功能。由于垃圾层或废

物层渗透系数通常远小于卵石等导排介质，因此其侧向导排能力较弱，导致防渗系统上方常出现异常高水位。

② 类型 2。[见图 5-2（b）] 主要由导排层构成，缺少具有渗滤液收集功能的导排管。该设计类型的导排系统常见于危险废物填埋场和生活垃圾填埋场的次级渗滤液导排系统，导排层通常由土工排水网构成。

③ 类型 3。[见图 5-2（c）] 是最常见的导排系统结构，该类型导排系统由导排颗粒层和导排管构成，被广泛用于危险废物填埋场和生活垃圾填埋场的主渗滤液导排系统。

④ 类型 4。[见图 5-2（d）] 属于盲沟型导排系统，由位于填埋场底部较低位置的砾石盲沟和埋设其中的导排管组成，该类型导排系统常见于早期填埋场。

⑤ 类型 5。[见图 5-2（e）] 该类型导排系统的设计与类型 4 相似，均为盲沟型导排系统，两者的区别在于后者没有在盲沟中埋设导排管。

（2）根据库底平面

根据库底平面可以划分为山脊型和简单边坡型，如图 5-3 和图 5-4 所示。

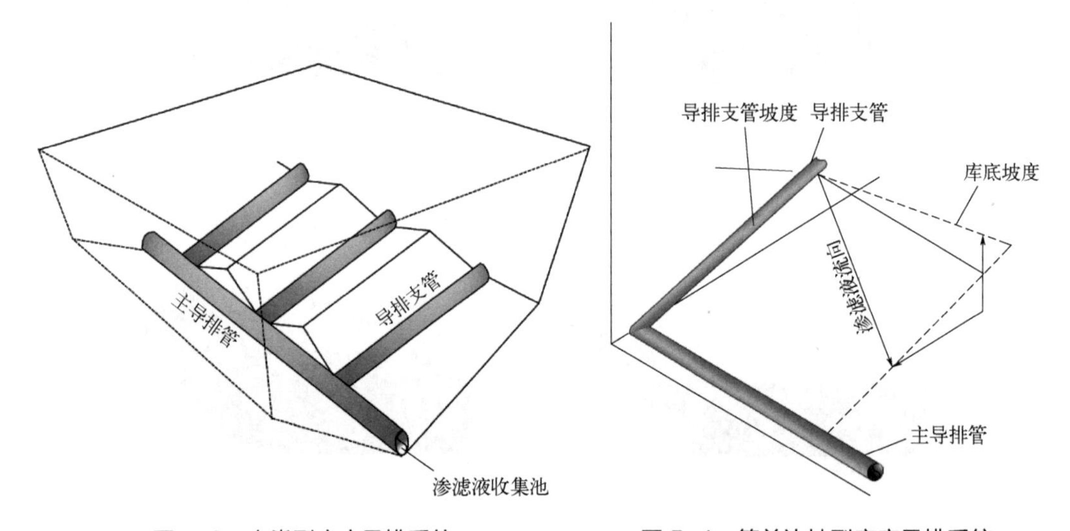

图 5-3　山脊型库底导排系统　　图 5-4　简单边坡型库底导排系统

① 山脊型库底。是指库底呈山脊形起伏，导排支管安装在“山沟”里，渗滤液从两侧的山脊处向导排支管流动。

② 简单边坡型库底。是指库呈坡面状，导排支管安装在边坡上，与主导排管形成一定夹角，渗滤液从导排支管沿着边坡方向向主导排管流动。

5.1.2　导排系统中渗流途径的确定

5.1.2.1　简单边坡型库底导排系统中的渗流途径确定

如前节所述，类型 3 是最为常见的导排系统结构［见图 5-2（c）］，该类型的导排系统由导排颗粒层和导排管构成，广泛用于危险废物填埋场和生活垃圾填埋场的主渗滤液导排系统。根据库底坡度的不同，该类型导排系统又分为山脊型导排系统（见图 5-3）和简单边坡型导排系统（见图 5-4）。首先，对简单边坡型导排系统中渗滤液的流动途径和渗流途径长度进行分析。

如图 5-5 所示，导排支管和主导排管将导排系统分成若干个相对独立的导排单元，每个导排单元由一段主导排管和两个导排支管组成。在库底坡度一致、导排支管长度相等及间距一致的条件下，可近似认为每个导排单元内的水流运动规律相同。

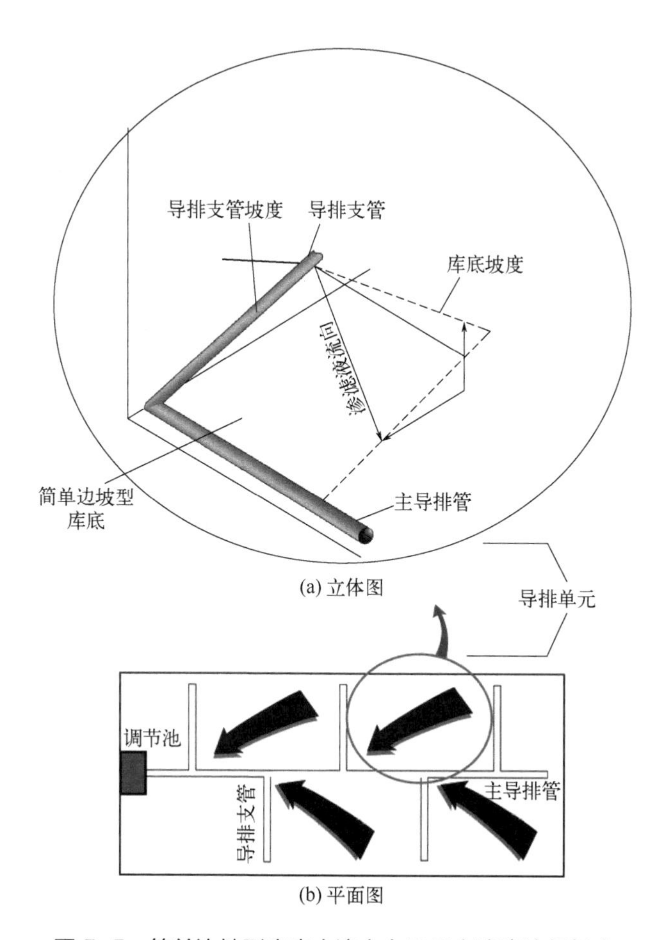

图 5-5　简单边坡型库底水流方向及最大渗流途径长度

选择其中一个导排单元，并对其渗流途径进行分析。图 5-6 是一个导排层中不同位置处渗滤液流动途径的示意图。显然，填埋场中不同位置处渗滤液流经的途径不同，渗流途径的长度也有所差异。图 5-6 中，两根导排支管中间位置处的渗滤液流动途径最长，越靠近导排支管，渗滤液流动途径越短。通常情况下，渗滤液最大水位出现在最大渗流途径上，因此只关注最大渗流途径的长度及其计算方法。

从图 5-6 可知，渗滤液在导排层中的流动方向（ω，与导排主管的夹角）与主导排管和导排支管的坡度（α 和 β）有关。

① 当 α=0 时（图 5-7），渗滤液的流动方向垂直于导排主管（ω=90°）。其最大渗流途

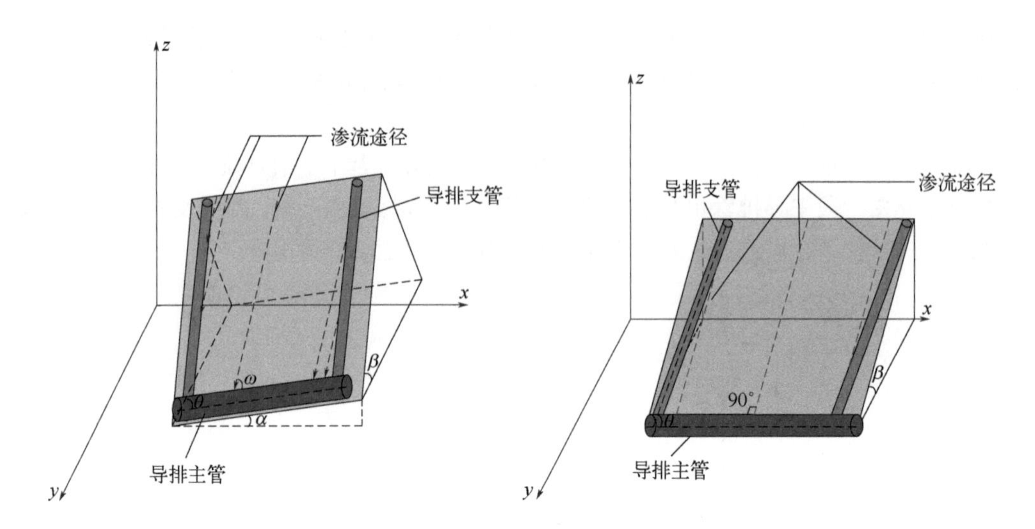

图 5-6　导排层中不同位置处渗滤液的流动途径　　图 5-7　渗流途径长度（α=0，ω=90°，渗流方向垂直于导排主管）

径长度 L_{max} 可以根据式（5-1）计算。显然，当导排支管与导排主管之间的夹角等于 90°时，最大渗流途径长度即导排支管长度。

$$L_{max} = L_{zg}\sin\theta \tag{5-1}$$

式中　L_{max}——最大渗流途径长度，m；

L_{zg}——导排支管长度，m；

θ——导排支管与导排主管之间的夹角，(°)。

② 当 β=0 时（图 5-8），渗滤液的流动方向与主导排管平行（ω=90°），其最大渗流途径长度 L_{max} 可以根据式（5-2）计算。显然，当导排支管与导排主管之间的夹角=90°时最大渗流途径长度即导排支管长度。

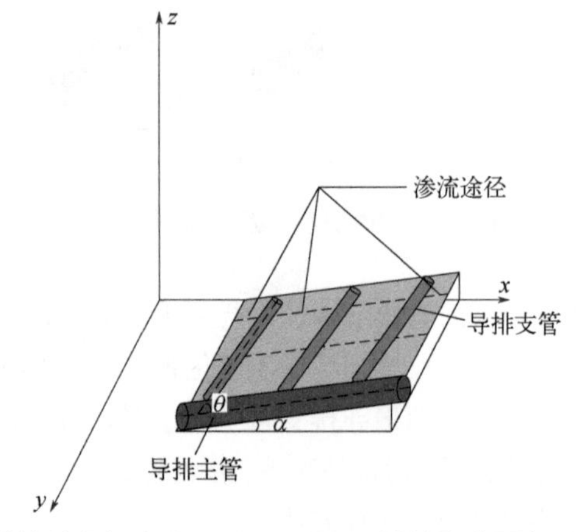

图 5-8　渗流途径长度（β=0，ω=90°，渗流方向平行于导排主管）

$$L_{max} = \frac{L_{zg}}{\sin\theta} \tag{5-2}$$

式中　L_{zg}——导排支管长度，m；

θ——导排支管与导排主管之间的夹角，(°)。

当 α 和 β 均不等于 0 时，渗滤液流动方向 ω 可以根据式（5-3）计算：

$$\omega = \arctan\left(\frac{\tan\beta}{\tan\alpha}\right) \tag{5-3}$$

$$L_{max} = \begin{cases} L_{zg}\sin\theta & \omega > 45° \\ \dfrac{L_{zg}}{\sin\theta} & \omega \leqslant 45° \end{cases} \tag{5-4}$$

5.1.2.2　山脊型库底导排系统中的渗流途径确定

山脊型库底导排系统中渗滤液的流动方向及最大渗流途径长度见图 5-9。

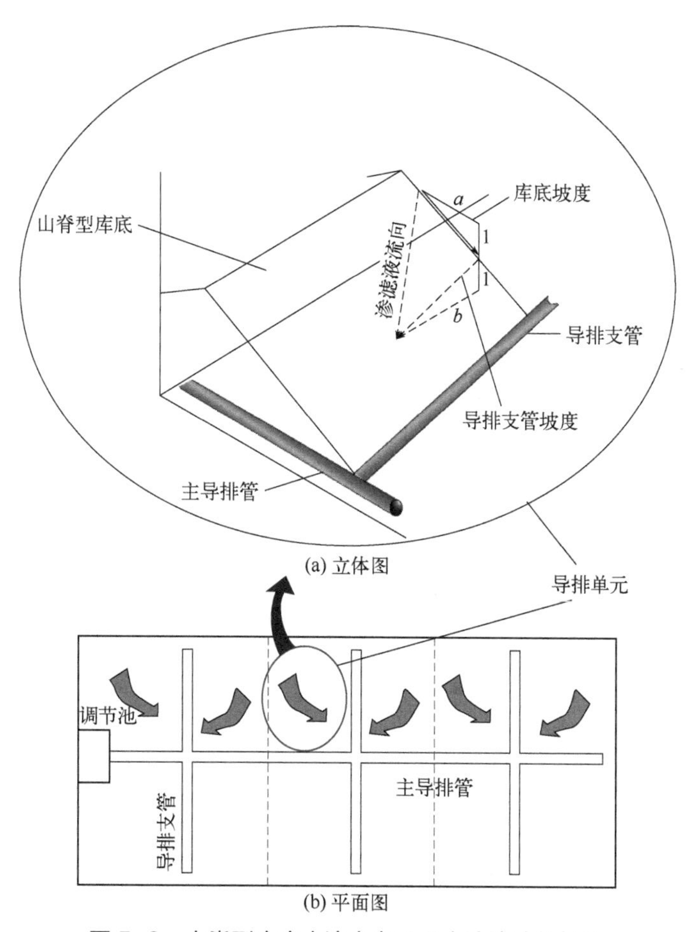

图 5-9　山脊型库底水流方向及最大渗流途径长度

从图 5-9 中可知，对于每个导排单元而言，山脊型库底导排系统中渗滤液的流动方向与简单边坡型库底导排系统中渗滤液的流动方向是类似的，因此其计算方法可以参考简单边坡型库底导排系统中最大渗流途径长度的确定方法。唯一的差别在于对山脊型库底导排系统中的最大渗流途径长度进行计算时，原式中的导排支管长度 L_{zg} 应该换算成 $1/2L_{zg}$。

5.1.3 填埋场导排介质淤堵形成机理

现代填埋场主要分为生活垃圾卫生填埋场与危险废物安全填埋场两大类，是城市生活垃圾和危险废物处理的众多处理手段中应用最多、成本最低、适用范围最广的一种。在长期运营中，生活垃圾卫生填埋场会发生导排层淤堵，导排功能丧失，导致填埋场内渗滤液无法及时排出，渗滤液水位升高，使得填埋堆体稳定性降低、渗滤液加速溢出[3,5]。所以导排层淤堵问题是世界共同关注的热点问题，因此，很多学者对其进行了研究，总结出以下 3 大类淤堵机理。

5.1.3.1 物理淤堵

物理淤堵是指垃圾中的颗粒因为雨水冲刷而随渗滤液流动，当悬浮颗粒的粒径与导排层粒径相当或更大时，在土工布层和导排层中截留、沉淀并长期累积所形成的淤堵[6]。

影响物理淤堵的最重要因素则是颗粒粒径[7]。Brune[8]等研究发现，小粒径的导排卵石和级配良好的卵石更容易淤堵，而大粒径卵石不易淤堵。因此，设计填埋场导排层时[9]，为减少过滤层颗粒流失、淤堵，应满足以下设计准则：

$$\frac{D_{15}}{D_{85}} \leqslant 5 \tag{5-5}$$

式中　D_{15}，D_{85}——小于该直径的颗粒占 15%、85%所对应的直径。

D_{10}≤4～6mm 的导排卵石含量大的导排层更容易淤堵，应避免使用粒径小的砂砾。

5.1.3.2 生物淤堵

生物淤堵（图 5-10）是指填埋垃圾中的微生物随着渗滤液流动，然后附着在导排卵石表面形成生物膜并不断繁殖，导致导排卵石之间的排水孔隙体积减小所形成的淤堵。生物膜是由微生物细胞、絮状细胞聚合体和水共同组成，多在厌氧环境下形成，其生长受微生物的生长速度和吸附特性的影响。微生物的生长速度受饱和度、温度等的影响，温度升高则微生物的生长速度加快；渗滤液饱和状态也有利于微生物生长，然而，饱和-非饱和不断更替的环境更利于微生物生长[9]。

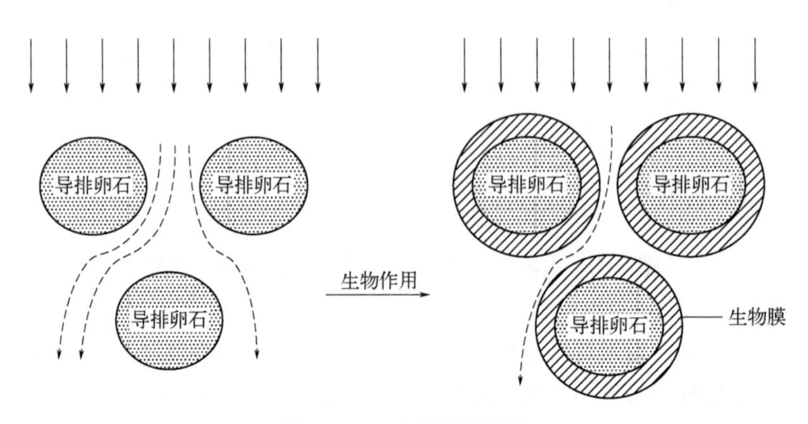

图 5-10　生物淤堵原理

现场监测表明，随渗滤液水位升高，防渗膜上的温度会明显升高，如未淤堵时为 20℃，水位上升至 6m 时温度可达 50℃[10]。温度升高则微生物生长加速，故淤堵加速；温度上升还会导致扩散系数增大从而加剧污染物扩散，并且温度升高会降低防渗膜的使用寿命。因此设计时应尽量保证导排层处于非饱和状态，即渗滤液水位小于导排层厚度。

5.1.3.3　化学淤堵

化学淤堵是指渗滤液中的金属离子（主要是 Ca^{2+}）与碳酸根离子形成沉淀所导致的淤堵。化学淤堵与生物淤堵是同时存在的，活性脂肪酸的分解由导排卵石表面附着的微生物实现，故也称生化淤堵。国内外对已发生淤堵的填埋场挖掘发现，淤堵物质主要成分为碳酸钙，室内模拟试验也发现类似结果，因此化学作用产生的矿物质沉淀是 LCDS 淤堵的主要原因。

（1）CO_2 来源

1）天然存在的 CO_2

渗滤液的产出主要有两种原因：

① 内部原因，填埋废物自身水分在填埋过程中由于重力挤压作用排出；

② 外部原因，如降雨、地表水和地下水的入渗以及覆盖材料中所含的水分。

两种情形下产生的渗滤液都会与大气接触，使得 CO_2 溶解于其中，进而促进碳酸盐矿物的形成，造成导排层淤堵。

2）微生物作用产生的 CO_2

在厌氧环境下，微生物可以代谢分解低分子有机物如乙酸、丙酸等，同时释放出 CO_2，导致渗滤液 pH 值升高，使渗滤液中金属离子在碱性环境中与 OH^- 形成沉淀物，部分氢氧化物会进一步与 CO_2 结合生成不溶性碳酸盐[11]。

$$CH_3CH_2COOH \longrightarrow CH_2COOH + H_2CO_3 + CH_4 \tag{5-6}$$

$$CH_2COOH \longrightarrow H_2CO_3 + CH_4 \tag{5-7}$$

$$\text{金属离子} + OH^- \longrightarrow \text{金属氢氧化物} \tag{5-8}$$

$$\text{金属氢氧化物} + CO_2 \longrightarrow \text{不溶性碳酸盐} \tag{5-9}$$

而且，微生物细胞表面所带负电荷会使渗滤液中金属阳离子在电荷吸引作用下向微生物附近聚集，使得微生物附近金属阳离子浓度增大，更有利于与 CO_2 结合[12]。同时也发现，淤堵物的形成与微生物代谢活动周期密切相关。Cooke A J[13]等研究表明，淤堵物形成过程也会经历迟滞、指数期、稳定期，与化学需氧量（COD）变化一致，而这与微生物代谢分解有机质的活动周期一致。

金属离子形成的不溶性碳酸盐沉淀是淤堵物主要组成部分[14]，其组分复杂，与废弃物类型、渗滤液组分、环境因素等都有关联，其中以 $CaCO_3$ 和 SiO_2 含量最为丰富。

当生成的沉淀物量较少时会因为渗滤液的冲刷而有部分沉淀物随着渗滤液进入导排管排出，残留部分继续累积，逐渐减小导排卵石之间的缝隙，直至完全堵塞。累积过程中导排层渗透系数不断降低，最终导致填埋场中渗滤液无法及时排出，渗滤液水位升高，影响填埋场的稳定性。

（2）淤堵物形成机理

1）碳酸平衡理论

① H_2O-CO_2 平衡体系。厌氧填埋场中的 CO_2 主要来源于雨水、地下水自带的 CO_2。在 CO_2 从空气进入水溶液以后，发生溶解反应[15]:

$$CO_2 + H_2O \rightleftharpoons H_2CO_3 \quad K = 10^{-2.54} \tag{5-10}$$

进入液相的 CO_2 生成 H_2CO_3，此时，渗滤液中同时存在 H_2CO_3 的一级和二级电离反应及水解反应:

$$H_2CO_3 \rightleftharpoons HCO_3^- + H^+ \quad K_1 = 10^{-3.77} \tag{5-11}$$

$$HCO_3^- \rightleftharpoons CO_3^{2-} + H^+ \quad K_2 = 10^{-10.33} \tag{5-12}$$

$$H_2O \rightleftharpoons OH^- + H^+ \quad K_w = 10^{-10.33} \tag{5-13}$$

通常情况下，大气中的 CO_2 分压（p_{CO_2}）为 $10^{-3.5}$atm(1atm=101325Pa)，据此可绘制各组分含量随 pH 值的变化图（图 5-11）。用 c_T 表示碳酸盐组分的总量，则有:

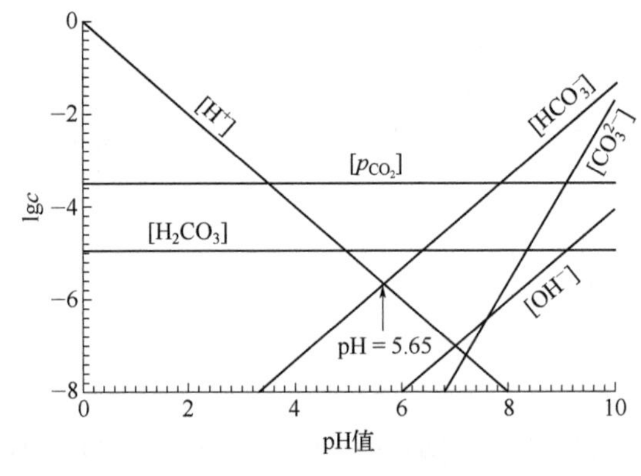

图 5-11 p_{CO_2} 恒定时 H_2O-CO_2 体系中各组分含量随 pH 值的变化

$$c_T = [H_2CO_3] + [HCO_3^-] + [CO_3^{2-}] \tag{5-14}$$

若 a_0、a_1 和 a_2 分别表示 $[H_2CO_3]$、$[HCO_3^-]$ 和 $[CO_3^{2-}]$ 在碳酸盐组分总量 c_T 中所占的比例，其变化关系如图 5-12 所示。

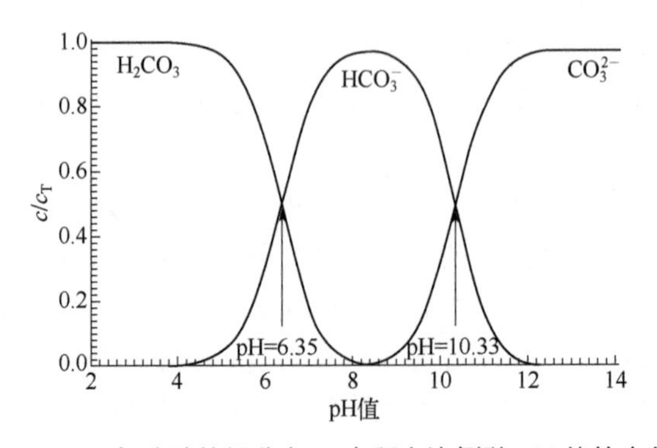

图 5-12 各碳酸盐组分在 c_T 中所占比例随 pH 值的变化

综上可知，当 CO_2 分压一定时，$pH < 6.35$ 时，H_2CO_3 含量最高；当 $pH > 10.33$ 时，CO_3^{2-} 在各碳酸盐组分中的含量最高；而当 $6.35 < pH < 10.33$ 时，HCO_3^- 含量最高，同时，随着 pH 值的不断增大，HCO_3^- 的含量先增后减。

② $CaCO_3$-H_2O 平衡体系。在不考虑 CO_2 分压时，同时存在着 $CaCO_3$ 的电离过程式（5-15），以及 H_2CO_3 的一级和二级电离反应式（5-11）和式（5-12）及水解反应式（5-13）。

$$CaCO_3 = Ca^{2+} + CO_3^{2-} \quad K = 10^{-2.54} \tag{5-15}$$

此时，体系中存 Ca^{2+}、CO_3^{2-}、HCO_3^-、H_2CO_3、H^+和 OH^-，体系的电中性方程为：

$$2\left[Ca^{2+}\right] + \left[H^+\right] = \left[HCO_3^-\right] + 2\left[CO_3^{2-}\right] + \left[OH^-\right] \tag{5-16}$$

浓度条件方程为：

$$c_{总} = \left[Ca^{2+}\right] = \left[H_2CO_3\right] + \left[HCO_3^-\right] + \left[CO_3^{2-}\right] \tag{5-17}$$

③ $CaCO_3$-CO_2-H_2O 平衡体系。$CaCO_3$-CO_2-H_2O 体系中的化学反应为式（5-10）～式（5-13），体系中依旧包含 Ca^{2+}、CO_3^{2-}、HCO_3^-、H_2CO_3、H^+和 OH^- 6 种离子，符合电中性方程。

体系的总反应方程为：

$$CaCO_3 + CO_2 + H_2O = Ca^{2+} + 2HCO_3^- \tag{5-18}$$

根据 Plummar 等[16]研究，此体系是由 H_2O-CO_2 系统与 $CaCO_3$ 发生三个不同的溶解反应：

$$CaCO_3 + H^+ \rightleftharpoons Ca^{2+} + 2HCO_3^- \tag{5-19}$$

$$CaCO_3 + H_2CO_3 \rightleftharpoons Ca^{2+} + 2HCO_3^- \tag{5-20}$$

$$CaCO_3 + H_2O \rightleftharpoons Ca^{2+} + CO_3^{2-} + H^+ + OH^- \tag{5-21}$$

同时，$CaCO_3$ 发生溶解反应时，所产生的 Ca^{2+}和渗滤液中含有的 Ca^{2+}亦会和系统中的其他离子发生平衡反应：

形成 $CaCO_3$ 的络合反应方程：

$$Ca^{2+} + CO_3^{2-} = CaCO_3 \tag{5-22}$$

形成 $CaHCO_3^+$的络合反应方程：

$$Ca^{2+} + HCO_3^- = CaHCO_3^+ \tag{5-23}$$

形成 $CaOH^+$的络合反应方程：

$$Ca^{2+} + OH^- = CaOH^+ \tag{5-24}$$

2）结晶理论

当渗滤液中包含的成垢离子打破溶液中的反应平衡时，就会相互结合形成溶解度很小的盐类分子；当盐类分子含量超过其溶解度，即达到过饱和状态就会结晶，进而形成淤堵物（水垢）。

通常，当碳酸钙的离子积大于溶度积时，就有形成碳酸钙沉淀的可能性，即碳酸钙沉淀产生的理论条件为：

$$\left[Ca^{2+}\right]\left[CO_3^{2-}\right] > K_{sp} \tag{5-25}$$

式中 $[Ca^{2+}]$——钙离子浓度；

$[CO_3^{2-}]$——碳酸根离子浓度；

K_{sp}——在某一温度下碳酸钙的溶度积。

实际情况中，物质的结晶会受多种因素的影响，不仅仅需要离子积大于溶度积，还应满足特定的过饱和值，才会产生沉淀。但是对于大多数化合物来说，有沉淀形成时所对应的过饱和度值远高于理论值，在 10^2～10^3 之间[17]。

$CaCO_3$ 的过饱和度 S 可由式（5-26）计算：

$$S=\frac{\left[Ca^{2+}\right]\left[CO_3^{2-}\right]}{K_{sp}} \tag{5-26}$$

结晶之后，粒子成核，然后晶核长大，成为可见晶体，晶体不断累积的过程导致导排层淤堵。

5.2 导排层淤堵模拟试验方法

5.2.1 试验装置

导排层颗粒淤堵试验装置如图 5-13 所示，主体由圆柱形有机玻璃柱构成，内径 20cm，高度 10cm，玻璃柱的上端和下端均设置 10cm 高的水流缓冲区，中段 40cm 为导排区域，填充导排颗粒[18]。为模拟导排系统的渗滤液饱和条件，采用从下往上的水流方式，在玻璃柱侧壁上不同高度（0、10cm、20cm、30cm、40cm 和 45cm）处开孔并连接三通，三通一端连接测压计进行水压测定，一端连接出流管进行排水量测定[18]。

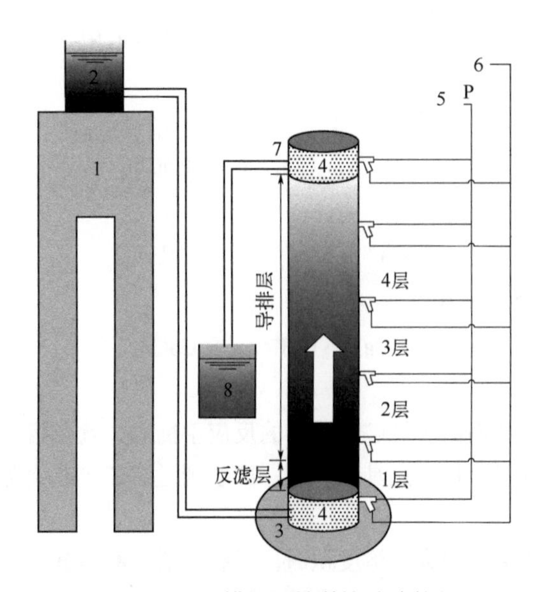

图 5-13 导排层颗粒淤堵试验装置

1—试验台；2—定水头装置；3—进水口；4—水流缓冲区；5—测压计；
6—出流孔（用于计量分段排水量）；7—出水口；8—渗滤液收集槽

5.2.2　试验材料

导排颗粒和反滤层材料为鹅卵石。利用筛分法对样品进行粒度分析，并绘制了其粒度分布见图 5-14[18]。鹅卵石样品的平均粒径 D_{50} = 2.8cm，不均匀系数为 2.7。

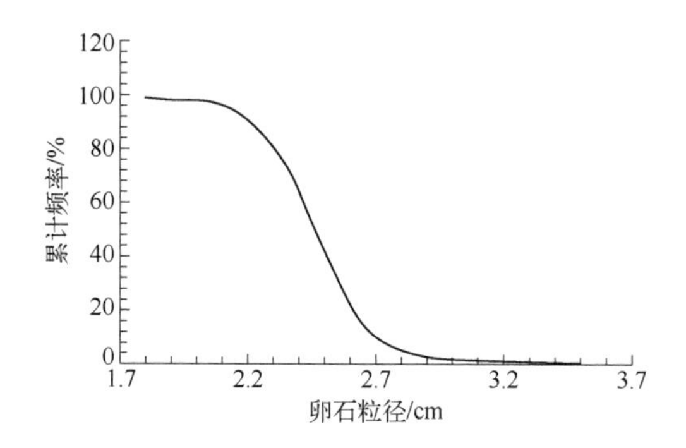

图 5-14　卵石粒度分布

为分析反滤层存在对淤堵过程的影响，设置了三组对照试验：一组不含反滤层；一组采用土工布（600g/m^2）作为反滤层；最后一组采用 D_{50} = 0.47cm 厚 5cm 的细砂颗粒作为反滤层[18]。

导排流体采用重庆某危险废物填埋场（hazardous waste landfill, HWL）的渗滤液原样，以充分模拟实际的 HWL 渗滤液特征。该填埋场的主要填埋物为固化后的污泥和飞灰，其渗滤液中有机质含量较低，pH 值较高，具有一定的代表性，具体理化特性及污染物浓度参数如表 5-1[18]所列。渗滤液从填埋场主导排管收集后泵入暂存罐，随后用离心泵从下往上泵入模拟淤堵试验装置。

表 5-1　渗滤液理化特性及污染物浓度参数　　单位：mg/L

编号	指标	浓度		编号	指标	浓度	
		均值	方差			均值	方差
1	pH 值（无量纲）	7.3	0.3	7	磷酸盐 (PO_4^{3-})	1.1	0.4
2	悬浮物（SS）	68.3	13.3	8	Cr	0.03	0.01
3	五日生化需氧量（BOD_5）	54.4	12.8	9	Ni	0.29	0.17
4	化学需氧量（COD_{Cr}）	390.3	75.0	10	Cu	0.02	0.01
5	Ca	913	234	11	Zn	0.11	0.09
6	Mg	11.5	2.1	12	Pb	0.10	0.06

5.2.3　试验步骤

试验过程包含以下步骤[18]：

1）装柱

将洗净、风干后的导排颗粒分层装入柱状试验装置中。严格控制每次装入导排颗粒数量，并按等密度进行压实。

2）饱水、排气

控制水流流速，使柱体中水位缓慢上升，完全饱和后维持渗流状态 2h，排出柱体及测压管中的残余气体，待测压管水位稳定后，计算每分段的初始渗透系数、初始排水孔隙度及排水流量[18]。

3）淤堵的时空变化测定

在渗滤液中加入少量的苯酚溶液以避免微生物因素的影响；利用定水头装置自下而上向柱状试验装置供水（见图 5-13）；每隔一段时间测量各个分段的排水量，据此计算其孔隙度；同时读取各测压管的水头值，以计算渗透系数 k 及其随时间变化情况，直至渗透系数 k 达到 10^{-6}cm/s 后终止试验[18]。

5.2.4 淤堵的数学表征

淤堵程度用孔隙度来表示，孔隙度是指多孔介质中孔隙空间体积之和与该介质总体积的比值。孔隙度越大，说明该介质中孔隙空间越大；孔隙度越小，说明导排层淤堵越严重[18]。当介质被水饱和以后，孔隙的体积近似等于水的体积，因此其孔隙度可以通过测量水的体积并根据式（5-27）计算[18]:

$$n_{\mathrm{d}} = \frac{V_{\mathrm{d}}}{V_{\mathrm{T}}} \tag{5-27}$$

式中 n_{d}——孔隙度，无量纲；

V_{d}——任意两出流孔之间的排水体积，L；

V_{T}——任意两出流孔之间的小柱体积，L。

孔隙度越大，渗透率也就越大。因为孔隙度的大小决定了介质中孔隙的数量和大小，而渗透率的大小则取决于孔隙的连通性和大小。

$$k(t) = \frac{Q(t)}{A} \times \frac{h}{\Delta H(t)} \tag{5-28}$$

式中 $k(t)$——t 时刻的渗透系数，cm/s；

$Q(t)$——t 时刻出水口的流量，L/d；

h——任意两测压口之间的高度差，m；

$\Delta H\ (t)$——任意两测压计之间的水头压力差，m。

5.3 导排层导排性能退化预测方法

5.3.1 典型场景建立

为模拟实际填埋场尺度下 HWL 导排介质的淤堵情况，首先需要建立有代表性的场景。通常情况下，HWL 的库底导排系统是由导排管道和导排颗粒组成。其中导排管道又包括一根主导排管和若干根导排支管，导排支管与导排支管以鱼骨形相连，将库底划分成若干个相对独立的导排单元［见图 5-15（b）平面图］。

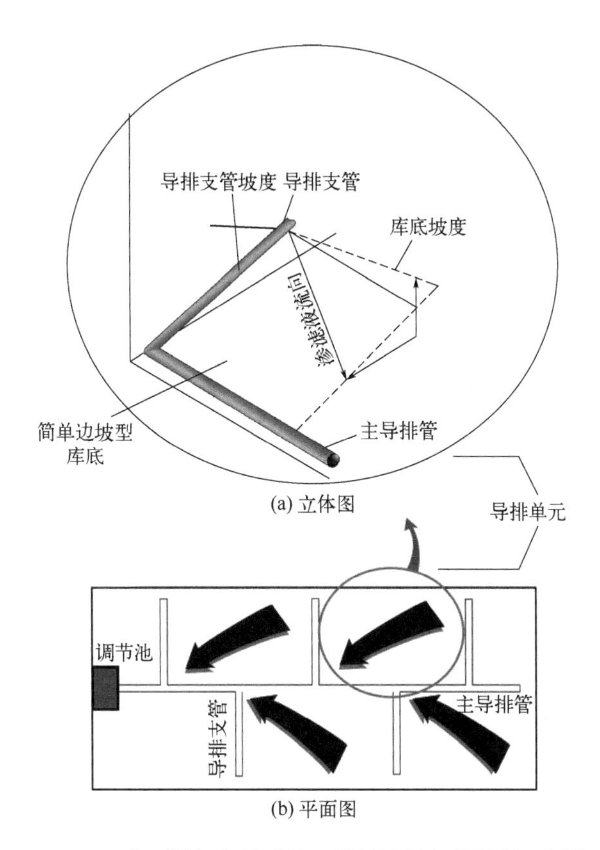

图 5-15　典型填埋场渗滤液导排管设计与导排单元划分

假设库底坡度一致，导排介质空间均质且各向同性，那么各导排单元中水流运动规律及淤堵规律近似相同。因此进行淤堵预测时，可以选择其中一个代表性的导排单元［见图 5-15（a）立体图］进行分析。

5.3.2　淤堵条件下渗透系数的数学表征

5.3.2.1　淤堵与渗透系数的本构关系

对于导排层而言，表征其性能的指标是渗透系数。渗透系数又称水力传导系数，是单位水力梯度作用下的单位流量，表示流体（地下水、油、气等）通过多孔介质的难易程度[19]。渗透系数的大小受诸多因素影响，其中影响最大的就是孔隙度。显然，淤堵会导致导排颗粒内部的孔隙度减小，而孔隙度减小最终导致渗透系数降低，即导排能力降低。

渗透系数与孔隙度之间存在以下本构关系[20]:

$$k = A_k e^{b_k n} \tag{5-29}$$

式中　k——导排介质渗透系数，m/s;

n——孔隙度，无量纲；

A_k，b_k——均为常数。

当初始时刻 t_0=0 时，孔隙度 n_0 和渗透系数 k_0 已知。若在 t 时刻由淤堵导致的孔隙度减小为 n_t，此时渗透系数变为 k_t。显然，k_t 与 n_t 同样存在上述定量关系：

$$k_0 = A_k e^{b_k n_0} \quad k_t = A_k e^{b_k n_t} \tag{5-30}$$

两式相除，则可以得到：

$$\frac{k_0}{k_t} = \frac{A_k e^{b_k n_0}}{A_k e^{b_k n_t}} \tag{5-31}$$

即：

$$k_t = \frac{A_k e^{b_k n_t}}{A_k e^{b_k n_0}} k_0 = e^{-b_k (n_0 - n_t)} k_0 \tag{5-32}$$

式中　n_0-n_t——淤堵导致的孔隙率减少量，或称为淤堵率 n_c。

5.3.2.2　淤堵时间预测

对于图 5-15 中的代表性导排单元，Rowe 和 Fleming[21]等基于大量的观测资料，提出了一个估算淤堵物质生成速率的经验公式。该公式基于以下假设：

① 淤堵形成速率与钙、镁、铁等离子的化学反应沉淀及颗粒物的沉降有关；

② 淤堵物质的干密度 ρ_c 为 1.6～2.0g/cm^3；

③ 只有含钙、镁、铁等离子的渗滤液才会引起淤堵，且淤堵物中碳酸钙含量占 50%以上；

④ 总淤堵物中钙元素的含量通常占 20%～30%；

⑤ 在渗滤液导排管附近淤堵最严重，距离导排管越远，淤堵物越少。

在上述假设基础上，Rowe 和 Fleming[21]提出了估算距离导排管一定范围内完全淤堵所需的时间的公式：

$$t_c = \frac{(v_f^* BL + 2 v_f^* Ba)\rho_c f_{Ca}}{3 c_L q_0 L} \tag{5-33}$$

式中　a——完全淤堵的长度，m；

L——排水距离，m；

B——导排层厚度，m；

ρ_c——淤堵物质的干密度，mg/L；

f_{Ca}——淤堵物中钙元素的含量，无量纲；

v_f^*——最大淤堵孔隙率，无量纲；

c_L——渗滤液中 Ca^{2+}浓度，mg/L；

q_0——渗滤液下渗速率，等于单位面积内的渗滤液产生量，m/a。

5.3.2.3　淤堵时空演化过程的数学模拟

导排系统中导排介质淤堵的时空演化过程概化见图 5-16。式（5-33）仅给出了距离导

排管 a 范围内“全部”“完全淤堵”所需的时间（其中“全部”是指距离导排管 a 的全部范围，“完全”是指淤堵达到最大程度），然而，对于不同时刻的淤堵程度及渗透系数情况，并没有给出。

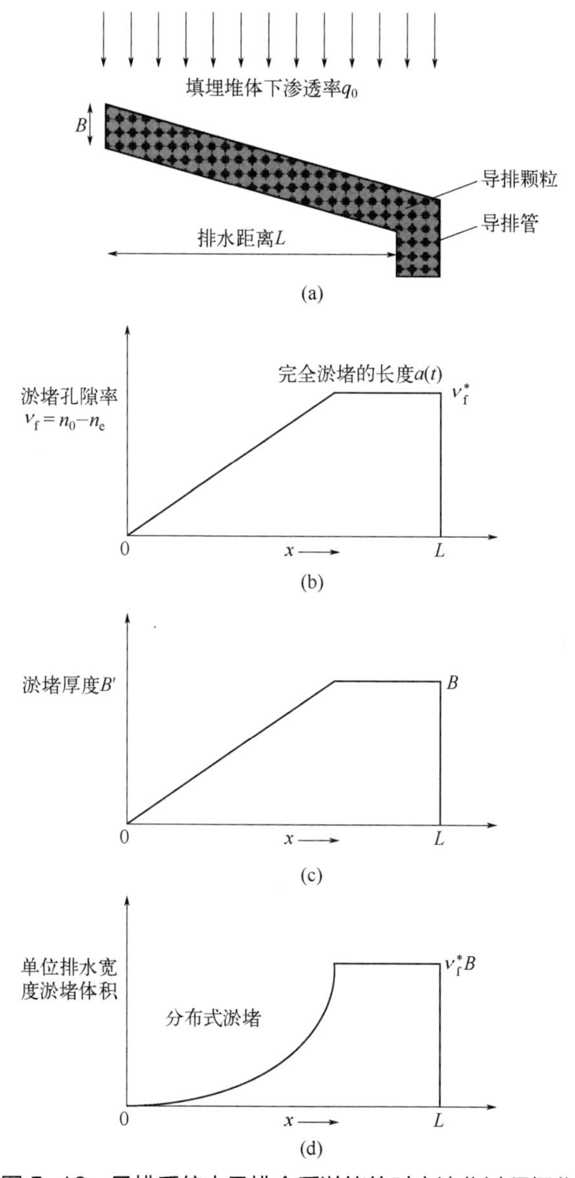

图 5-16　导排系统中导排介质淤堵的时空演化过程概化

对此，柯瀚等[22, 23]进行了推导，基于淤堵物-渗透系数的本构关系，式（5-32），以及 Rowe 等[21]给出的淤堵物质生成速率式(5-33)，进行进一步推导，给出了不同位置不同时刻的渗透系数定量表征模型，见式(5-34）和式(5-35)。该推导过程基于以下假设:

① 距离渗滤液导排管越近淤堵发展最快，淤堵达到一定程度后不再发生变化，导排管处最先达到“完全淤堵”状态，随后“完全淤堵”范围向远离导排管的一侧扩散;

② 在达到“完全淤堵”之前，淤堵孔隙率和淤堵厚度随距离呈线性变化；

③ 假设距导排管最近处导排层中淤堵率 n_c 和被淤堵的厚度从零开始增加，在 T_1 时刻都达到“完全淤堵”，即 $t=T_1$ 时，$\nu_f^L=\nu_f^*$，$B_L'=B$；

④ 假设距离导排管 a 范围内的导排介质在 T_2 时刻完全淤堵，此时该范围内 ν_f 和 B' 均达到最大值 ν_f^* 和 B。

当 $0<t\leqslant T_1$ 时，

$$k(x,t)=\mathrm{e}^{-b_k\sqrt{\frac{3cq_0\nu_f^*t}{B\rho_c f_{Ca}}}\times\frac{x}{L}}\times k_0 \tag{5-34}$$

$T_1<t\leqslant T_2$ 时，

$$k(x,\ t)=\begin{cases}\mathrm{e}^{-b_k\nu_f^*\frac{x}{L-a(t)}}\times k_0 & x<L-a(t)\\ \mathrm{e}^{-b_k\nu_f^*}\times k_0 & L-at<x<L\end{cases} \tag{5-35}$$

其中，$a(t)=\dfrac{3cq_0Lt}{2B\nu_f^*\rho_c f_{Ca}}-\dfrac{L}{2}$

$$T_1=\frac{B\rho_c f_{Ca}\nu_f^*}{3cq_0} \tag{5-36}$$

$$T_2=\frac{B\rho_c f_{Ca}\nu_f^*}{cq_0} \tag{5-37}$$

式中 x——距离导排管的水平距离，m；

t——时间，a；

L——水平排水距离，m；

c——渗滤液中钙离子浓度，mg/L；

q_0——堆体下渗速率，m/a；

ν_f^*——最大淤堵孔隙率，无量纲；

B——导排层厚度，m；

ρ_c——淤堵物质的干密度，mg/kg；

f_{Ca}——总淤堵物中钙元素的含量，无量纲；

b_k——导排介质渗透系数与孔隙度之间的关系模型的拟合系数，常取 38.2；

$a(t)$——淤堵达到最严重程度的淤堵长度，以导排管处为 0，m；

T_1——导排管处淤堵达到最严重程度的时间，年；

T_2——整个导排层淤堵达到最严重程度的时间，即完全淤堵所需时间，年。

5.4 典型场景下淤堵时空演化的淤堵实验模拟规律

设计填埋场导排层的室内试验模型，模拟危险废物填埋场渗滤液导排系统中导排层淤堵情况，确定危险废物填埋场堆填废物过程中渗滤液导排系统的淤堵机理。

5.4.1　试验材料与方法

试验共分为 3 部分：

① 基础试验（即试验水质分析与装置稳定性分析）；

② 确定淤堵物形成的主要机理；

③ 选择合适的影响因素进行单因素试验，确定其影响机理。

5.4.1.1　试验装置与材料

本试验主要模拟渗滤液控制系统中位于填埋废物与导排管之间的卵石导排层，所以，为了模拟填埋场实际情况采用柱状试验装置，如图 5-17 所示。该装置由有机玻璃制成的圆柱（实际采用方柱）、蠕动泵、供水箱（含搅拌器）、控水头装置组成，柱体下部铺设 60cm 厚、平均粒径约 20mm 的卵石模拟导排介质（柱状试验装置中，为避免优先流的存在，试验装置的直径至少要 6 倍或 6 倍以上于颗粒粒径，本装置边长 20cm、高 100cm 满足粒径/装置尺寸比的要求）。

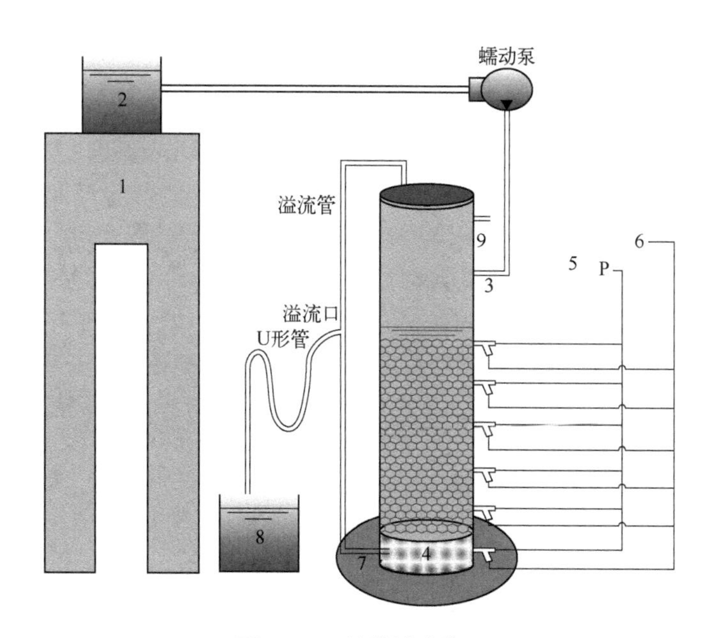

图 5-17　柱状试验装置

1—试验台；2—供水箱；3—入水口；4—水流缓冲区；5—测压计；6—出流孔（测分段排水量）；7—出水口；8—回流槽；9—气压调节口

采用蠕动泵注入渗滤液，流速为 20L/d，水流方向从上往下；出水口与溢流管相接（溢流口高度等于或略大于反滤层表面高度）以形成饱和渗流条件，模拟实际场地的饱和条件。

装置右侧，位于卵石层附近，有 4 个出流口，从上到下依次是 A 口、B 口、C 口和 D 口（见图 5-18），用于测量渗透压与排水孔隙度；4 个出流口之上为气压稳定口，与供水箱相连接，保持装置内气压稳定。

图 5-18　试验装置

试验所需卵石为专业厂商提供，平均粒径约 20mm，由试验柱顶部加入，填充高度至 60cm，填充后的试验柱如图 5-18 所示。使用蠕动泵将大号供水桶中的合成渗滤液导入试验柱，经过导排层的渗流，从最下方出流口排出到柱体右侧的回流桶中；再将回流桶中的渗滤液导入供水桶，实现装置循环。为了完全模拟导排层，在柱体外包裹着锡纸，防止阳光的照射对试验产生影响。

试验所需渗滤液，选择国内 8～11 座典型危险废物填埋场（根据主要填埋废物类型和比例的差异确定,以反映渗滤液理化特性的差异及其对淤堵物形成机理和淤堵速率的影响）进行渗滤液采集和分析，并基于统计学方法确定 3 种代表性渗滤液类型，分别为沈阳、连云港和滨海三地的典型危险废物填埋场渗滤液。利用上述渗滤液原样进行成分分析，根据分析结果配制合成渗滤液开展淤堵试验研究。

主要试验器皿有烧杯、量筒、滴管和采样瓶等，主要检测设备有压力计、pH 计、双光束紫外-可见分光光度计、电子天平、液相色谱仪和电感耦合等离子体发射光谱仪等。

5.4.1.2　基础试验

（1）渗滤液水质分析

采集典型危险废物填埋场渗滤液回实验室，对其水质进行分析。分析指标主要包括挥发性脂肪酸、金属阳离子、pH 值、硅酸盐和碳酸盐，如表 5-2 所列。

表 5-2　水质监测项目与指标

检测项目	检测指标
挥发性脂肪酸	乙酸、丙酸、丁酸
重金属离子	铁、锌、铜、锰、钴、镍
金属离子	铝、钙、镁、钾
pH 值	

续表

检测项目	检测指标
悬浮颗粒	元素成分
硅酸盐	浓度
碳酸盐	浓度

（2）装置稳定性分析

装置如图 5-18 所示，按照要求充填卵石，卵石充填完成后，对各个出水孔和排气口周边进行密封（防水胶带和防水胶），然后加入普通自来水进行密封性检测，尽可能避免装置衔接处液体和气体的泄漏；供水箱除添加样品外，一直处于密封状态，只留一个排气孔。

用自来水作为试验用水，进行为期一个月的装置稳定性分析试验，每天多次测量渗透压，每周测量排水孔隙度，通过数据的变化确认装置的稳定性。

5.4.1.3　导排层淤堵机理确认试验

试验装置的准备：与稳定性分析步骤一样的安装试验装置。在试验进行过程中为保证供水箱中溶液的均匀性，需要使用搅拌装置。

根据机理预测，导排层淤堵机理主要分为物理、化学和生物 3 类。由于检测的渗滤液中只有一种渗滤液含有固体颗粒物，所以在配制合成渗滤液时没有考虑物理因素，然后通过控制生物因素来验证淤堵物形成过程中生物与化学机理。

5.4.1.4　影响因素试验

（1）试验装置的准备

与稳定性分析步骤一样的安装试验装置。在试验进行过程中为保证供水箱中溶液的均匀性，需要使用搅拌装置。

（2）合成渗滤液的配制

配制样品中各物质组分根据样品检测结果确定，配方如表 5-3 所列。配制过程中，使用小口容器，先加入无挥发性成分，最后加入挥发性脂肪酸，保证溶液中挥发性物质的浓度，避免高温和强光照射；然后在第一次加入试验所需渗滤液时，将配制的合成渗滤液与对应的渗滤液样品按照 1∶1 的比例混合后进行室内模拟淤堵试验，后期直接加入合成渗滤液。

表 5-3　合成渗滤液成分配比　　单位：mg/L

合成渗滤液成分	渗滤液①	渗滤液②	渗滤液③
CH_3COOH	0	325	46.5
CH_3CH_2COOH	882	49.2	22.9
$CH_3(CH_3)_2COOH$	48.8	427	145
$Na_2SiO_3 \cdot 9H_2O$	56	83.4	43
$K_2HPO_4 \cdot 3H_2O$	52.5	65.5	585
$KHCO_3$	327.9	200	513

续表

合成渗滤液成分	渗滤液①	渗滤液②	渗滤液③
KCl	267.4	197.8	130
$NaHCO_3$	176	151.5	1160
$CaCl_2$	2750	1680	65.5
$MgCl_2 \cdot 6H_2O$	507.5	845.8	0
$MgSO_4$	25.5	115	39.5
$FeSO_4 \cdot 7H_2O$	14	4.79	0
$NiSO_4 \cdot 6H_2O$	2.13	8.06	0
$MnSO_4 \cdot H_2O$	13	3.9	0
$Al_2(SO_4)_3 \cdot 18H_2O$	4	13.95	0
$CoSO_4 \cdot 7H_2O$	1.2	2	0
$ZnSO_4 \cdot 7H_2O$	20	0	7
$CuSO_4 \cdot 5H_2O$	3.5	0	0

（3）控制变量

如表 5-4 所列，设置的变量是流速、渗滤液浓度、渗滤液类型。

① 流速：通过蠕动泵控制渗滤液进出流速。

② 渗滤液浓度：通过配制合成渗滤液时人工添加试剂控制。

③ 渗滤液类型：通过样品检测，根据不同样品的检测结果配制不同类型的合成渗滤液。

表 5-4 试验变量设计

装置编号	渗滤液浓度	流速（控制最高水位）/cmH_2O	生物抑制剂	采样时间
1	渗滤液②100%	10	无	每个周期第 14 天
2	渗滤液③100%	10	无	每个周期第 14 天
3	渗滤液③100%	15	无	每个周期第 14 天
4	渗滤液①100%	10	无	每个周期第 14 天
5	渗滤液①100%	15	无	每个周期第 14 天
6	渗滤液①100%	10	无	每个周期第 14 天

（4）试验步骤

实验室模拟试验计划安排 6 个装置。将配制的合成渗滤液加入供水箱与主体装置中，采用间歇式进行，以 14d 为一个周期，每个周期运行 12d；装置内渗滤液循环使用，每天通过右侧的出流口测量各点的水头压力 3～5 次，计算渗透系数；第 12 天运行完毕后进行出水渗滤液采样，测量任意两出流孔之间排水体积，计算排水孔隙度。保持合成渗滤液各组分浓度，定期检测出水口渗滤液组分，以分析渗流过程的生物/化学反应和物理吸附解吸，初步明确淤堵形成机理，采集完成后再排放渗滤液；添加试剂，保持渗滤液浓度，然后继续淤堵试验；试验结束后，采集淤堵物样品并分析其元素组成和化学成分，进一步论证淤堵的形成机理。

5.4.1.5 试验检测指标及检测方法

试验分析检测指标和检测方法见表 5-5。

pH 值、乙酸、丙酸、丁酸、[Ca^{2+}]、[Mg^{2+}] 每组试验前后都要进行检测；其他指标仅对基础试验中的原始渗滤液进行测定。

表 5-5　各分析检测指标及检测方法

项目	检测指标	检测方法
液相	pH 值	玻璃电极法
	乙酸、丙酸、丁酸	高效液相色谱法
	金属阳离子（Ca^{2+}、Mg^{2+}）	电感耦合等离子体原子发射光谱法
	可溶性硅酸	硅钼蓝比色法
	碳酸根、重碳酸根、氢氧根	滴定法

5.4.1.6　结果分析

（1）淤堵物形成机理分析

定期采集出水口渗滤液，并分析其挥发性脂肪酸（VFA）、难溶性无机盐离子、阴阳离子；定期采集气体，分析其组成。在上述测试和分析基础上，根据渗流前后组分及其浓度变化、产气组分及其产生量，初步推测渗流过程中的生物-化学反应和物理吸附-解吸过程。试验结束后，采集淤堵物样品并分析其元素组成、化学成分和有机质含量，进一步论证淤堵的形成机理。

（2）影响淤堵物形成的主要因素及其作用机制

定期测定和分析不同位置处排水体积和水力压头，并根据式（5-38）和式（5-39）分别计算不同位置不同时间的排水孔隙度和渗透系数，据此推测淤堵物的发生和发展情况；横向比对不同装置的生物-化学反应过程，以及淤堵物发生发展情况，结合渗滤液组分差异，量化分析渗滤液组分及其质量负荷对淤堵形成机理及淤堵程度的影响。

$$\mathrm{DPV}(t)=\frac{V_\mathrm{d}(t)}{V_\mathrm{T}} \tag{5-38}$$

式中　$\mathrm{DPV}(t)$——t 时刻的排水孔隙度，无量纲；

$V_\mathrm{d}(t)$——t 时刻任意两出流孔之间的排水体积，L;

V_T——任意两出流孔之间的小柱体积，L。

$$k(t)=\frac{Q(t)}{A}\times\frac{h}{\Delta H(t)} \tag{5-39}$$

式中　$k(t)$——t 时刻的渗透系数，cm/s;

$Q(t)$——t 时刻出水口的流量，L/d;

h——任意两测压口之间的高度差，m;

$\Delta H(t)$——任意两测压计之间的水头压力差，m;

A——装置主体的横截面积。

单位 cm^3/s 到 L/d 的换算系数为 86.4。

分析对照组试验中组分浓度变化、气体生成、排水孔隙度和渗透系数变化情况，对比原始组，分析 pH 值、微生物作用在淤堵物形成中的作用。

5.4.2 淤堵规律试验结果

5.4.2.1 装置稳定性试验结果分析

试验用装置为柱状试验装置，为了保证长期试验中装置运行的稳定性，排除装置自身原因引起的数据误差，进行了为期 1 个月的预试验，测试装置的稳定性。试验中用自来水作为试验用水，不添加任何药剂，按时测量渗透压与排水孔隙度，计算渗透系数，通过数据判断装置是否稳定，数据结果如图 5-19 所示（书后另见彩图）。

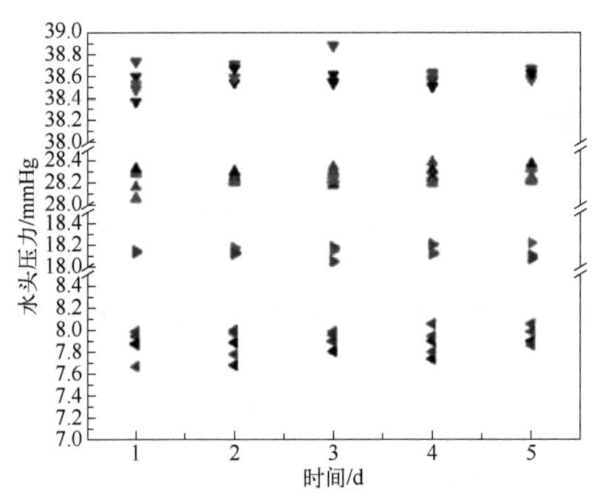

图 5-19 试验装置稳定性分析结果

（1mmHg=133.32Pa）

由图 5-19 可知，在 1 个月内数据上下波动幅度为 0.4，基本处于稳定状态，可以确认装置的稳定性，装置不会对后期试验数据测量产生影响。

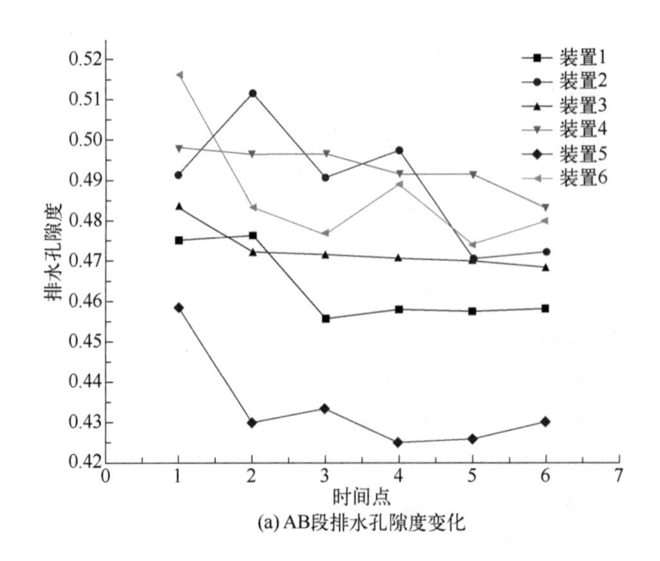

(a) AB段排水孔隙度变化

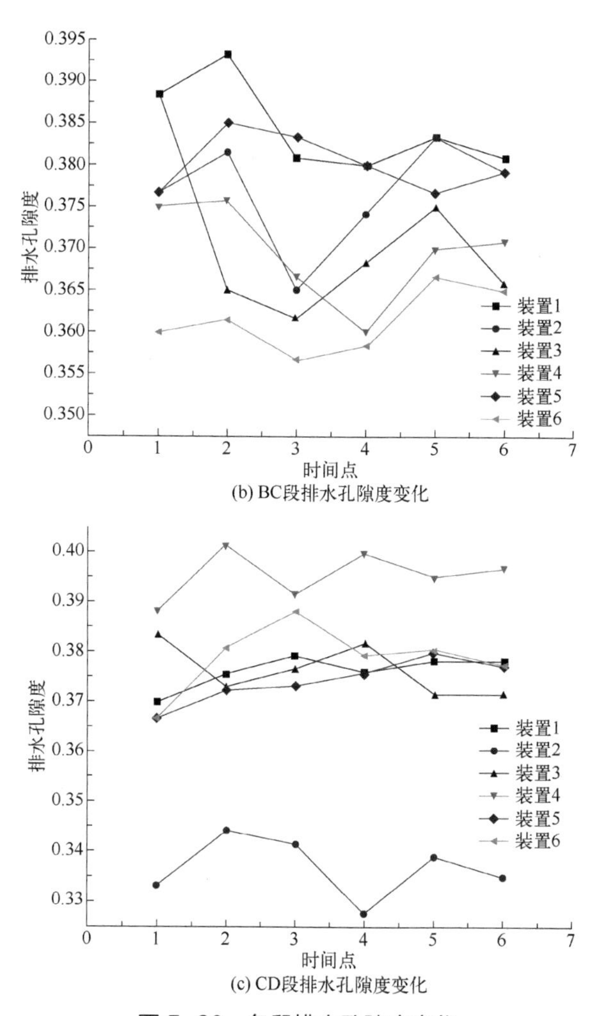

(b) BC段排水孔隙度变化

(c) CD段排水孔隙度变化

图 5-20　各段排水孔隙度变化

同时测定了 6 个装置各段的初始排水孔隙度，数据稳定，结果如图 5-20（书后另见彩图）和表 5-6 所示，从上往下依次是 AB、BC 和 CD 段，高度相同，因为压力的影响孔隙度依次降低。

表 5-6　初始排水孔隙度（无量纲）

装置	AB 段	BC 段	CD 段
1	0.48	0.39	0.37
2	0.49	0.38	0.33
3	0.47	0.39	0.38
4	0.45	0.38	0.39
5	0.41	0.38	0.37
6	0.52	0.37	0.35

5.4.2.2　淤堵试验结果分析

根据 5.4.1 部分设置的试验条件与变量，分别配制 6 个试验装置，进行导排层淤堵室内模拟试验。试验后期，由于整体试验装置都由锡纸包裹，所以从装置上方进行拍摄，结果如图 5-21 所示（书后另见彩图）。可以明显看出 6 个装置的卵石表面都有淤堵物的产生，其中装置 4 与装置 6 最为明显。虽然淤堵物颜色、形状各异，但是淤堵物的形成会使得导排层卵石之间缝隙变小，直接影响导排层的渗透性能，进而影响渗滤液的收集与处理。

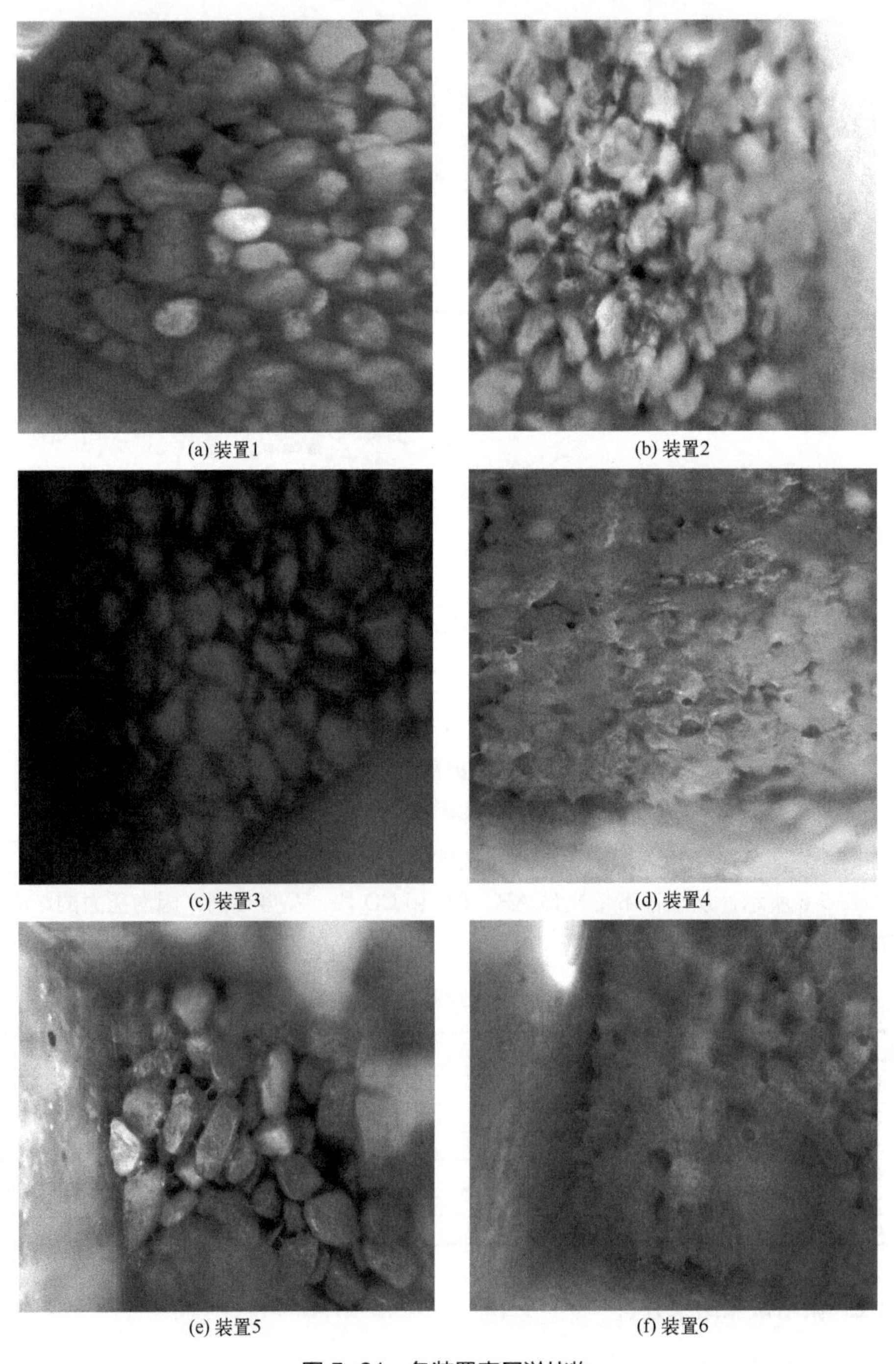

(a) 装置1　(b) 装置2　(c) 装置3　(d) 装置4　(e) 装置5　(f) 装置6

图 5-21　各装置表层淤堵物

5.4.3　淤堵时空演化

5.4.3.1　淤堵的时间演化

图 5-22 为无反滤层淤堵试验装置中，不同高度处孔隙度随时间的变化趋势。显然，时间上，孔隙度变化呈现明显的阶段性特征。

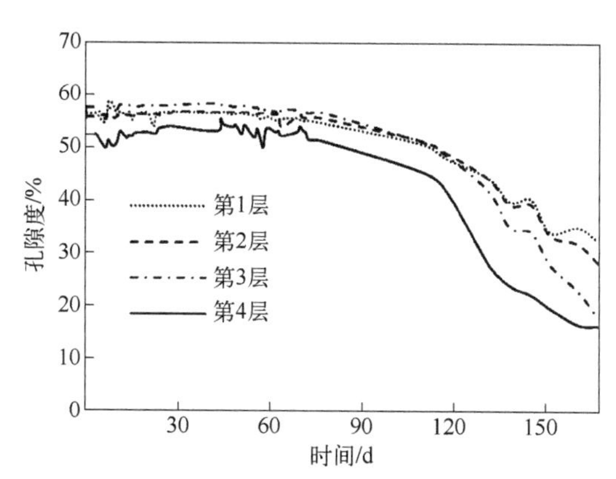

图 5-22　不同高度处孔隙度随时间的变化趋势（无反滤层装置）

① 前期，也就是 1～60d，孔隙度基本不随时间变化。以第 1 层为例，仅从第 1 天的 56.3%下降至 55.9%，仅减少了 0.4%；第 3 层下降了；第 2 层和第 4 层甚至略有增大（可能是测量误差所致）。

② 中期，也就是 61～118d，孔隙度开始缓慢下降。以第 1 层为例，孔隙度从 55.9%下降至 47.9%，减少率为 14.3%；而第 2、第 3、第 4 层与此类似，分别从 56.6%、56.8%和 53.6%下降至 49.0%、48.5%和 41.8%，减少率分别为 13.5%、14.6%和 22.0%。

③ 后期，也就是 118～168d，孔隙度开始迅速下降。以第 1 层为例，孔隙度从 47.9%下降至 32.5%，减少率为 32.3%。在更短的时间周期里，后期（50d）的孔隙度减少率反而比中期（60d）的高出 2 倍以上。与此类似，第 2、第 3、第 4 层孔隙度也迅速减小，分别从 49.0%、48.5%和 41.8%下降至 28.2%、24.0%和 16.2%，减少率分别为 42.5%、50.5%和 61.2%。

图 5-23 绘制了不同时期（前、中、后期）不同高度处的孔隙度减少率。整体而言，前期、中期和后期，孔隙度的减小速率不同：

① 前期基本不发生变化，中期缓慢减小，后期急剧减小。分析其原因，是因为在试验初期，颗粒间的孔隙很大，供潜在淤堵物（如颗粒）迁移的通道也较为“宽敞”，因此大部分潜在淤堵物都随渗滤液一起通过孔隙。

② 到试验中期，导排颗粒表面形成一层肉眼可见的薄膜（图 5-24，书后另见彩图），这可能是渗滤液中的金属阳离子在物理吸附以及生物化学作用下形成的。显然，薄膜的存在不仅使得孔隙通道变窄，同时也使得颗粒表面的粗糙度增加，水分和污染物运移的黏滞度增加，使得潜在淤堵物更容易被截留和吸附。此外，在这个过程中渗滤液中存在的极少部分大颗粒物质（大于孔隙通道内径）也会堵塞在导排层中，进一步加剧了孔隙通道的堵塞。

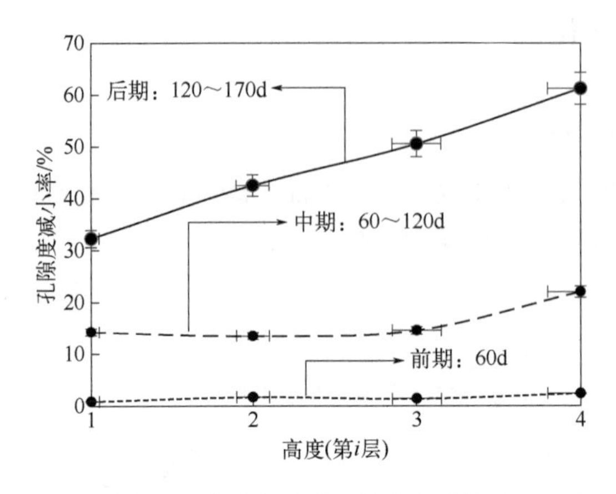

图 5-23　不同时期不同高度处孔隙度的变化趋势（无反滤层装置）

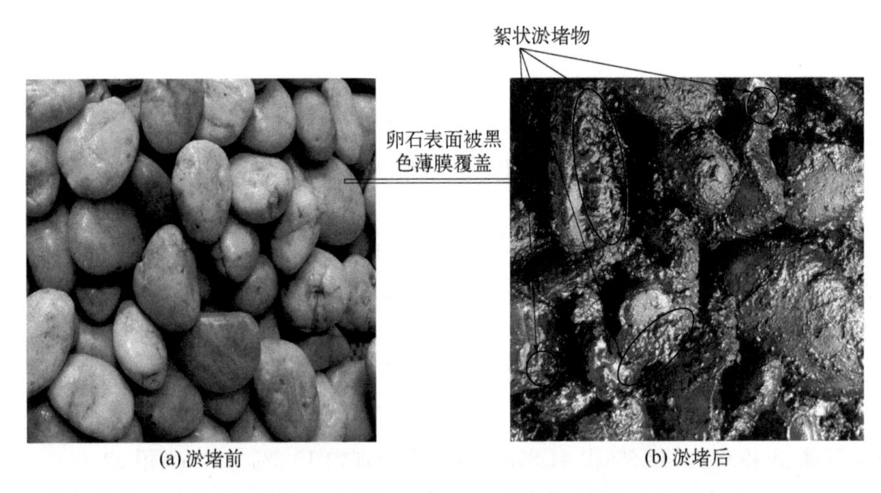

(a) 淤堵前　　(b) 淤堵后

图 5-24　淤堵前后的卵石颗粒表面的变化

③ 到后期，轻微淤堵发展到一定程度以后，导排介质内部的孔隙通道持续减小，原本可以通过的小粒径颗粒物也难以通过，使得淤堵作用更为明显。

5.4.3.2　空间变化特征

不同高度处淤堵程度存在显著差异（图 5-25），就最终的淤堵程度而言，第 4 层 > 第 3 层 > 第 2 层 > 第 1 层，即淤堵程度从下到上，由入水口到出水口逐渐减小。

以无反滤层的模拟装置为例，在试验终止时，第 4 层的孔隙度相对于初始孔隙度减小了近 70%，而第 3 层、第 2 层和第 1 层分别为 65%、58%和 42%。究其原因，是因为第 4 层相当于一个过滤层，过滤掉了一些大颗粒物质，使得第 3 层的导排负荷减小，因此第 3 层的淤堵程度小于第 4 层。与此类似，第 3 层相当于第 2 层的过滤层，第 2 层相当于第 1 层的过滤层，由此使得上层的导排负荷总是小于下层的，淤堵程度也相对较轻。

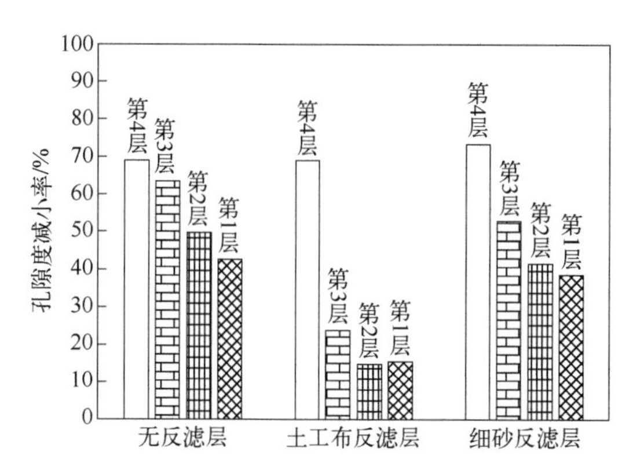

图 5-25　不同装置不同高度处孔隙度的比较

5.4.3.3　不同装置的孔隙度变化比较

图 5-26 和图 5-27 分别为不同反滤层条件下的淤堵过程孔隙度的时间变化趋势。显然，一方面，与无反滤层模拟装置比较，淤堵及孔隙度变化过程同样呈现明显的阶段性特征，前期基本无变化，中期淤堵逐渐发展，后期淤堵迅速发展孔隙度急剧减小；但另一方面，与无反滤层的试验装置相比，使用土工布作为反滤层的装置中在入口处（第 4 层）的孔隙度减小速度更快，最终的孔隙度减小率也更明显。

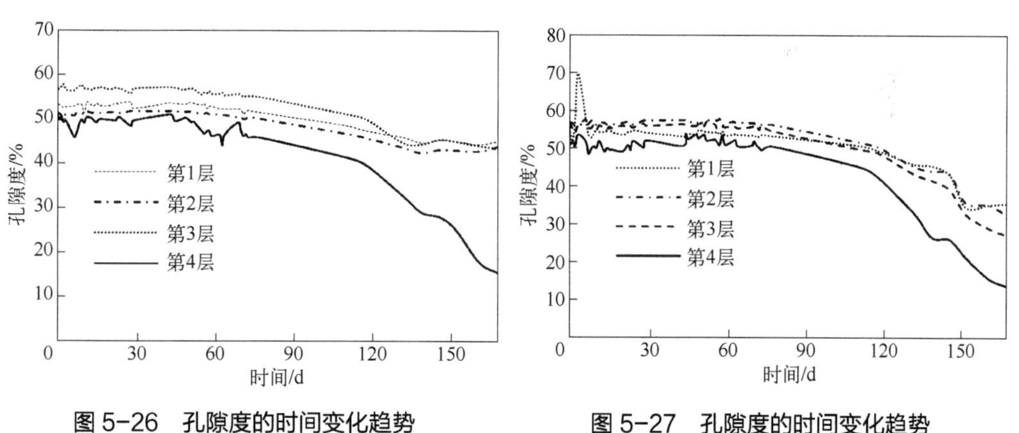

图 5-26　孔隙度的时间变化趋势（土工布反滤层装置）

图 5-27　孔隙度的时间变化趋势（细砂反滤层装置）

图 5-28 为试验终止时，具有不同反滤层的模拟装置总孔隙度减小率的比较。从图 5-28 中可以看出，土工布反滤层装置中总孔隙度减小了 16.03%，明显小于细砂反滤层装置的总孔隙度减小率（28.63%），更小于无反滤层模拟装置的孔隙度减小率。分析其原因，是因为土工布充当了过滤层的作用，截留了所有大颗粒淤堵物质和部分小颗粒物质，甚至可能吸附了部分离子，从而使得导排介质的导排负荷大幅降低。相比较而言，虽然细砂反滤层也起到一定过滤作用，但推测可能由于淤堵物体积相比于细砂及其孔隙体积更小，所以被截留的颗粒物较少，因而对淤堵的控制效果不如土工布。

进一步分析不同装置不同高度处孔隙度变化的比较，结果见图 5-25。从图 5-25 中可以看出，不同装置，第 4 层处孔隙度减小率相差不大，均为 70%左右。但是，第 1 层、第 2

层、第 3 层处，土工布反滤层装置中孔隙度的减小率明显小于无反滤层装置。这说明，HWL 渗滤液中的颗粒物存在粒径大于土工布的孔隙，因此土工布能有效地过滤掉一部分颗粒物质，有效防止下方导排颗粒的淤堵。细砂反滤层也能起到类似的作用，但是对颗粒物质的“截获”能力小于土工布，因此在试验时段末，其第 1 层、第 2 层、第 3 层的孔隙度大于无反滤层装置的，但小于土工布反滤层装置的。

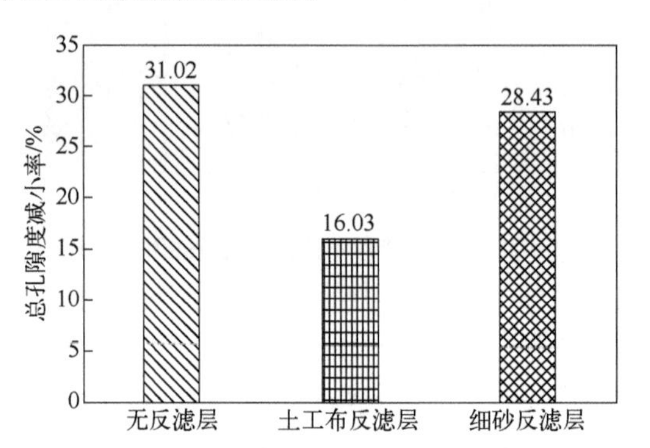

图 5-28 不同反滤层装置总孔隙度的比较

5.4.3.4 不同装置的导排流量比较

反滤层，尤其是土工布反滤层可以有效截留渗滤液中大颗粒物，降低导排介质的导排负荷，减缓其淤堵过程。同时从理论上分析，导排流量与渗透系数成正比，而渗透系数又与孔隙度呈正相关的关系。如此推测，反滤层装置在相同的水头压条件下，应当具有更好的导排能力，即导排流量更大，事实是否如此呢？图 5-29 是不同装置在相同水头压力（60cm）作用下的导排流量。从图中可以看出，在整个模拟试验期内，无反滤层装置的导排流量反而大于具有反滤层的装置。

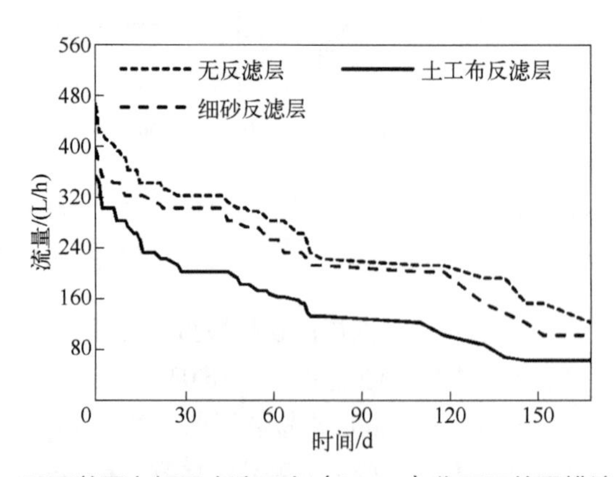

图 5-29 不同装置在相同水头压力（60cm）作用下的导排流量的比较

这一现象与前几节的推论截然相反，分析其原因，是因为淤堵条件下，导排介质的渗透性呈现层状非均质特征，此时装置的整体渗透性能需要通过对各层厚度和渗透系数进行加权平均或调和平均计算得到[24]。而对于土工布反滤层装置，土工布位置淤积了大部分淤堵物质，使得其渗透系数降低了 10^3～10^4 数量级，从而使得整体导排性能下降相较无反滤层装置的更大。

5.5　填埋场尺度下的淤堵时间演化的模型模拟

5.3 部分利用柱状试验装置模拟了小尺度条件下 HWL 渗滤液在导排介质中的淤堵行为，以及时空演化规律，讨论了填埋场条件下导排层淤堵物产生及淤堵条件下导排性能参数（渗透系数）的预测方法。而本部分拟利用 5.3 部分的预测模型，基于第 5.3 部分室内试验获得的淤堵物特性参数，对典型 HWL 场景下的淤堵过程及其导致的渗透系数的时空变化过程进行预测。

5.5.1　模拟参数设置

导排介质的淤堵过程不仅受导排系统的设计参数影响，还受渗滤液产生特性和组分特性，以及淤堵物特性影响；其中渗滤液的产生特性主要取决于填埋场的气候条件以及封场覆盖系统和雨水导排和防渗系统。

根据 5.3 部分的淤堵预测模型介绍，对填埋场尺度的导排介质淤堵过程进行预测需要 3 类参数：

① 第 1 类是导排系统的设计参数，包括水平排水距离 L、导排层厚度 B、导排层坡度 S。其中水平排水距离受导排支管间距、导排支管与导排主管间的夹角以及导排层坡度等因素影响。

② 第 2 类是渗滤液相关参数，包括渗滤液的产生速率以及渗滤液中 Ca^{2+}的浓度。其中，渗滤液产生速率主要与填埋场所处的气候降雨条件，以及封场绿化系统（包括地表坡度、地表坡长、植被类型、植被密度等因素）和雨水导排/防渗系统的设计参数有关。

③ 第 3 类参数是淤堵物相关参数，包括最大淤堵孔隙率、淤堵物质的干密度 ρ_c、淤堵物中钙元素的含量。

5.5.1.1　导排系统设计参数

《危险废物填埋污染控制标准》（GB 18598—2019）中规定了导排层的坡度和厚度的最低要求，根据该最低要求，分别取 2%和 30cm。对于水平排水距离长度，标准中没有明确指出，但相关文献研究表明水平排水距离的长度不宜低于 50m，据此取值 50m。

5.5.1.2　渗滤液相关参数

渗滤液产生量不仅与填埋场所在地区的气候条件有关，还与填埋场的封场覆盖系统、雨水导排系统和雨水防渗系统的设计有关。为考虑不同气候条件下的差异，根据我国气候条件的差异分别选取 6 个典型地区（见表 5-7）。填埋场的封场覆盖系统、雨水导排系统和雨水防渗系统的结构参数根据《危险废物填埋污染控制标准》（GB 18598—2019）的最低要求确定，具体取值参见第 7 章。

表 5-7　典型研究区选择及其气候状况

地区	长沙	乌鲁木齐	深圳	北京	盐城	沈阳
气候	湿润带	干旱带	湿润带	半湿润带	湿润-半湿润带	半湿润带

在上述导排系统及填埋场的封场覆盖系统、雨水导排系统和雨水防渗系统条件下，不同地区（对应不同气候类型）的渗滤液产生量利用填埋场水文特性评估模型（hydrologic evaluation of landfill performance，HELP）进行计算。HELP 程序是美国陆军工程兵团水道试验基地（WES）为美国国家环保署（US EPA）风险减小实验室（Risk Reduction Engineering Laboratory）开发的，用于评价不同填埋场设计思路下的渗滤液水文特征（包括渗滤液产生、导排和水分平衡过程）。同时 HELP 还集成有人工气象数据生成器（WGEN），可自动预测全球 3000 多个气象站点的降雨、蒸发和太阳辐射数据。利用 HELP 模型直接对上述 6 个典型地区设计条件下的堆体入渗速率进行预测。

同时，考虑到填埋场雨水防渗系统的老化会导致入渗速率增加，因此假设防渗系统老化导致 HDPE 膜渗透系数降低到 10^{-7}cm/s（即等于其下方黏土层的渗透系数），同样利用 HELP 模型计算生成了 6 个典型地区 HDPE 膜完全老化条件下的堆体入渗速率。如此得到 6 个典型地区、2 种入渗场景（设计入渗和老化入渗），总计 12 种入渗场景下的渗滤液产生量（或称堆体入量），见图 5-30 和表 5-8。

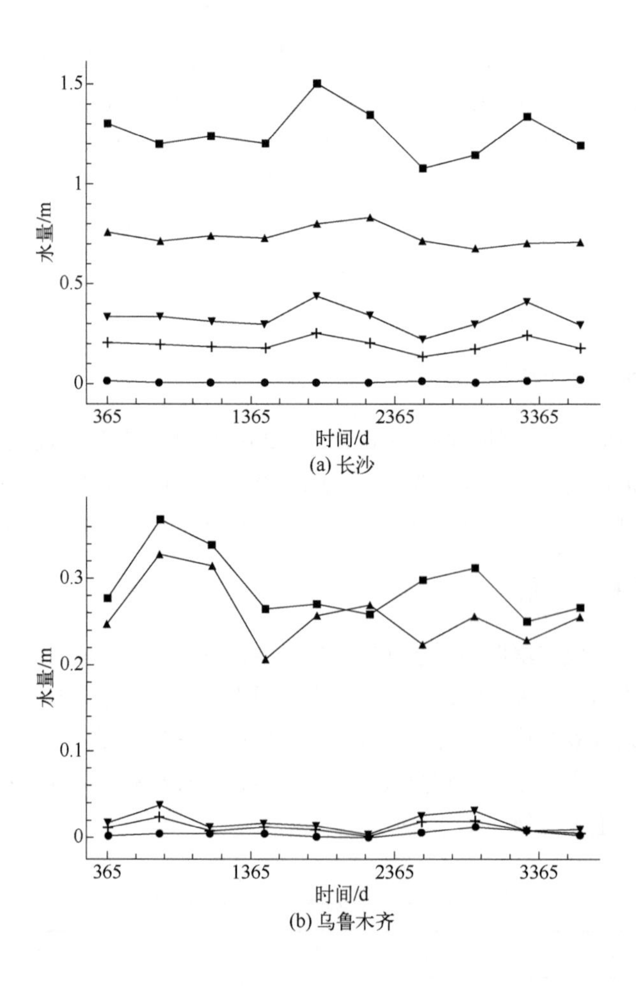

(a) 长沙

(b) 乌鲁木齐

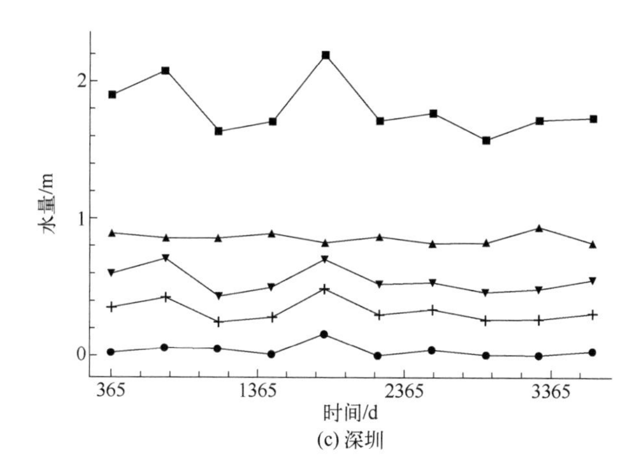

水量/m
2
1
0
365
1365
2365
3365
时间/d

(c) 深圳

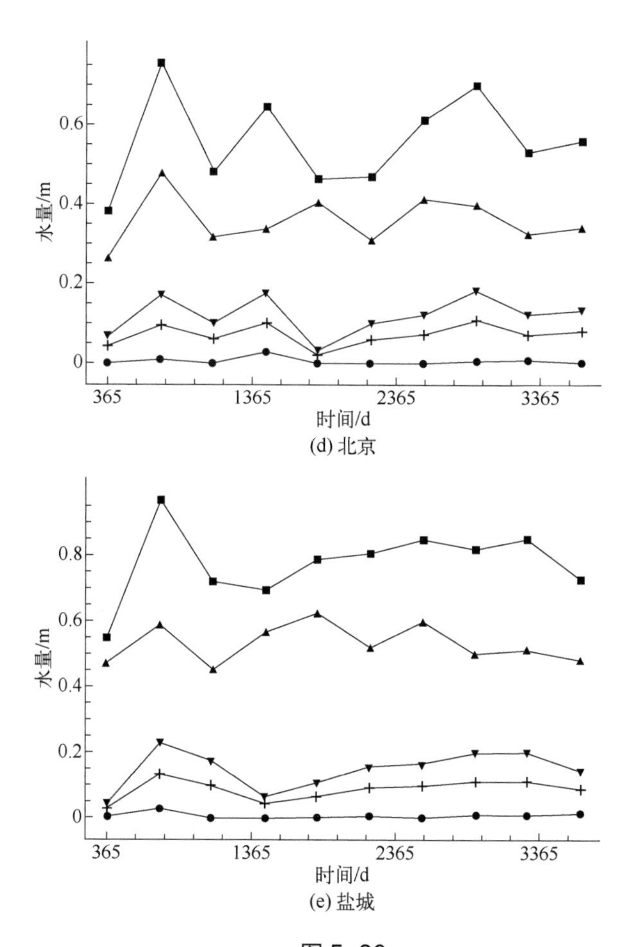

水量/m
0.6
0.4
0.2
0
365
1365
2365
3365
时间/d
(d) 北京
水量/m
0.8
0.6
0.4
0.2
0
365
1365
2365
3365
时间/d

(e) 盐城

图 5-30

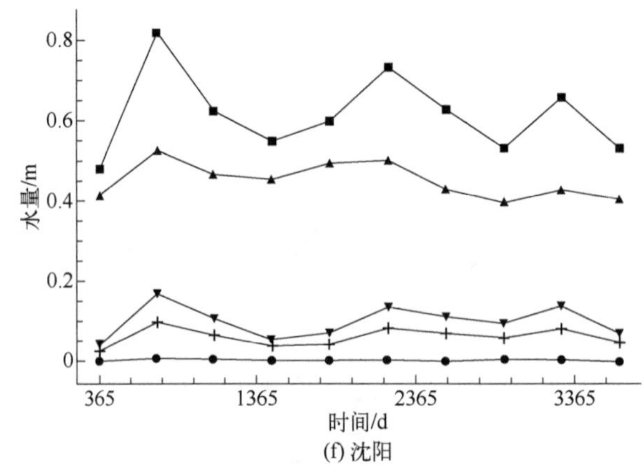

(f) 沈阳

图 5-30 典型地区降水的蒸发-径流-入渗分配

—■— 降雨量；—▲— 蒸发量；—●— 径流量；—▼— 主防渗层渗漏量；—+— 次防渗层渗漏量

表 5-8 不同区域/气候条件下的堆体入渗量　　单位：cm

年均降雨量		长沙	乌鲁木齐	深圳	北京	盐城	沈阳
		126	29	181	56	77.6	61.4
年均入渗量	设计雨水防渗参数下	19.2	1.2	33.8	7.3	8.8	6.1
	老化雨水防渗参数下	49.4	2.8	82	18.4	22.1	15.5

5.5.1.3 淤堵物相关参数

淤堵物相关参数包括最大淤堵孔隙度ν_f^*、淤堵物质的干密度ρ_c、淤堵物质中钙元素含量f_{Ca}等参数。在 5.3.3 部分的室内试验结束后，通过测算最终淤堵孔隙度，采集淤堵物质并测算其密度和钙离子含量确定，结果见表 5-9。

表 5-9 渗滤液导排系统中导排介质淤堵预测参数

参数名称	符号	单位	取值
渗滤液中 Ca^{2+}浓度	c	mg/L	1000
排水距离	L	m	49.4
最大淤堵孔隙率	ν_f^*	无量纲	0.245
导排层厚度	B	cm	30
淤堵物质的干密度	ρ_c	mg/kg	1.8×10^6
淤堵物质中钙元素含量	f_{Ca}	无量纲	20
导排系统坡度	S	无量纲	0.02

5.5.2 淤堵预测结果

在上述导排系统和封场覆盖系统条件及参数设置下，利用 5.3 部分介绍的淤堵预测模型，对 6 个不同区域气候条件下的 HWL 淤堵过程进行了预测，预测结果见图 5-31。图 5-31 (a)、(c)、(e)、(g)、(i)、(k) 为导排管处（最容易发生淤堵，且淤堵发展最快区域）渗透系数的时间变化趋势；图 5-31（b）、(d)、(f)、(h)、(j)、(l) 完全淤堵区域范围的时间演变（导排管位置处为 0）结果显示，不同地区填埋场最容易淤堵处（导排支管处）淤堵达到最严重的时间从 26.1 年至 735 年不等，整个导排单元完全达到淤堵的时间从 78 年至 2205 年不等。

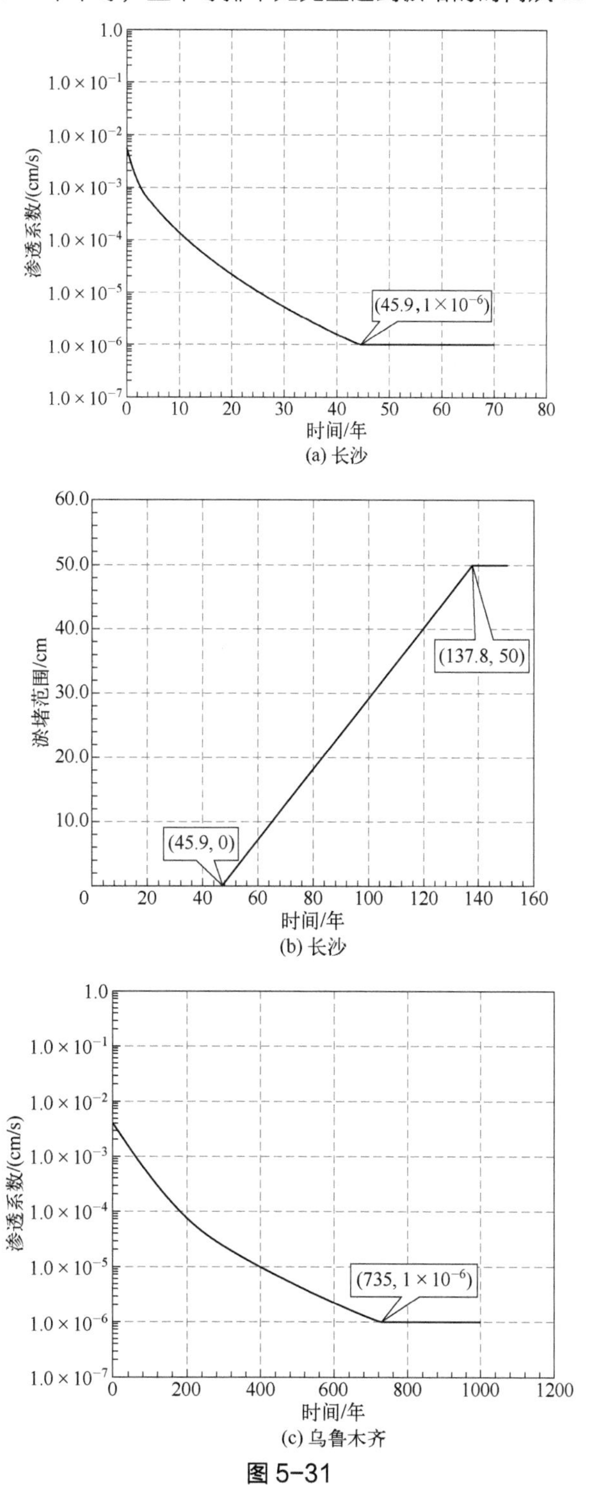

(a) 长沙

(b) 长沙

(c) 乌鲁木齐

图 5-31

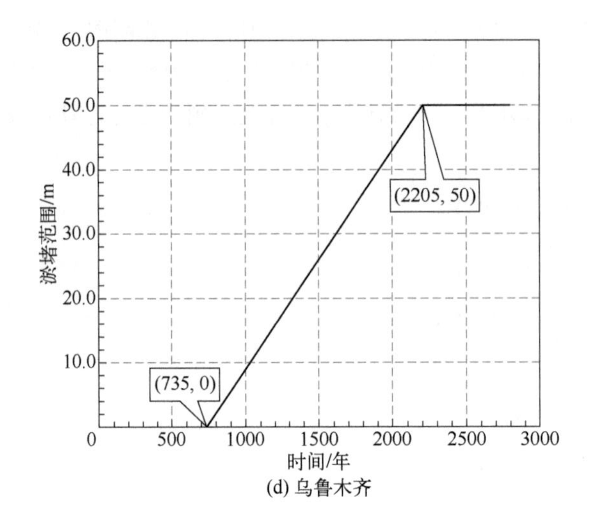

(d) 乌鲁木齐

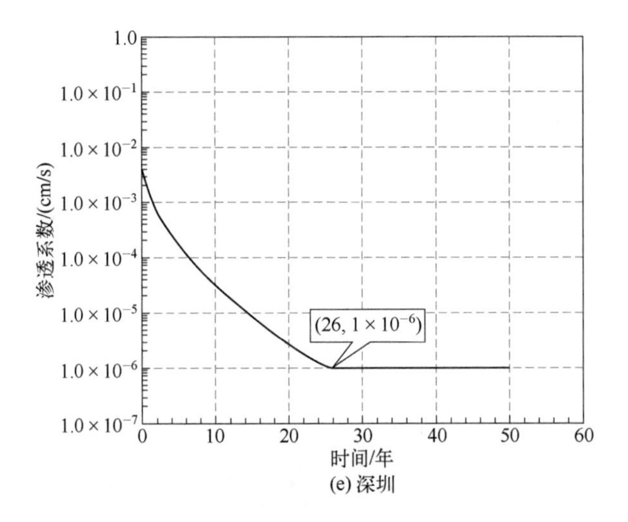

(e) 深圳

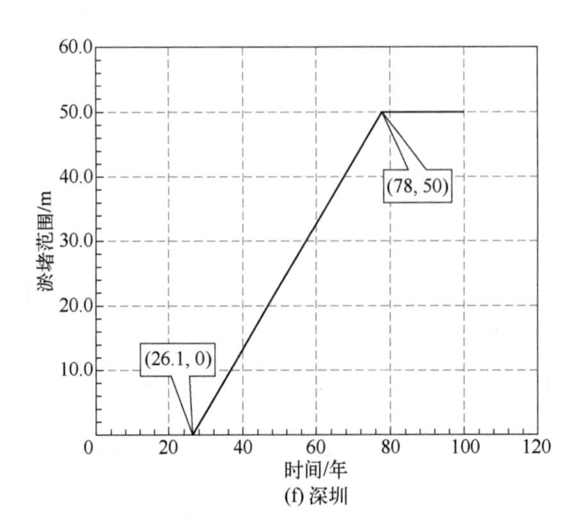

(f) 深圳

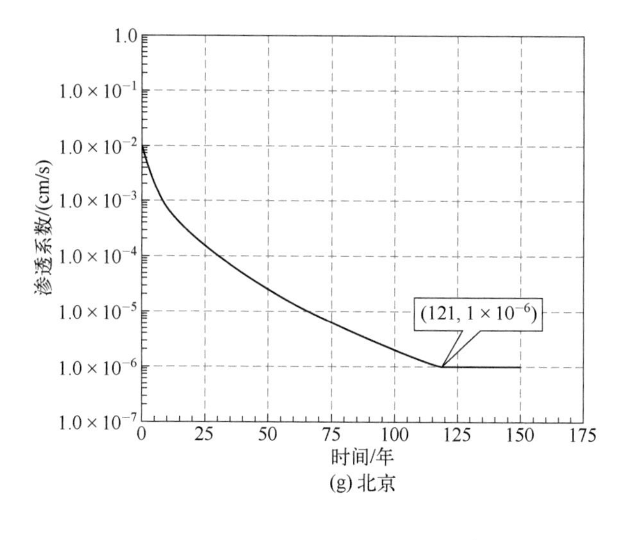

(g) 北京

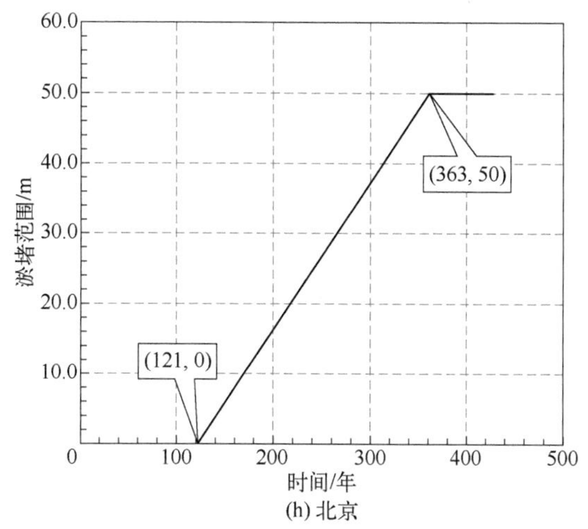

(h) 北京

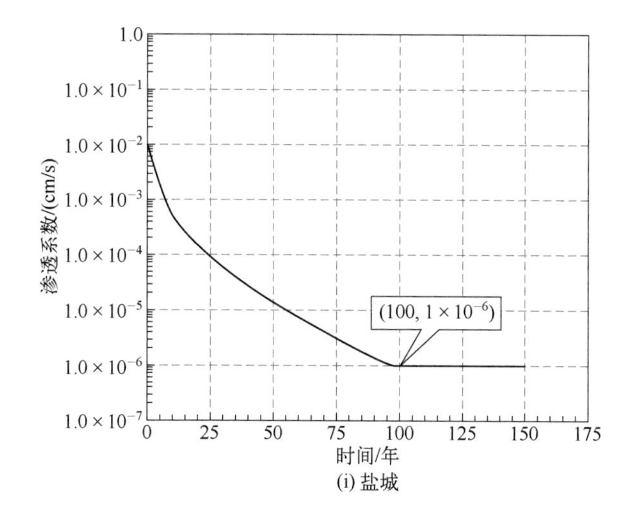

(i) 盐城

图 5-31

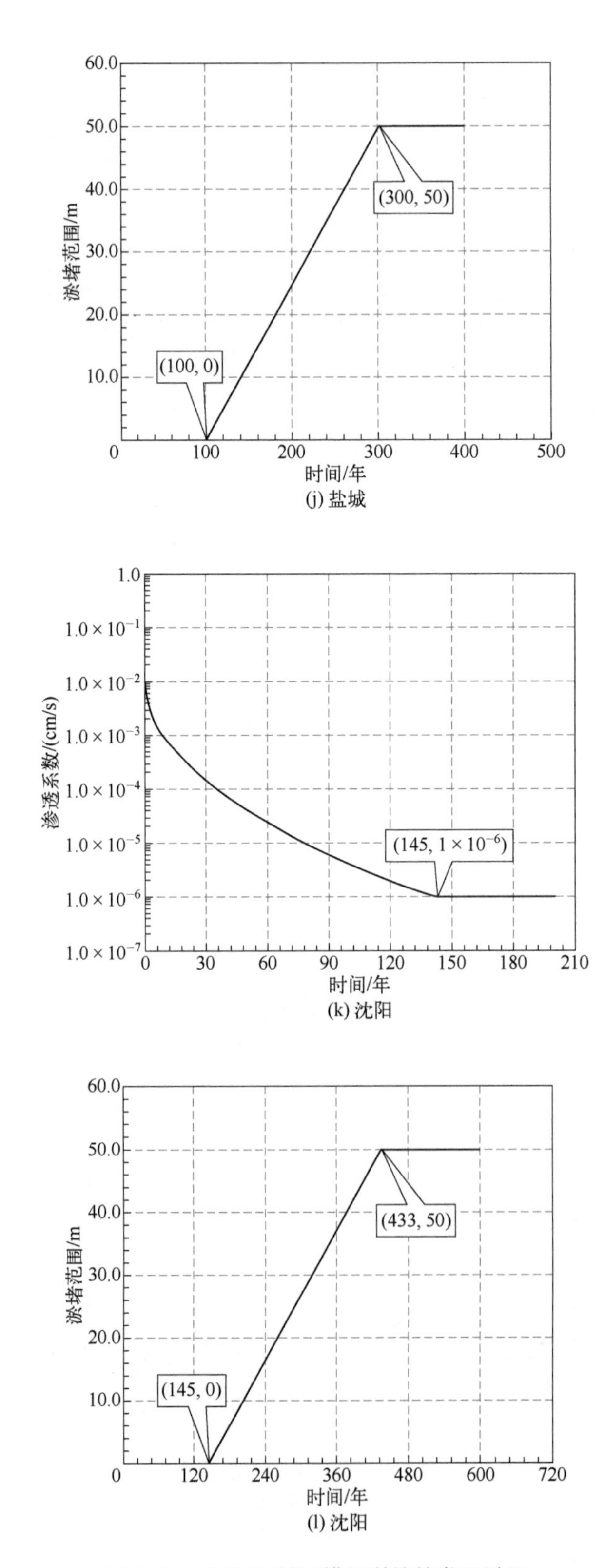

图 5-31　不同区域导排层淤堵的发展过程

以盐城为例，对淤堵发展的时空分布过程进行说明：淤堵物质几乎在模型预测的第 1 时刻就开始产生，由此导致渗透系数的降低。从图 5-31（i）、（j）中可知，盐城所处的气候和渗滤液产生条件下，导排管处的渗透系数以指数形式下降，在第 100 年后从初始时刻的设计渗透系数 1×10^{-2}cm/s 下降到 1×10^{-6}cm/s，相当于适度压实的粉壤土的渗透系数[25]。

需要说明，此时其他位置也在发生淤堵，只是淤堵发展过程较导排支管处慢。这是因为越靠近导排支管导排流量越大，负荷越大越容易发生淤堵。以最极端情况考虑，在无限接近导排支管处，导排介质的导排负荷是整个导排单元内总的渗滤液产生量；而在导排单元内距离导排支管最远的位置，导排介质的导排负荷仅仅是该部分介质上方垂直入渗的渗滤液量。

由于导排支管处的淤堵发展最为迅速，距离导排支管越远淤堵越慢，因此导排支管处最先达到淤堵最严重程度，随后淤堵最严重程度逐渐逆着水流方向延伸［见图 5-31（j）］，淤堵最严重的范围随时间以线性方式扩大，从第 99 年末“0”扩展到第 300 年的整个导排单元“100%”。

参考文献

[1] Drela I, Flaewica P, Kuezwsa S. New rapid test for evaluation of scale inhibitors[J]. Water Researeh. 1998, 32(10): 3188-3191.

[2] Fleming I R, Rowe R K. Laboratory studies of clogging of landfill leachate collection and drainage systems[J]. Canadian Geotechnical Journal, 2004, 41(1): 134-153.

[3] Rowe R K, Yu Y. Clogging of finger drain systems in MSW landfills[J]. Waste Management, 2012, 32(12): 2342-2352.

[4] 刘玉强．危险废物填埋场环境安全防护评价技术[M]．北京：化学工业出版社，2019.

[5] Tang Q, Gu F, Zhang Y, et al. Impact of biological clogging on the barrier performance of landfill liners[J]. Journal of Environmental Management, 2018, 222: 44-53.

[6] Liu Y, Sun W, Du B, et al. The physical clogging of the landfill leachate collection system in China: Based on filtration test and numerical modelling[J]. International Journal of Environmental Research & Public Health, 2018, 15(2): 318.

[7] Thuy V K , He K , Echigo S ,et al.Impact of biological clogging and pretreatments on the operation of soil aquifer treatments for wastewater reclamation[J].Water Cycle, 2022, 3:35-43.

[8] Brune M R, Ramke H G, Collins H, et al. Incrustations process in drainage systems of sanitary landfills. Proceeding of 3rd International Landfill Symposium. Cagliari, Italy. 1991: 999-1035.

[9] Reddi Lakshmi N. Particle transport in soils: review of significant processes in infrastructure System[J]. Journal of Infrastructure System. 1997, 3(2): 78-86.

[10] Paksy A, Powire W, Robinson J P, et al. A laboratory investigation of anaerobic microbial clogging in granular landfill drainage media[J]. Geotechnique, 1998, 48(3): 389-400.

[11] Lozecznik S, Sparling R, Oleszkiewicz J A, et al. Leachate treatment before injection into a bioreactor landfill: Clogging potential reduction and benefits of using methanogenesis[J]. Waste Manag, 2010, 30(11): 2030-2036.

[12] Palmeira E M, Remigio A F N, Ramos M L G, et al. A study on biological clogging of nonwoven geotextiles under leachate flow[J]. Geotextiles & Geomembranes, 2008, 26(3): 205-219.

[13] Cooke A J, Rowe R K, Rittmann B E, et al. Biofilm growth and mineral precipitation in synthetic leachate columns[J]. Journal of Geotechnical & Geoenvironmental Engineering, 2001, 127(10): 849-856.

[14] Vangulck J F, Rowe R K, Rittmann B E, et al. Predicting biogeochemical calcium precipitation in landfill leachate collection systems[J]. Biodegradation, 2003, 14(5): 331-346.

[15] 钱会，马致远．冰文地球化学[M]．北京:地质出版社，2005: 50-59.

[16] Plummar L N, Wigley T M L, Parkhurst D L. The kinetics of calcite dissolution in CO_2-water systems at 5-60℃ and 0.0-1.0 atm CO_2[J]. Am J Sci, 1978, 278: 179-216.

[17] Asperger R G .Rapid, high-temperature, field test method for evaluation of geothermal calcium carbonate scale inhibitors[J].Spe Production Engineering, 1986, 1(05): 359-362.
[18] 徐亚，董路，能昌信，等．危废填埋场导排层淤堵的时空分布特征[J]．中国环境科学．2016, 36(03): 849-855.
[19] 王莉莉，徐会文，赵大军，等．南极冰层取心钻探钻井液对雪层影响的模拟研究[J]．探矿工程（岩土钻掘工程）．2013, 40(12): 1-4.
[20] Vangulck J F, Rowe R K. Evolution of clog formation with time in columns permeated with synthetic landfill leachate[J]. Journal of Contaminant Hydrology, 2004, 75(1): 115-139.
[21] Mcisaac R, Rowe R K. Clogging of unsaturated gravel permeated with landfill leachate[J].Canadian Geotechnical Journal, 2008, 45(8): 1026-1039.
[22] 柯瀚，陈云敏．填埋场复合排水系统中最高水位深度的计算[J]．岩土工程学报．2008(02): 160-165.
[23] 柯瀚，沈磊，李育超．成层介质中填埋场渗滤液水位的瞬态求解[J]．岩土工程学报．2011, 33(08): 1204-1210.
[24] 陈小茜，曾斌，王春晖，等．基于颗粒流理论的层状非均质介质等效渗透系数研究[J]．水文地质工程地质．2018, 45(02): 7-12.
[25] Schroeder P R, Lloyd C M, Zappi P A, et al. The hydrologic evaluation of landfill performance(HELP)model[M]. Users guide for version 3. 1994.

第6章 固体废物填埋场整体性能模拟与寿命预测方法

△ 寿命预测指标及其失效阈值
△ 固体废物填埋场水分运移
△ 基于水量均衡的填埋场性能模拟
△ 固体废物填埋场性能长期演化

6.1 寿命预测指标及其失效阈值

本书 2.1 部分已经对固体废物填埋场的使用寿命进行了定义，明确了当固体废物填埋场阻隔性能下降，最终不能实现固体废物填埋场基本功能时即达到寿命。那么何种情况下即可认为固体废物填埋场已不具备固体废物填埋场基本功能？用什么指标来表征其基本功能？指标值达到多少时表明其丧失固体废物填埋场基本功能呢？

本章通过“固体废物填埋场寿命终止模式识别”“寿命终止指标确定”，以及“寿命终止指标阈值确定”三方面的讨论，回答上述三个问题。

6.1.1 固体废物填埋场寿命终止模式

寿命终止模式的识别需要结合其寿命定义进行。根据本书 2.1.3 部分给出的定义，固体废物填埋场寿命是指固体废物填埋场自建成开始，到因磨损、老化等自然原因不能有效使用（丧失其使用功能）时为止的一段期限。

首先从功能角度考虑，根据 2.1.2 部分分析，固体废物填埋场的功能是对固体废物及其有害组分的隔断，那么当其不能实现固体废物及其有害组分的隔断时，就意味着其寿命的终止。次级防渗系统是隔断固体废物与环境介质的最终屏障，因此固体废物填埋场的隔断能力可以采用单位时间内通过次级防渗层的渗漏量（或泄漏量），即渗漏速率来表征。当填埋场各个单元性能退化，导致次级防渗层上液位抬升、渗漏量增加，最终导致次级防渗层渗漏速率达到一定程度时，认为其寿命终止。因此，从填埋场功能与功能失效角度将“次级防渗层渗漏速率超过一定阈值”识别为固体废物填埋场寿命终止的第 1 种模式。

其次，某些条件下，可能存在固体废物填埋场阻隔性能尚存，但是其阻隔性能失效的概率显著增加，即风险增加的情况。美国在其 1984 年的《危险和固体废物修正案》中提出应关注主防渗层的渗漏速率。该法案认为，虽然主防渗层渗漏不会直接导致渗滤液进入环境土壤，但是主防渗层渗漏超过一定速率后会导致渗漏检测层的液体无法迅速排出，在漏洞位置充满渗漏检测层，并与渗滤液导排层相连接，导致作用于次级防渗层上的液位骤增，渗漏风险骤增。美国国家环境保护局（EPA）将该速率定义为快速大量渗漏速率（rapid and large leakage，RLL），认为主防渗层渗漏速率一旦超过该值就意味着填埋场发生了严重的系统部件失效，因此应当立即采取应急行动。加拿大环保署也有类似规定，要求将主防渗层渗漏速率作为填埋场运行状况的重要指标，一旦超过一定阈值必须采取行动计划。本书采用 Grioud 等介绍的渗漏速率计算公式，对主防渗层渗漏速率超过 RLL 和低于 RLL 时的次级防渗层渗漏速率进行了计算，计算结果见表 6-1。

表 6-1 主防渗层渗漏速率在阈值附近时的次级防渗层渗漏速率 单位：mL/d

<table>
<tr><th rowspan="3">漏洞半径</th><th rowspan="3">黏土渗透系数</th><th colspan="5">次级防渗层渗漏速率</th><th colspan="2" rowspan="2">超过 RLL 时的增大倍数</th></tr>
<tr><th rowspan="2">渗漏检测层液位等于 1/2 倍厚度</th><th colspan="2">低于 RLL</th><th colspan="2">超过 RLL</th></tr>
<tr><th>卵石</th><th>排水网</th><th>卵石</th><th>排水网</th><th>卵石</th><th>排水网</th></tr>
<tr><td rowspan="2">1mm</td><td>10^{-7}cm/s</td><td>2</td><td>79</td><td>3.7</td><td>290</td><td>234</td><td rowspan="2">3.7</td><td rowspan="2">63.1</td></tr>
<tr><td>10^{-6}cm/s</td><td>11</td><td>437</td><td>20</td><td>1634</td><td>1290</td></tr>
</table>

续表

<table>
<tr><th rowspan="3">漏洞半径</th><th rowspan="3">黏土渗透系数</th><th colspan="5">次级防渗层渗漏速率</th><th colspan="2" rowspan="2">超过 RLL 时的增大倍数</th></tr>
<tr><th rowspan="2">渗漏检测层液位等于 1/2 倍厚度</th><th colspan="2">低于 RLL</th><th colspan="2">超过 RLL</th></tr>
<tr><th>卵石</th><th>排水网</th><th>卵石</th><th>排水网</th><th>卵石</th><th>排水网</th></tr>
<tr><td rowspan="2">1cm</td><td>10^{-7}cm/s</td><td>3.2</td><td>126</td><td>6</td><td>471</td><td>370</td><td rowspan="4">3.7</td><td rowspan="4">63.1</td></tr>
<tr><td>10^{-6}cm/s</td><td>17</td><td>692</td><td>32</td><td>2589</td><td>2040</td></tr>
<tr><td rowspan="2">10cm</td><td>10^{-7}cm/s</td><td>5.0</td><td>200</td><td>9</td><td>746</td><td>590</td></tr>
<tr><td>10^{-6}cm/s</td><td>27.5</td><td>1097</td><td>51</td><td>4104</td><td>3241</td></tr>
</table>

注：低于 RLL 和超过 RLL 时，渗漏速率的显著差异主要由液位高度造成，因此分别假定渗漏检测层液位高度为渗漏检测层厚度，以及渗漏检测层厚度+渗滤液导排层厚度，即 1cm 和 30cm。

从表 6-1 中可以看出，对于采用 0.6cm 排水网作为导排介质的渗漏检测系统，当主防渗层渗漏速率超过 RLL 时，次级防渗层的渗漏速率会增加 63.1 倍；而采用 30cm 卵石作为导排介质的渗漏检测系统，当主防渗层渗漏速率超过 RLL 时次级防渗层的渗漏速率也会增加 3.7 倍。综合文献研究、模型计算和理论分析结果，主防渗层渗漏速率超过 RLL 确实会导致渗漏风险的激增。因此，从风险控制角度本书将“主防渗层渗漏速率超过 RLL”识别为固体废物填埋场寿命终止的第 2 种模式。

综上，固体废物填埋场寿命终止的 2 种模式分别为：

① 从功能性角度，次级防渗层的渗漏速率超过一定阈值，填埋场失去对危险废物及其有毒有害组分的“隔断”能力，以及对环境的安全防护能力；

② 从风险控制角度，主防渗层的渗漏速率超过渗漏检测层的导排能力，而导致次级防渗层渗漏风险激增。

6.1.2　寿命终止指标

寿命终止指标根据指标确定的基本原则以及固体废物填埋场功能及其寿命终止特征确定，通常而言，指标确定需遵循目的性、科学性、系统性、可度量和灵敏性几项基本原则[1]。根据上述基本原则，结合 2.2.1 部分固体废物填埋场的寿命终止模式识别结果：

① 从功能角度，次级防渗层（也即固体废物填埋场的最终防渗屏障）渗漏速率达到一定程度，失去其对危险废物的阻断能力，即认为其寿命终止；

② 从风险控制角度，主防渗层渗漏达到一定程度（导致渗漏检测层被渗滤液充满），导致次级防渗层渗漏可能产生数量级的增加，即认为寿命终止。

本书最终确定以“次级防渗系统的渗漏速率”和“主防渗系统的渗漏速率”作为寿命终止指标（或称寿命预测指标），分别对应“功能失效”和“风险难控”两种寿命终止模式。

上述两个寿命终止指标的确定，符合目的性、科学性、系统性、可度量和灵敏性原则。a. 从目的性角度，次级防渗层渗漏速率是固体废物填埋场功能的直接体现，直接指向其隔断功能失效与否，以及性能退化程度，目的性明确；b. 从系统性角度，两个寿命指标是对固体废物填埋场各功能单元以及各子系统性能的全面和系统体现，且能有效表征各因素相互作用条件下整体性能演变，系统性极强；c. 从可比性角度，两个指标均是定量指标，不仅可以对寿命进行表征，还可对长期性能、剩余性能进行表征，量化性强；d. 从灵敏性角度，上述两个指标均能对系统的老化进行灵敏的响应，灵敏反应整体性能的退化。

6.1.3 寿命终止指标阈值

6.1.3.1 次级防渗层渗漏速率的阈值

次级防渗层是填埋场防渗的最终屏障，是实现有毒有害组分隔断和安全防护的最终保障。那么渗漏量达到多少就意味着寿命终止呢？首先必须明确，阻断是相对的，而渗漏是绝对的。一方面，即使对于没有任何破损和缺陷的 HDPE 膜，水分和有毒有害组分也会以分子扩散的形式通过 HDPE 膜发生渗透；另一方面，研究表明几乎所有的防渗层 HDPE 膜都会在生产、加工、安装、运行中产生破损，即使经过严格的质量保证（quality assurance，QA）和质量控制（quality control，QC）措施，铺设完成后的 HDPE 膜上每公顷也会产生 1～2 个 1～2mm 的漏洞。国外学者由此认为，该漏洞产生条件下，低渗滤液水头作用下的渗漏速率是可以接受的渗漏速率。美国环保署（US EPA）[2]和加拿大环境署[3]均采用该假设作为填埋场运行和封场后可接受渗漏速率的计算依据。根据 Giroud 推导的通过防渗层漏洞的渗漏速率计算公式，在采用 HDPE 膜+黏土衬层的次级防渗层结构条件和 30cm 的低水头作用下，通过 2 个 1～2mm 漏洞的渗漏速率约为 10 加仑/（英亩·天），相当于 9.4L/（ha·d），或 0.34mm/a。本书采用该速率作为次级防渗层渗漏速率的失效阈值。

6.1.3.2 主防渗层渗漏速率的阈值

根据 2.2.1 部分固体废物填埋场寿命终止模式识别，当主防渗层渗漏速率增大，导致渗漏检测层的导排能力不足以将渗漏的渗滤液迅速导走，此时渗漏检测层的水位会迅速雍积，水位高度超过渗漏检测层的厚度，并与主防渗层上的饱和渗滤液水位连通，从而使得作用于次级防渗层上的饱和液位数以 10 倍地增加，导致次级防渗层的渗漏量骤增。

那么主防渗层的渗漏速率达到什么程度时意味着渗漏检测层被渗滤液充满呢？显然，渗漏检测层的液位高度是“主防渗层的渗漏”与“渗漏检测层的导排”相互作用的结果，当前者的渗漏速率大于后者的最大导排能力时渗漏检测层就会被液体充满。也即是说，主防渗层渗漏速率的阈值等于渗漏检测层的最大导排能力。

6.1.4 指标阈值计算方法

对于次级防渗层渗漏速率的阈值，采用 EPA 推荐的 HDPE 膜+黏土衬层的次级防渗层结构和低液位（30cm 及以下）条件下[3]，通过 2 个 1～2mm 漏洞的渗漏速率，也即 10 加仑/英亩/天，相当于 9.4L/（ha·d），或 0.34mm/a。

对于主防渗层渗漏速率的阈值，前文已经确定了采用渗漏检测层的最大导排能力值。那么关键是推导渗漏检测层的最大导排能力值的计算公式，下面介绍其推导过程。

渗滤液通过主防渗层漏洞渗漏后进入渗漏检测层的过程可以概化为如图 6-1 所示。

显然，当渗滤液渗漏收集系统的导排能力大于渗漏速率时，定义为渗漏收集系统可以快速将主防渗层渗漏的渗滤液收集并导排出去，降低次级防渗系统上的水位，使其水位高度小于渗漏收集系统的厚度，此时次级导排系统中的最高液位 t_0 满足：

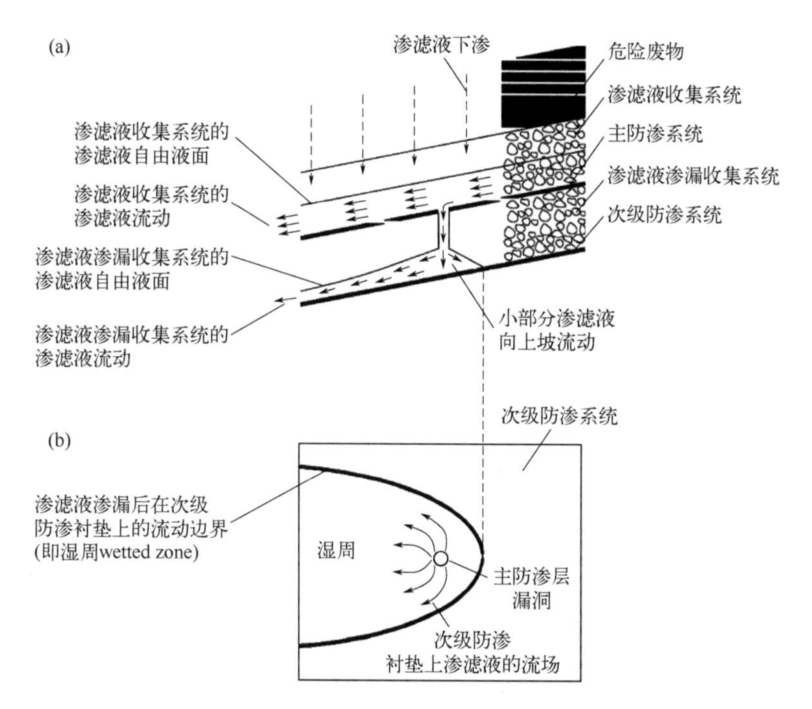

图 6-1　主防渗层渗漏时渗漏检测系统的流量剖面（渗滤液厚度 < 渗漏检测层厚度）

$$t_0 \leqslant t_{\mathrm{LCL}} \tag{6-1}$$

式中　t_0——渗滤液渗漏收集层内渗滤液的最大水位高度，通常出现在主防渗层漏洞下方，亦即渗滤液渗漏收集层内渗滤液自由液面的顶点处，m；

t_{LCL}——渗漏收集层的厚度。

在渗漏收集层未完全被渗滤液充满的情况下（即主防渗层渗漏速率低于渗漏收集层导排能力时），通过主防渗层渗漏且与图 6-2（a）中水平面垂直的竖向流量剖面可以近似看作一个等边三角形［如图 6-2（b）所示］，其面积为：

$$S = D_0^2 / \tan\beta \tag{6-2}$$

式中　D_0——主防渗层漏洞下方渗漏收集层中渗滤液深度（即自由液面顶点处），m；

β——渗漏收集层的坡度角，同时也假定等于自由水面的锥角，(°)。

式（6-2）中渗滤液深度 D_0 是竖向深度，而渗滤液厚度 t_0 则是指垂直于防渗层方向的厚度。通常而言，衬垫顶部的渗滤液压头 h、渗滤液深度 D 和渗滤液厚度 t 之间存在以下关系：

$$h = t\cos\beta = D\cos^2\beta \tag{6-3}$$

因此，在自由液面顶点处，次级防渗层顶部的渗滤液水头 h_0、渗滤液厚度 t_0 和渗滤液深度 D_0 之间的关系可以表示如下：

$$h_0 = t_0\cos\beta = D_0\cos^2\beta \tag{6-4}$$

与渗漏收集层中水流方向垂直的剖面，其截面面积 S_{F} 是 S 的投影，因此有：

$$S_{\mathrm{F}} = S\cos\beta \tag{6-5}$$

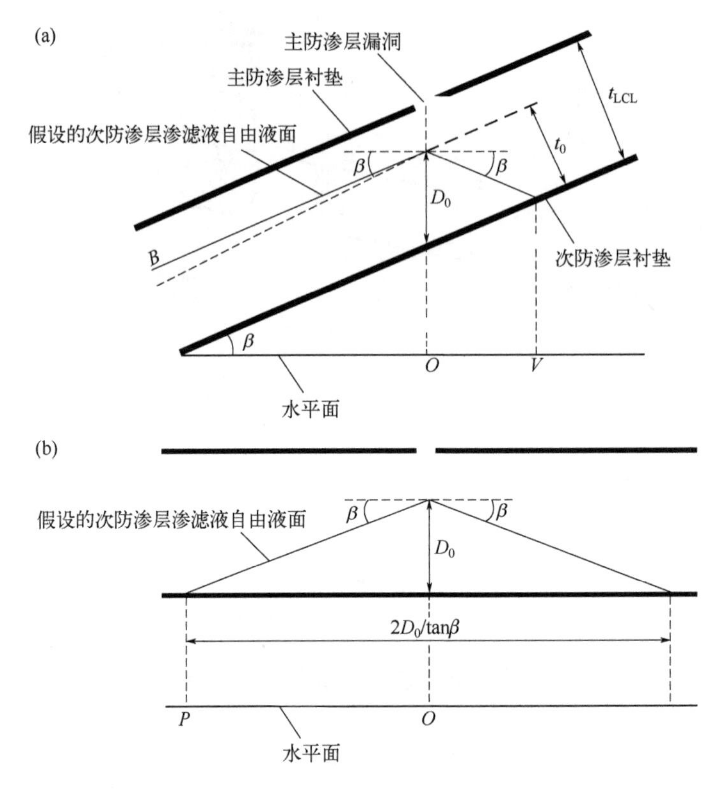

图 6-2　主防渗层渗漏（通过漏洞）条件下渗漏检测层的流量断面形态

将式（6-2）、式（6-4）和式（6-5）合并，可得：

$$S_F = t_0^2 / \sin\beta \tag{6-6}$$

根据达西渗流定律，多孔介质中的水流流量 Q 可以用式（6-7）表述：

$$Q = kiS_F \tag{6-7}$$

式中　Q——渗漏收集层中渗滤液的水平导排流量，由于该流量是由主防渗层的漏洞造成，因此根据流量守恒定律，该流量等于渗滤液通过主防渗层漏洞的渗漏速率；

i——渗漏收集层的水力梯度。

在渗漏收集层导排流量较小时，渗漏收集层中的渗滤液自由液面坡度通常可近似等于防渗层坡度 β。因此，水力梯度 i 实际上近似等于对于水流平行于斜坡时的水力坡度（如图 6-1 所示），即有：

$$i = \sin\beta \tag{6-8}$$

将式（6-6）～式（6-8）合并，即可得到：

$$Q = kt_0^2 \tag{6-9}$$

当 t_0 取 t_{LCL} 时，对应的渗漏检测水平导排流量 Q 即为渗漏检测层的最大导排能力，也即主防渗层渗漏速率的阈值 RLL。

6.2　固体废物填埋场水分运移

图 6-3 是固体废物填埋场各单元内的水文过程概化。图 6-3 中，①～⑧表示固体废物填埋场单元组成；粗的箭头表示水文过程，其中水平箭头表示一维水平运移，竖向箭头表示一维垂向运移，其他方向箭头表示剖面二维的水流迁移（主要位于各导排系统中）。

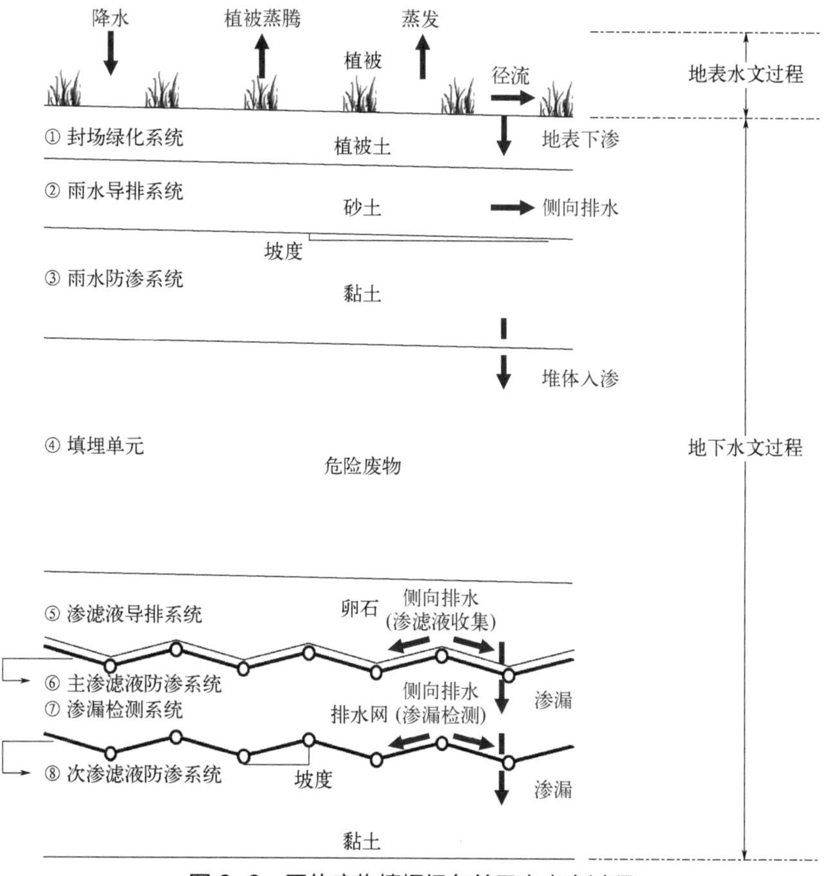

图 6-3　固体废物填埋场各单元内水文过程

以地面为界，地面以上为地表水文过程，主要包括降水（降雨、融雪、冰冻）、蒸发、植被蒸腾、径流；地面以下为地下水文过程，包含多孔介质的垂向渗透（黏土衬垫以及危险废物堆体）、HDPE 膜渗漏（通过漏洞的渗漏，和通过完整土工膜的分子渗透）、侧向排水（雨水导排系统、渗滤液导排系统和渗漏检测系统），总计 2 大类（地表水文过程和地下水水文过程）、10 种、19 个水文过程（见表 6-2）。

如图 6-3 所示，填埋场的水文演进过程自降水开始，从上至下逐步演进。

① 首先是大气降水（以降雨或降雪的形式）到达地面，另一部分化作地表径流，另一部分下渗进入地面，进入地面以下的水量称为地表入渗量。

② 入渗到地表以下的水，一部分在土壤蒸发和植被蒸腾作用下向上运动，一部分贮存

表 6-2　固体废物填埋场内不同单元的水文过程、影响因素及其预测模型

编号	水文过程			涉及单元	影响因素	机理模型
1	地表水文过程	降水	降雨	—	区域气象条件	WGEN 模型[4-7]
2	地表水文过程	降水	融雪	—	区域气象条件	能量平衡方程[8-10]
3	地表水文过程	降水	冰冻	—	区域气象条件	能量平衡方程[11, 12]
4	地表水文过程	径流		封场绿化系统	地形坡度、坡长、植被类型、土壤类型、土壤干湿状况	SCS 曲线数[13-15]
5	地表水文过程	土壤蒸发		封场绿化系统	地形坡度、坡长、植被类型、土壤类型、土壤干湿状况	Penman 方程[16-18]、Ritchie 方程[19, 20]
6	地表水文过程	植被蒸腾		封场绿化系统	地形坡度、坡长、植被类型、土壤类型、土壤干湿状况	Ritchie 方程[21, 22]
7	地下水文过程	垂向渗透		黏土（雨水防渗系统）	黏土渗透系数	达西定律[23-25]
8	地下水文过程	垂向渗透		危险废物堆体	废物渗透系数	达西定律[23-25]
9	地下水文过程	垂向渗透		黏土（主防渗系统）	黏土渗透系数	达西定律[23-25]
10	地下水文过程	垂向渗透		黏土（次防渗系统）	黏土渗透系数	达西定律[23-25]
11	地下水文过程	渗漏	分子扩散	HDPE 膜（雨水防渗系统）	土工膜渗透率、饱和液位	Fick 定律[26]
12	地下水文过程	渗漏	分子扩散	HDPE 膜（主防渗系统）	土工膜渗透率、饱和液位	Fick 定律[26]
13	地下水文过程	渗漏	分子扩散	HDPE 膜（次防渗系统）	土工膜渗透率、饱和液位	Fick 定律[26]
14	地下水文过程	渗漏	漏洞渗漏	漏洞（雨水防渗系统）	漏洞大小、膜下介质渗透系数、膜下介质接触情况	Giroud 提出的经验公式[27-29]
15	地下水文过程	渗漏	漏洞渗漏	漏洞（主防渗系统）	漏洞大小、膜下介质渗透系数、膜下介质接触情况	Giroud 提出的经验公式[27-29]
16	地下水文过程	渗漏	漏洞渗漏	漏洞（次防渗系统）	漏洞大小、膜下介质渗透系数、膜下介质接触情况	Giroud 提出的经验公式[27-29]
17	地下水文过程	侧向排水		雨水导排系统	导排途径长度、导排介质渗透系数、坡度	达西定律、Boussinesq 方程[30, 31]
18	地下水文过程	侧向排水		渗滤液导排系统	导排途径长度、导排介质渗透系数、坡度	达西定律、Boussinesq 方程[30, 31]
19	地下水文过程	侧向排水		渗漏检测系统	导排途径长度、导排介质渗透系数、坡度	达西定律、Boussinesq 方程[30, 31]

于土壤中，剩余部分则继续下渗，到达填埋场雨水防渗系统。

③ 到达雨水防渗系统上方的水，由于防渗层的隔水作用，大部分水会在雨水防渗层上方的雨水导排颗粒内累积，达到饱和状态后向侧向运动；极小一部分水穿过雨水防渗层进入堆体内部。这部分水下渗称为堆体入渗量，主要通过两种形式：一种是通过雨水防渗层上方的漏洞渗漏；另一种是以分子扩散的形式通过防渗层向下渗透，这部分渗透水水量极少，其渗透过程服从 Fick 扩散定律。

④ 入渗进入填埋堆体的水，在流经危险废物过程中，与危险废物中的各种组分结合形成渗滤液，并继续下渗，直至到达渗滤液主防渗系统。同样，由于渗滤液防渗系统的隔水作用，大部分渗滤液会在渗滤液主防渗层上方的渗滤液导排颗粒内累积，达到饱和状态后发生侧向排水，经导排管道收集后排出填埋堆体；极小一部分渗滤液以分子扩散（透过完整土工膜）和渗漏（通过漏洞）的形式进入渗漏检测层。

⑤ 进入渗漏检测层的渗滤液，同样首先在重力作用下发生竖向的非饱和下渗，直至到达次级防渗系统界面，大部分渗漏的渗滤液经不断累积达到饱和状态后发生侧向排水，经渗漏检测和收集系统的管道收集后排出填埋堆体；极小一部分渗漏的渗滤液以分子扩散（透过完整土工膜）和渗漏（通过漏洞）的形式进入环境土壤中。

6.3　基于水量均衡的填埋场性能模拟

如上文所述，从大气降水、雨水下渗到堆体入渗、渗滤液产生和渗漏一共需要经历 19 个地表/地下水水文过程（如表 6-2 所列），涉及 10 种类型的水文运动。对上述过程的准确模拟，不仅涉及填埋场工程设计优化，还涉及渗滤液处理规模估算、地下水污染风险评估等内容，因此引起诸多学者重视，并开展了广泛的研究。

6.3.1　常用水分运移与性能评估模型介绍

总的来说，目前对填埋场内水分运移过程模拟预测的方法可以概括成两类（见表 6-3）。

表 6-3　常见填埋场水文过程模拟模型比较

模型	模拟对象	维数	模型类型①	稳定	功能
Straub 等模型	填埋堆体	1 维	非饱和流	非稳定	堆体内水分分布、渗滤液产生速率
HELP 模型	降水、地表过程、填埋堆体、功能单元	准 2 维	水均衡	准稳定	降雨、渗滤液产生和渗漏的全过程模拟，以及各单元水分平衡
FILL 模型	填埋堆体、地表过程	2 维	饱和流，非饱和流	非稳定	入渗、渗滤液产生和渗漏的模拟
改进的 SUTRA 模型	填埋堆体	2 维	饱和-非饱和流	非稳定	填埋场内水分分布、渗滤液产生速率
王洪涛等模型	填埋堆体	3 维	饱和-非饱和流	非稳定	填埋场内水分分布、渗滤液产生速率
Landsim 模型	填埋堆体、各功能单元、包气带、含水层	准 2 维	水均衡	稳定	渗滤液产生速率和渗漏模拟、渗漏后包气带和地下水的迁移转化模拟
LAST 模型	填埋堆体、各功能单元	准 2 维	水均衡	非稳定	渗滤液产生和渗漏模拟

①“饱和流，非饱和流”是假设各单元的饱和/非饱和状态是固定的，并分别用不同的模型模拟；“饱和-非饱和流”是假设模拟单元内的饱和/非饱和状态是动态变化的，根据模拟的结果动态确定。

（1）集总式参数模型

其基本原理是水量均衡原理。最具代表性的模型是 Schroeder 等开发的填埋场水文特性评估模型（hydrologic evaluation of landfill performance，HELP）模型[32, 33]，该模型将填埋堆体视为由若干个均衡单元组成的系统，忽略各个均衡单元内部参数不均质性和各向异性的影响，仅考虑降雨和含水层等补给来源的系统输入/补给水量、蒸发和下渗等系统输出/排泄水量以及各个均衡单元内部的水量交换关系。

该模型缺点是作为集总式参数模型，不能描述含水率在各个均衡单元内部的时空分布；优点是减少了模型的计算量，从而可以考虑更多的模拟单元（如地表水文过程、雨水防渗/导排单元、渗滤液防渗/导排单元等），实现危险废物填埋场系统渗滤液产生、贮存、导排和渗漏的全过程模拟。

（2）分布式参数模型

其理论基础是描述多孔介质水分运移的基本微分方程。代表性的成果包括：美国地质调查局开发的饱和-非饱和水运动和溶质迁移模型（saturated and un-saturated flow and transport，SUTRA）[34, 35]；Korfiatis 等提出的垂向一维非饱和数值模拟模型[36]；Khanbivardi 等提出的垂向一维非稳定饱和-非饱和渗滤液运移模型[37]（flow investigation for landfill leachate, FILL）；国内学者王洪涛等提出的填埋场水分三维非饱和运移数值模拟模型等[38, 39]。

该模型优点不言而喻，可以实现堆体内部含水率和水位的时空三维精细刻画；缺点则是只能针对填埋堆体，难以刻画水分在各功能单元的运移和分布。

6.3.2 HELP 模型介绍

填埋场水文特性评估模型（HELP）是一个准二维的，用于模拟水分在堆体外部及内部运动，包括流经、进入、穿过和流出堆体的全过程的水文模型。该模型可识别气候、土壤和填埋场设计数据，同时其求解方法综合考虑表面储水、冰雪融水、径流、入渗、植被生长、蒸发蒸腾、土壤水分含量、地下侧向排水、渗滤液回灌、非饱和竖向排水，以及通过黏土、土工膜和复合衬垫的渗漏等要素对填埋场水文过程的影响。填埋堆体作为一个系统，包含植被、覆盖层土壤、垃圾单元、侧向排水层、黏土屏障层和人工土工膜衬垫，这些都可能需要在模型中予以考虑。本模型设计的目的就是对填埋堆体、覆盖层系统以及固体废物处置设备进行水量均衡分析。因此，该模型有利于快速地评价和计算径流量、蒸发蒸腾量、排水量、渗滤液收集量和衬垫渗漏量。尤其是衬垫渗漏量，基于各种不同设计思路的填埋场，都可能由不合理的运行管理导致衬垫渗漏产生。本模型主要是希望通过评价不同填埋场的水量均衡过程，来协助比较不同填埋场设计的优劣好坏。适用于运行、部分封场以及完全封场的填埋场地，为填埋场的设计者和主管部门提供了一个很好的决策工具。

HELP 模型参考并利用了很多在其他相关文献中报告过，或在其他水文模型中使用过的、早期一些学者开发的水文过程描述方法。例如所选的人工气象发生器参考了美国农业部农业研究所的 WGEN 模型[40]；HELP 中的径流模型是基于美国农业部（USDA）和水土保持研究所在美国国家工程手册第四节中提出的 SCS 曲线数方法[41]；土壤潜在蒸腾量的计算是基于 Penman 方法[42]的改进；土壤蒸发量的计算是参考 Ritchie[43]提出的，并在很多 ARS 模型［包括农业流域水资源模拟模型[44]（SWRRB）以及农田管理系统化学品径流和腐蚀模型（CREAMS）[45]］中用到方法；植被蒸腾是根据 Ritchie[43]在 SWRRB 和 CREAMS 模型中所用方法计算的；植物生长模型是从 SWRRB 模型中提取的；截流、冰雪和表水的蒸发计算是基于能量平衡原理，截流是根据 Horton[46]提出的方法模拟的，融雪模型是基于美国国家气象局河流预报网（National Weather Service River Forecast System，NWSRFS）积雪和融雪 SNOW-17 程序模型[47]；冻土子模型是基于 CREAMS 模型[48]中用到的一个程序；竖向排水是基于达西定律，利用 Campbell 非饱和水力传导系数方程和 Brooks-Corey 水分特性曲线完成的；饱和侧向排水是在 Dupuit-Forchheimner 假设[49]基础上，将其近似为稳定流的 Boussinesq 方程，从而用解析方程求解的；渗滤液通过土工膜的渗漏量是基于 Giroud[27-29]等提出的一系列方程。以上这些模块是根据一定的顺序耦合在一起的，从地表的地表水均衡开始，然后是土壤剖面的蒸发、蒸腾量计算，以及最后的导排和渗滤液运移计算。其中导排和渗滤液运移的计算，是从表面的降水入渗开始，向下穿过垃圾剖面至堆体底部。在整个模型模拟时段内，每天都会重复上述的求解程序以评价堆体内部渗滤液的水文特性。

6.3.3　ERAMLL 模型介绍

危险废物填埋场渗漏环境风险评价分析系统（ERAMLL）是渗滤液产生模型、渗漏模型、导排淤堵模型、污染物组分在包气带和含水层中迁移转化模型的综合分析系统。该系统可对危险废物填埋场设计方、建设方、监理方和运营方的各种数据进行综合分析，其求解方法综合考虑地表降水和径流，地表入渗水的堆体渗漏和导排、堆体淋溶，渗滤液通过黏土、土工膜和复合衬垫的渗漏，以及渗滤液渗漏后污染组分在包气带和地下水中的迁移转化等地表地下水流和溶质运移过程。该系统能够对危险废物填埋场进行快速评价和分析。由于填埋场设计、建设、运行和管理水平的差异，不同填埋场不仅在防渗系统结构上存在差异，其漏洞产生数量、大小和形状更是千差万别；此外，各地在不同的水文气象、填埋场结构特征、废物种类、防渗层损伤特征以及水文地质条件下，渗滤液的产生量、渗漏以及地下水污染情况不尽相同，而该模型对各种因素综合分析，充分考虑到各种参数的耦合作用，对危险废物填埋场进行科学的风险评价。同时，该系统能够对其中单一因素改变引起的整个填埋场风险进行评价，为填埋场的设计者和主管部门提供了一个很好的决策工具。

ERAMLL 参考并利用了很多在其他相关文献中报告过或在其他水文和地下水模型中使用过的经典方法。例如地表水计算的 SCS 曲线数方法参考了美国国家工程手册[13]；渗滤液侧向导排及饱和水位计算是在 Dupuit-Forchheimner 假设[21]基础上，将其近似为稳定流的 Boussinesq 方程，从而用解析方程求解的；渗滤液通过土工膜的渗漏量是基于 Giroud[27-29]等提出的一系列方程；渗滤液中污染物在地下水含水层中的迁移转化过程，是采用了溶质三维迁移的 Leij 解进行求解的；漏洞分析模型是参照中国环境科学研究院多年来对生活垃圾填埋场以及危险废物填埋场漏洞调查分析结果。以上各个模块根据一定的顺序耦合在一起，从地表降雨-径流开始，到堆体入渗量计算、渗滤液导排和渗漏计算以及渗滤液中污染物在包气带和含水层中迁移转化的计算。同时，为了考虑参数不确定性对评估结果的影响，本系统还耦合了 Monte Carlo 算法，并集成了缺陷密度、缺陷大小、包气带厚度和渗透系数、含水层厚度和渗透系数等参数数据库。

ERAMLL的第1版本是中国环境科学研究院固体废物污染控制技术研究所为中国生态环境部开发的。其目的是满足生态环境部发布的“关于发布《一般工业固体废物贮存、处置场污染控制标准》（GB 18599—2001）等 3 项国家污染物控制标准修改单的公告”中，提出的危险废物填埋场安全防护距离计算的要求，希望借助该系统评价不同危险废物填埋场设计、建设、运行条件，以及水文气象、水文地质条件下渗滤液渗漏的环境风险特征，为其环境安全防护距离的计算提供依据。

ERAMLL 的构建是为了帮助危险废物填埋场的设计者和管理者评价筹划中的危险废物填埋场渗漏的环境风险特性。该系统集成危险废物填埋场设计数据、建设及监理数据，同时其求解方法综合考虑了地表降水和径流，地表入渗水的堆体渗漏和导排、堆体淋溶，渗滤液通过黏土、土工膜和复合衬垫的渗漏，以及渗滤液渗漏后污染组分在包气带和地下水中的迁移转化等地表地下水流和溶质运移过程。模型参数的输入支持单值和概率分布两种形式，对确定性的参数可以采用单值输入；对于不确定性参数可以根据其经验分布输入其概率参数。系统的输出考虑了参数不确定性的影响，因此不仅能输出指定时间、指定位置处含水层中污染物浓度的累计概率分布，还能输出指定时间、指定置信区间条件下污染物浓度的空间分布，以及指定位置、指定置信区间条件下污染物浓度的时间变化过程。

6.3.4 不同模型优缺点对比分析

不同填埋场水文过程模拟模型功能及其优缺点的详细对比见表 6-3。

从表 6-3 中可知，不同类型模型各擅胜场，优缺点对比明显。分布参数式模型可以提供填埋堆体内部水分的时空三维精细模拟，但由于其模型基础是基于多孔介质渗流原理，因此不能模拟非多孔介质渗流过程，包括地表水文过程、水分/渗滤液穿过土工膜及其漏洞和在土工排水网内的运动；另外，由于求解方法是基于数值解方法，计算量较大，当模拟单元较多时对计算机性能要求较高。

基于水均衡原理的模型对填埋堆体内部水分三维空间分布的精细刻画能力较弱，但可以实现水分/渗滤液在各个单元内部及之间，乃至地表和填埋场之间以及填埋场和地基之间的迁移和分布模拟。考虑到填埋场长期性能预测及其寿命评估更为关注渗滤液产生量和渗漏量，及其在各个功能单元内的长期变化，而对其在堆体内部的空间精细分布预测要求较低，因此，基于水量均衡原理的模型更适宜于填埋场整体性能长期演化及寿命预测需求。

进一步对比分析不同的水均衡模型（HELP、Landsim[50,51]和 LAST[52]），Landsim 和 LAST 模型只能实现最多 2 层导排层、1 层防渗层的水分运移和分布模拟，同时不能对降雨过程和降雨后的径流-入渗过程进行模拟和预测。对于多层防渗系统，通过等效渗透系数方法将其处理成单层防渗系统，因而不能分别刻画 HWL 各个衬层中的渗滤液迁移和渗漏。反之，HELP 能够实现对多层防渗和导排系统的模拟，同时通过耦合人工气象数据生成器、SCS

曲线数方法等模块，可以有效实现从降水到渗滤液产生，渗滤液在不同功能单元的迁移分布，直至最后渗漏的全过程模拟。

6.4 固体废物填埋场性能长期演化

6.4.1 长期性能演化预测框架

如前文所述，HELP 模型可以对填埋场现状性能或称稳态性能（未考虑老化条件下的设计性能）进行预测，输出设计条件下的主防渗层渗漏速率和次防渗层渗漏速率。如需利用 HELP 模型对填埋场长期性能进行预测，则需要引入描述 HDPE 膜以及导排介质性能参数变化的模型（简称老化模型），通过两者的耦合实现长期性能的预测。具体的耦合过程见图 6-4。

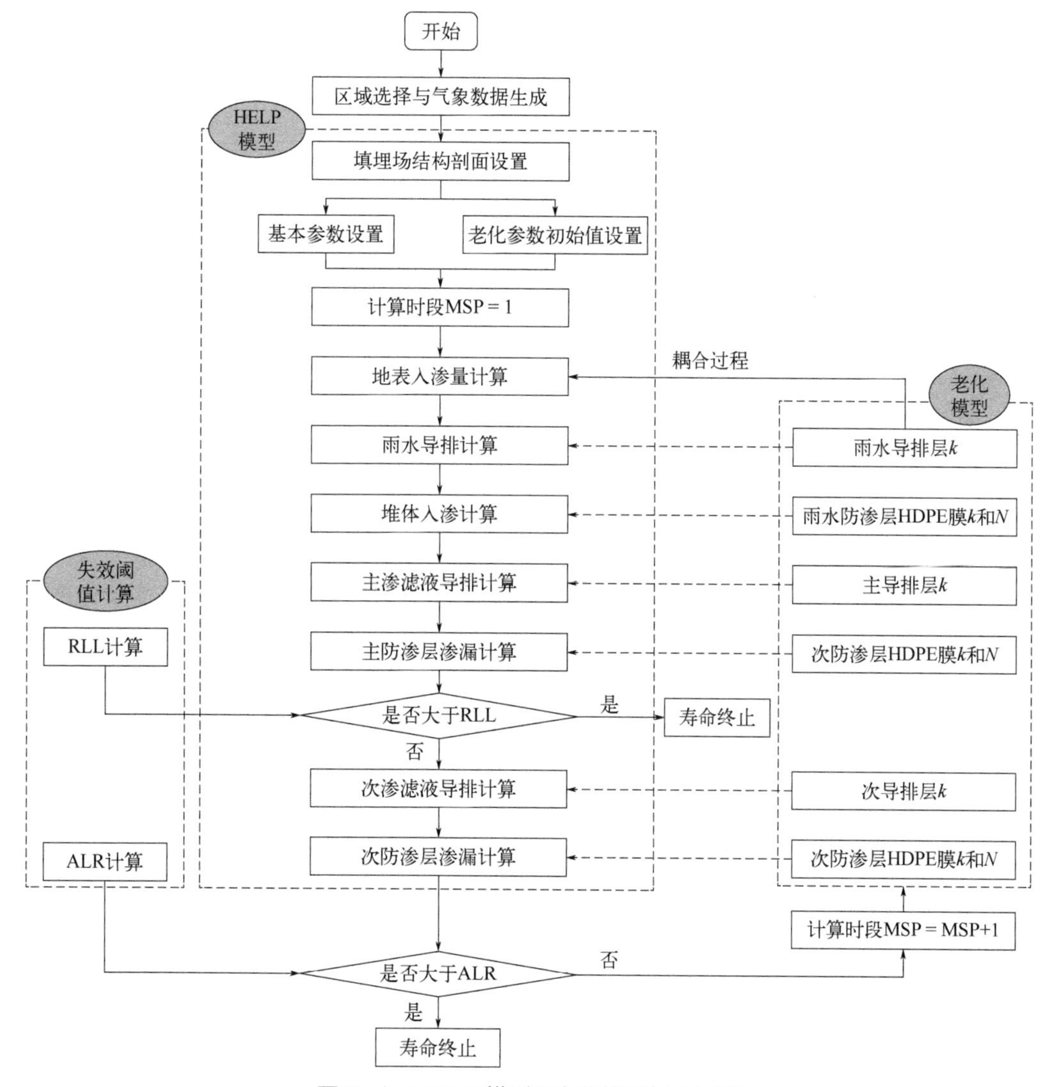

图 6-4 HELP 模型和老化模型耦合过程

① 在预测时段内对时间进行离散，分割成 n 个时间步长 Δt（通常以年为单位），得到不同时间节点 t_1、t_2、t_3、…、t_n。

② 从 t_2 时刻开始，在每一个时间节点 t_2、t_3、…、t_n，对填埋场水文过程评估模型（HELP）和老化模型进行中间数据的交换，相互传递数据。计算顺序是老化模型先计算得到第 i 个时间节点的老化参数，如雨水导排系统、渗滤液导排系统以及渗漏检测系统的渗透系数，k_{t_i}，以及防渗层 HDPE 膜的漏洞数量 N_{t_i}、渗透系数 k_{mt_i}；然后运行 HELP 模型，计算 t_i 时间节点的寿命预测变量值（主防渗层渗漏速率和次级防渗层渗漏速率）。

③ 将 HELP 模型预测得到的第 i 个时间节点的寿命预测变量与其对应的寿命终止阈值比较，若大于阈值则计算终止；否则重新运行老化模型，计算 t_{i+1} 时刻的老化参数，如此循环进行，直至寿命预测变量值大于其指标阈值，寿命终止为止。

关键是如何计算寿命终止阈值，并对老化条件下任意时间节点 t_i 的性能参数（导排介质的渗透系数以及 HDPE 膜的渗透系数和漏洞数量）进行计算。

6.4.2 Landsim 模型介绍

Landsim 模型是由 Golder Associates 开发的填埋场风险评价软件[50]，目前已在英国和威尔士等国的环境管理实践中得到广泛应用。在 Landsim 模型中，渗滤液的渗漏风险定义为地下水被污染的程度及其对应的概率分布，并以目标观测井中污染组分浓度表征地下水污染程度。为计算浓度的概率分布，Landsim 模型集成了一个确定性模块和一个不确定性模块，确定性模块用于刻画渗滤液及其组分产生、泄漏，以及在包气带和地下水中迁移、扩散、吸附解析的物理过程；不确定性模块即 Monte Carlo 模块用来生成确定性模块所需的输入参数，可根据参数类型和特性灵活定义其概率分布函数。Monte Carlo 方法能实现对地质环境、填埋场防渗系统和导排系统性能等相关参数不确定性的定量描述，以反映其对最终风险的影响。

Landsim 模型风险评估分两个阶段进行：在第一阶段，排水系统将渗滤液头保持在允许的最大值以下的能力，在此阶段不会预测污染物浓度；在第二阶段，预测垃圾填埋场对地下水水质的影响。在该模型中，在站点的管理控制结束之前，将渗滤液头固定一段时间（通常在最大允许水平），一旦管理控制结束，渗滤液头就是根据填埋场底部渗透到土壤中的渗透和渗漏的平衡计算出来的。该模型考虑了某些类型的填埋场封场后防渗介质的退化。

LandSim 模型可以通过三种方式之一运行：

① 计算最大水头。这要求输入渗透、几何和排水细节，并仅计算和报告最大水头，渗漏、流量和浓度不会被计算或报告。该选项用于调查排水系统是否可以将渗滤液水平维持在允许的最大值以下。

② 计算液压。这将是一次短暂的运行，包括停止管理控制和工程退化。仅计算液压结果。包含此选项是因为它比“完整计算”运行得快得多。

③ 完整的计算。这是一个短暂的运行，包括停止管理控制和工程退化，计算并获得所有结果。

参考文献

[1] 黄德所，李琴，李俊，等．装备维修性定性评价指标体系构建研究[J]．工程设计学报，2015,22(02):101-105.

[2] Requirements for hazardous waste landfill design,construction, and closure[R]. Cincinnati, OH: Center for Environmental Research Information，Office of Research and development，U.S. Environmental Protectin Agency, 1989.

[3] AWAD I. Action leakage rate guideline[R].Industrial Waste And Wastewater Branch Air And Water Approvals Division, Alberta Environmental Protection, 1996.

[4] Culley S, Bennett B, Westra S, et al. Generating realistic perturbed hydrometeorological time series to inform scenario-neutral climate impact assessments[J].Journal of Hydrology, 2019, 576: 111-122.

[5] Guo D, Westra S, Maier H R. An inverse approach to perturb historical rainfall data for scenario-neutral climate impact studies[J]. Journal of Hydrology, 2018, 556: 877-890.

[6] Soltani A, Latifi N, Nasiri M. Evaluation of WGEN for generating long term weather data for crop simulations[J]. Agricultural and Forest Meteorology, 2000, 102(1): 1-12.

[7] 李春．干旱条件下 WGEN 天气发生器降水模拟的修订和验证[C]．中国气象学会 2006 年年会“首届研究生年会”分会场，中国四川成都，2006.

[8] Fang Z, Carroll R W H, Schumer R, et al. Streamflow partitioning and transit time distribution in snow-dominated basins as a function of climate[J]. Journal of Hydrology, 2019, 570: 726-738.

[9] Toure A M, Luojus K, Rodell M, et al. Evaluation of simulated snow and snowmelt timing in the community land model using satellite-based products and streamflow observations[J]. Journal of Advances in Modeling Earth Systems, 2018, 10(11): 2933-2951.

[10] 周育琳，穆振侠，彭亮，等．未来气候情景下天山西部山区融雪径流变化研究[J]．水文，2018,38(06):12-17.

[11] 胡坤．冻土水热耦合分离冰冻胀模型的发展[D]．徐州：中国矿业大学，2011.

[12] 王磊，李秀萍，周璟，等．青藏高原水文模拟的现状及未来[J]．地球科学进展，2014, 29(06): 674-682.

[13] Walega A, Michalec B, Cupak A, et al. Comparison of SCS-CN determination methodologies in a heterogeneous catchment[J]. Journal of Mountain Science, 2015, 12(05): 1084-1094.

[14] 范姝云．基于 SCS 模型的尖山河小流域不同土地利用类型地表径流及 COD 污染负荷研究[D]．昆明：西南林业大学，2015.

[15] 焦平金, 许迪, 于颖多, 等. 递推关系概化前期产流条件改进 SCS 模型[J]. 农业工程学报, 2015,31(12):132-137.

[16] Shirsath P B, Singh A K. A comparative study of daily pan evaporation estimation using ANN, regression and climate based models[J]. Water Resources Management, 2010, 24(8): 1571-1582.

[17] 白桦，鲁向晖，杨筱筱，等．基于彭曼公式日均值时序分析的中国蒸发能力动态成因[J]．农业机械学报，2019, 50(01): 235-244.

[18] 王海波，马明国．基于遥感和 Penman-Monteith 模型的内陆河流域不同生态系统蒸散发估算[J]．生态学报，2014, 34(19): 5617-5626.

[19] 王自奎, 吴普特, 赵西宁, 等. 小麦/玉米套作田棵间土壤蒸发的数学模拟[J]. 农业工程学报, 2013,29(21):72-81.

[20] 郑鑫，李波，衣淑娟．盐碱土裸土蒸发 Ritchie 模型修正及验证[J]．农业工程学报，2016,32(23):131-136.

[21] 岑威钧，王辉，李邓军．土工膜缺陷对土石坝渗流特性及坝坡稳定的影响[J]．武汉大学学报(工学版)，2018, 51(07): 589-595.

[22] 董兴玲. 土工合成黏土衬垫中煤矸石淋滤液的迁移机制与截污性能研究[D]. 北京: 煤炭科学研究总院, 2018.

[23] 鞠程炜, 郝嘉凌, 杨晓松, 等. 台州东部新区围区海水入侵抗渗计算[J]. 武汉大学学报(工学版), 2018, 51(05): 394-400.

[24] 宋林辉, 黄强, 闫迪, 等. 水力梯度对黏土渗透性影响的试验研究[J]. 岩土工程学报, 2018, 40(09): 1635-1641.

[25] 张春华．填埋场复合衬垫污染物热扩散运移规律及其优化设计方法[D]．杭州：浙江大学，2018.

[26] Giroud J P, Badu-Tweneboah K, Bonaparte R. Rate of leakage through a composite liner due to geomembrane defects[J]. Geotextiles and Geomembranes, 1992, 11(1): 1-28.

[27] Giroud J P, Bonaparte R. Leakage through liners constructed with geomembranes—Part Ⅰ. Geomembrane liners[J]. Geotextiles and Geomembranes, 1989, 8(1): 27-67.

[28] Giroud J P, Bonaparte R. Leakage through liners constructed with geomembranes—Part Ⅱ. Composite liners[J]. Geotextiles and Geomembranes, 1989, 8(2): 71-111.

[29] Giroud J P, Khatami A, Badu-Tweneboah K. Evaluation of the rate of leakage through composite liners[J]. Geotextiles and Geomembranes, 1989, 8(4): 337-340.
[30] Bordier C, Zimmer D. Drainage equations and non-darcian modelling in coarse porous media or geosynthetic materials[J]. Journal of Hydrology, 2000, 228(3): 174-187.
[31] Ramke H. 8.2 Collection of Surface Runoff and Drainage of Landfill Top Cover Systems[M]//Cossu R, Stegmann R. Solid Waste Landfilling. Amsterdam:Elsevier, 2018: 373-416.
[32] Sun X, Xu Y, Liu Y, et al. Evolution of geomembrane degradation and defects in a landfill: Impacts on long-term leachate leakage and groundwater quality[J]. Journal of Cleaner Production, 2019, 224: 335-345.
[33] Berger K U. On the current state of the hydrologic evaluation of landfill performance(HELP)model[J]. Waste Management, 2015, 38: 201-209.
[34] Souza W R. Documentation of a graphical display program for the saturated-unsaturated transport(SUTRA)finite-element simulation model[J]. 1987.
[35] McCreanor P T, Reinhart D R. Mathematical modeling of leachate routing in a leachate recirculating landfill[J]. Water Research, 2000, 34(4): 1285-1295.
[36] Korfiatis G P, Demetracopoulos A C, Bourodimos E L, et al. Moisture transport in a solid waste column[J]. Journal of Environmental Engineering, 1983, 110(4): 780-796.
[37] Olaosun O, Baheri H R. Impact of three different hydraulic conductivity expressions on modeling leachate production in landfills[J]. Journal of Environmental Systems, 2001, 28(4): 337-345.
[38] 刘建国，聂永丰，王洪涛．填埋场水分运移模拟实验研究[J]．清华大学学报（自然科学版），2001(Z1): 244-247.
[39] 王洪涛，殷勇．渗滤液回灌条件下生化反应器填埋场水分运移数值模拟[J]．环境科学，2003(02): 66-72.
[40] Richardson C W, Wright D A . WGEN: A model for generating daily weather variables. ARS-8, Agricultural Research Service, USDA, 1984: 83.
[41] USDA, Soil Conservation Service. National Engineering Handbook, Section 4,Hydrology. US Government Printing Office, Washington D C, 1985.
[42] Penman H L. Vegetation and Hydrology, Technical Comment No. 53, Commonwealth Bureau of Soils, Harpenden, England, 1963.
[43] Ritchie J T. A model for predicting evaporation from a row crop with incomplete cover[J].Water Resources Research, 1972, 8(5): 1204-1213.
[44] Arnold J G, Williams J R, Nicks A D, et al. SWRRB, A simulator for water resources in rural basins, Agricultural Research Service, USDA, Texas A&M University Press, College Station, TX, 1989.
[45] Knisel W G. CREAMS, A field scale model for chemical runoff and erosion from agricultural management systems. Vols. Ⅰ, Ⅱ, and Ⅲ Conservation Report 26, USDA-SEA, 1980: 643.
[46] Horton R E. Rainfall interception[J]. Monthly Weather Review, 1919, 47(9): 603-623.
[47] Anderson E. National weather service river forecast system--snow accumulation and ablation model. Hydrologic Research Laboratory, National Oceanic and Atmospheric Administration, Silver Spring, MD, 1973.
[48] Knisel W G, Moffitt D C, Dumper T A. Representing seasonally frozen soil with the CREAMS model[J]. American Society of Agricultural Engineering , 1985: 1487-1492.
[49] Forchheimer P. Hydraulik[M]. 3rd . Teuber, Leipzig and Berlin. New York:Academic Press, 1930.
[50] Slack R J, Gronow J R, Hall D H, et al. Household hazardous waste disposal to landfill: Using LandSim to model leachate migration[J]. Environmental Pollution, 2007, 146(2): 501-509.
[51] Turner D A, Beaven R P, Woodman N D. Evaluating landfill aftercare strategies: A life cycle assessment approach[J]. Waste Management, 2017, 63: 417-431.
[52] Grugnaletti M, Pantini S, Verginelli I, et al. An easy-to-use tool for the evaluation of leachate production at landfill sites[J]. Waste Management, 2016, 55: 204-219.

第7章 固体废物填埋场整体性能模拟与寿命预测案例分析

△ 典型条件下国内填埋场长期性能演化与寿命特征

△ 填埋场寿命影响因素探究

7.1 典型条件下国内填埋场长期性能演化与寿命特征

7.1.1 研究区及填埋场概况

江苏省盐城市地处北纬 32°34′～34°28′，东经 119°27′～120°54′之间，东临黄海，南与南通市、泰州市接壤，西与淮安市、扬州市毗邻，北隔灌河与连云港市相望。就地貌而言，盐城市全境为平原地貌，西北部和东南部高，中部和东北部低洼，大部分地区海拔不足 5m，最大相对高度不足 8m。气候方面，盐城市地处我国湿润和半湿润区的分界线上，年降水量在 800～1000mm[1]。

为分析典型危险废物填埋场（HWL）设计条件下的寿命，需要建立有代表性的设计场景。参照《危险废物填埋污染控制标准》（GB 18598—2019）进行设计，代表性填埋场的垂向剖面结构可划分为最上层的封场覆盖子系统、中间的危险废物层、最下方的渗漏检测和次级防渗子系统，以及位于两者之间的渗滤液防渗和导排子系统 4 个部分[2]，见图 7-1（书后另见彩图）。其中，封场覆盖子系统由上层的营养土层、雨水导排介质、雨水防渗 HDPE 膜和压实黏土层构成；渗滤液防渗和导排子系统由导排系统（导排卵石和 HDPE 导排管道）和复合防渗系统（防渗 HDPE 膜和压实黏土）构成；渗漏检测和次级防渗子系统同样由导排系统（导排卵石和 HDPE 导排管道）和复合防渗系统（防渗 HDPE 膜和压实黏土）构成。

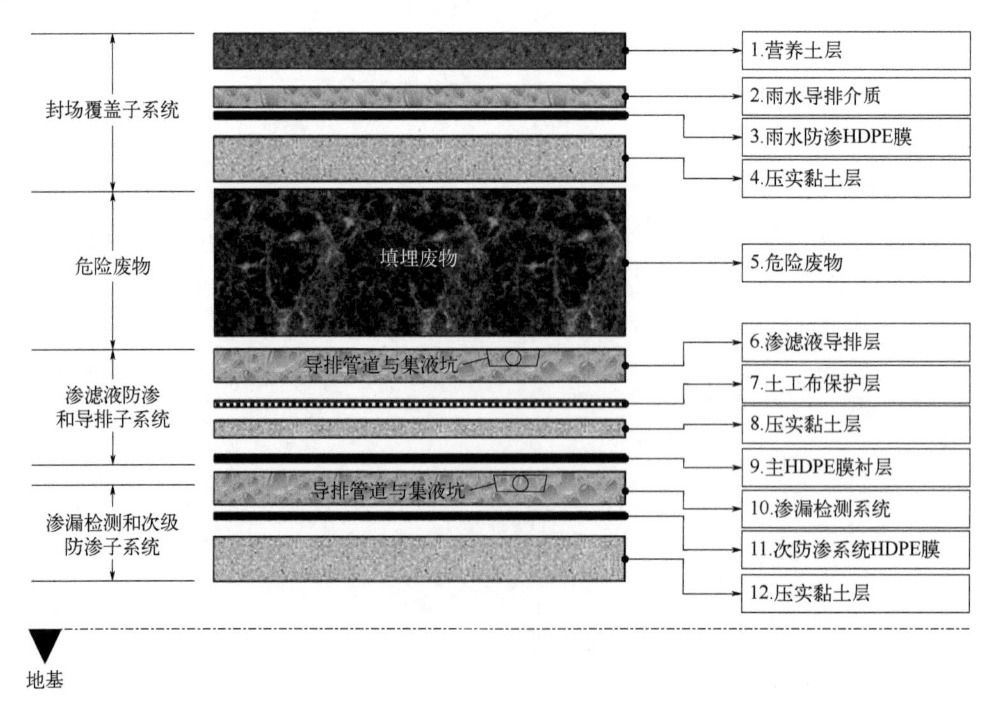

图 7-1 典型 HWL 设计条件下的剖面结构

填埋场规模方面，参考盐城当地某危险废物填埋场，设计运行年限 16 年，设计填埋库

容 $2.8\times10^5m^3$，库底面积 $2.0\times10^4m^2$。

7.1.2　模型基本参数

7.1.2.1　气象参数

如前文所述，HELP 模型基于美国国家海洋和大气管理局（NOAA）全球每日摘要（GDS）数据库，集成世界各地近 10000 个气象站点的 14a 气象数据，并可基于其集成的 WGEN 模型对全球 3000 个以上地点日、月、年尺度的气象数据（降雨量、气温和太阳辐射数据）进行预测。本书采用该模型对盐城的气象条件进行模拟，得到盐城 10 年内的降雨量、气温和太阳辐射数据，（见图 7-2，书后另见彩图），该数据将直接作为 HELP 模型的输入项，用于蒸发和净降水量的计算。

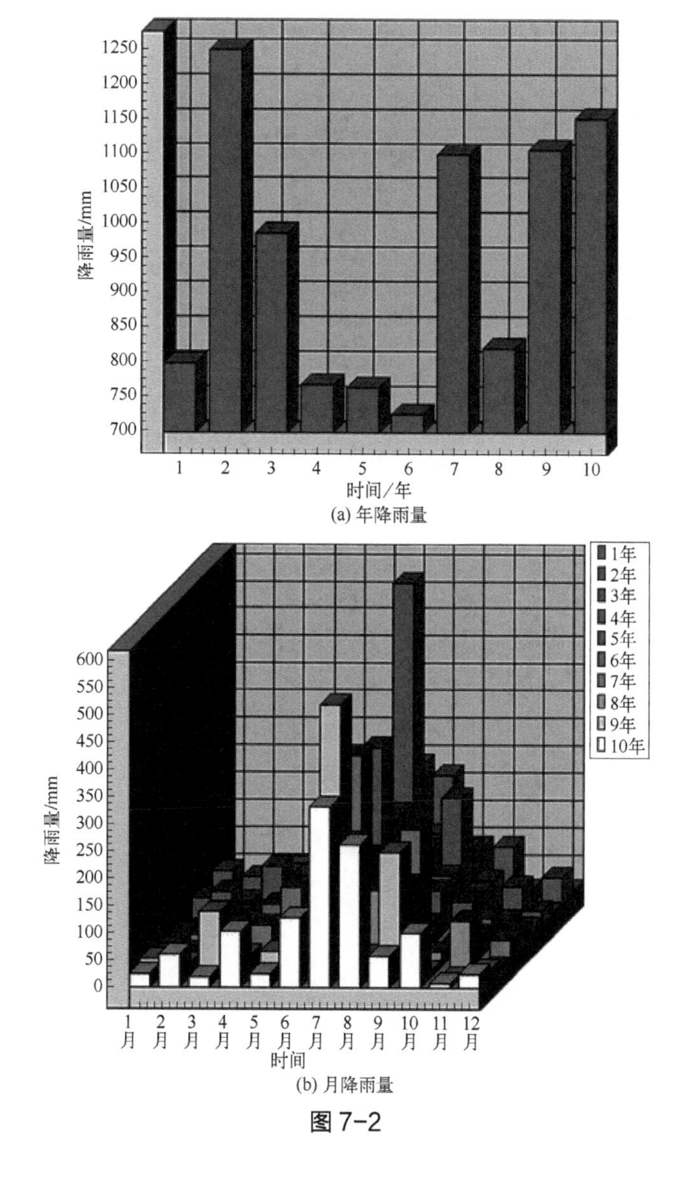

(a) 年降雨量

(b) 月降雨量

图 7-2

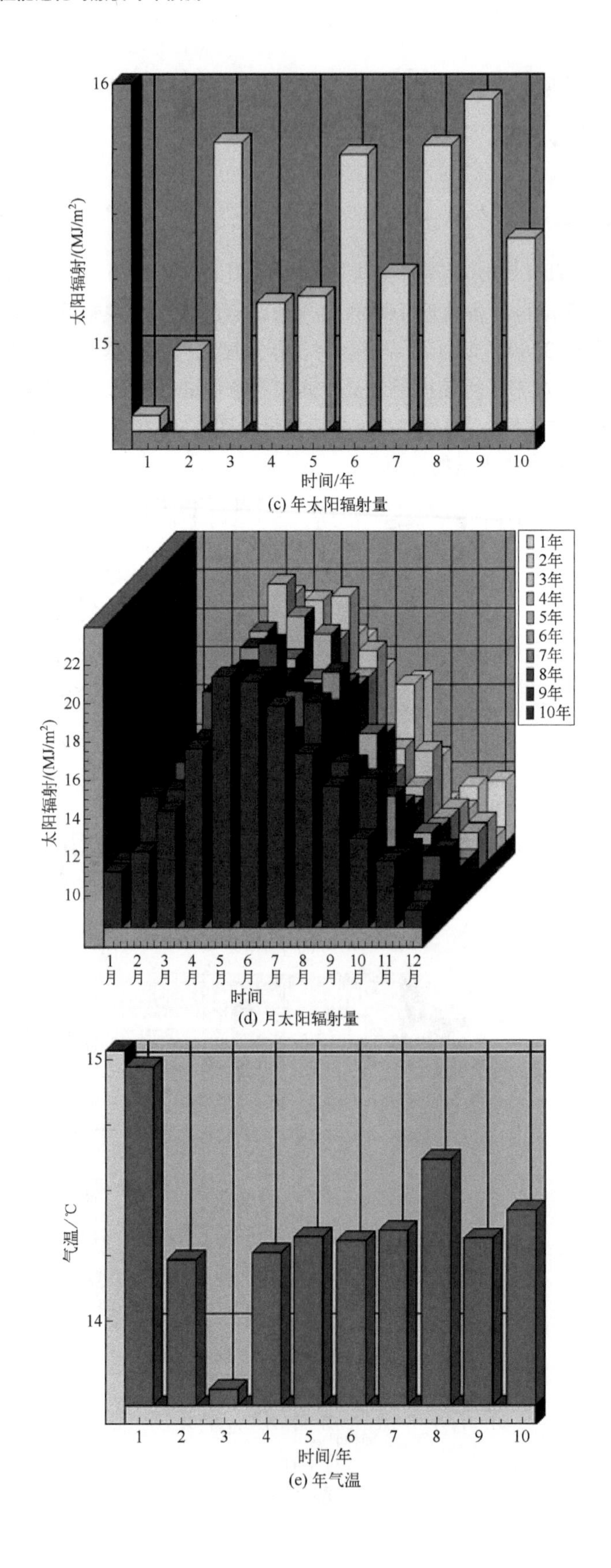

(c) 年太阳辐射量

(d) 月太阳辐射量

(e) 年气温

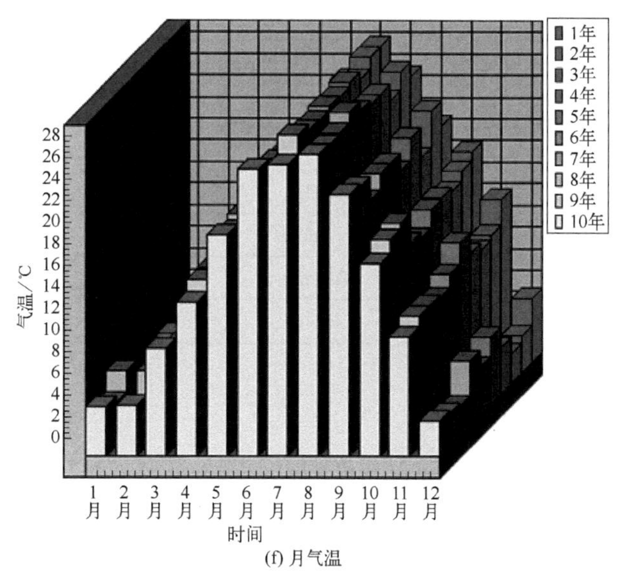

(f) 月气温

图 7-2　研究区降雨、气温和太阳辐射年、月值数据

7.1.2.2　地表过程参数

地表过程参数是指填埋场封场覆盖以后的地面情况，包括坡度、坡长、植被类型、径流面积等参数，根据该项目设计和环评资料径流-入渗计算相关参数取值见表 7-1。

表 7-1　径流-入渗计算相关参数

参数	参数英文名	取值	单位
径流面积	runoff area	100	%
植被类型	vegetation class	良好	无量纲
坡长	slope length	100	m
坡度	slope	30	%

7.1.2.3　填埋场几何模型概化与几何参数

根据 7.1.1 部分所述的填埋场剖面结构，对其进行几何模型概化，结果见 7-2。

表 7-2　填埋场剖面结构及各层高程

层	材质	材质（英文）	顶部高程/m	底部高程/m	厚度/m
覆盖层：营养土层	细沙壤土	fine sandy loam	0.0000	−0.6000	0.6000
雨水导排系统	粗砂	coarse sand	−0.6000	−0.8000	0.2000
雨水防渗系统：HDPE 膜	HDPE 膜	HDPE	−0.8000	−0.8010	0.0010
雨水防渗系统：黏土	黏土	clay	−0.8010	−1.1010	0.3000
危险废物	—	—	−1.1010	−8.1010	7.0000

续表

层	材质	材质（英文）	顶部高程/m	底部高程/m	厚度/m
主渗滤液导排介质	卵石	gravel	−8.1000	−8.4000	0.3000
主防渗系统：黏土层	黏土	clay	−8.3990	−8.9990	0.6000
主防渗系统：HDPE 膜	HDPE 膜	HDPE	−8.9985	−8.9995	0.0010
次渗滤液导排介质	排水网	drainage net	−8.9995	−9.0055	0.0060
次防渗系统：HDPE 膜	HDPE 膜	HDPE	−9.0055	−9.0065	0.0010
次防渗系统：黏土层	黏土	clay	−9.0065	−10.0055	0.9990

7.1.2.4　主要功能单元性能参数

HELP 模型进行水分运移和水文过程模拟，所需的基本参数包括岩土工程材料，如黏土、导排卵石，以及土工材料，如 HDPE 膜、排水网的性能参数。根据其环评报告确定，相关岩土工程材料及其渗流参数和 HDPE 膜材料特性参数初始值见表 7-3 和表 7-4。

表 7-3　相关岩土工程材料及其渗流参数

参数		总孔隙度	田间持水率	凋萎率	饱和渗透系数	地下水入渗
单位					cm/s	mm/a
第 1 层	营养土层	0.473	0.222	0.104	0.00052	0
第 2 层	雨水导排介质	0.417	0.045	0.018	0.01	0
第 4 层	雨水防渗系统：黏土层	0.475	0.378	0.265	1.70×10^{-5}	0
第 5 层	危险废物层	0.541	0.187	0.047	5.00×10^{-5}	0
第 6 层	主渗滤液导排层介质：卵石	0.397	0.032	0.013	6.00×10^{-2}	0
第 7 层	主防渗系统：黏土层	0.398	0.244	0.136	1.20×10^{-5}	0
第 9 层	次渗滤液导排介质：土工排水网	0.85	0.01	0.005	0.01	0
第 11 层	次防渗系统：黏土层	0.451	0.419	0.332	6.80×10^{-7}	0

表 7-4　HDPE 膜材料特性参数初始值

参数	第 3 层	第 8 层	第 10 层
	雨水防渗系统：HDPE 膜	主防渗系统：HDPE 膜	次防渗系统：HDPE 膜
饱和渗透系数/（cm/s）	2.00×10^{-13}	2.00×10^{-13}	2.00×10^{-13}
制造缺陷密度/（个/ha）	2	2	2
安装缺陷密度/（个/ha）	5	5	5
HDPE 膜与膜下介质接触情况	较好（3-good）	较好（4-good）	较好（4-good）
土工布渗透率/（cm^2/s）	—	—	—

7.1.3　材料老化参数

7.1.3.1　导排介质的退化参数

对于不同导排系统，雨水导排系统的导排流量最大，但是导排的液体为雨水，相对较为洁净；渗漏检测系统导排流量最小，导排的液体为经过渗滤液导排颗粒过滤后的渗滤液，因此其颗粒物和钙镁离子均较原始渗滤液有一定降低；渗滤液导排系统的导排流量大于渗漏检测系统，但小于雨水导排系统，导排液体为渗滤液原液，颗粒物和钙镁离子含量均最大。

因此判断渗滤液导排系统中导排介质淤堵进程要快于雨水导排系统和渗漏检测系统，相同时间条件下淤堵程度也要严重于后两者。由于在第 5 章中仅对渗滤液导排系统的淤堵进行了试验研究和模型预测，因此假设雨水导排系统和渗漏检测系统中的淤堵进程和程度等于渗滤液导排系统，这可能会过高估计后两者中的淤堵进程，但从风险保守角度而言是合理的。

根据 6.1.3 部分式（6-1），结合表 7-3 所列参数计算得到淤堵条件下导排介质在不同时间的淤堵预测参数，见表 7-5。

表 7-5　渗滤液导排系统中导排介质淤堵预测参数

参数名称	符号	单位	取值
渗滤液中 Ca^{2+}浓度	c	mg/L	1000
排水距离	L	m	49.4
最大淤堵孔隙度	v_f^*	无量纲	0.245
导排层厚度	B	cm	30
淤堵物质密度	ρ_c	mg/L	1.8×10^6
淤堵物质中钙元素含量	f_{Ca}	%	20
导排系统坡度	S	无量纲	0.02

7.1.3.2　HDPE 膜的退化参数

对于 HDPE 膜的性能退化速率，根据前文分析，其退化速率受介质类型（渗滤液、水和空气）、服役温度、暴露情况、HDPE 膜厚度、HDPE 膜材质等影响。对于不同防渗系统，其 HDPE 膜特性和暴露环境均存在一定差异。就厚度而言，主防渗系统 HDPE 膜通常采用 2mm 的 HDPE 膜，而次级防渗系统通常采用 1.5mm 的 HDPE 膜，雨水防渗系统采用 1.0mm 的 HDPE 膜（见表 7-6）。

表 7-6　不同防渗系统 HDPE 膜特性及暴露环境比较

防渗系统	暴露介质	单面/双面暴露	厚度	服役温度	HDPE 膜类型
雨水防渗系统	雨水+土壤	单面	1mm	较低	—
主渗滤液防渗系统	渗滤液+空气	双面	2mm	较高	—
次级渗滤液防渗系统	渗滤液+土壤	单面	1.5mm	较低	—

就暴露介质而言，雨水防渗层的上方与雨水接触，而在没有漏洞的位置，下方通常与土壤颗粒接触，在有漏洞的地方则可能与渗漏的雨水接触；主渗滤液防渗层的上方则与渗滤液接触，而在没有漏洞的位置，下方通常与空气接触，在有漏洞的位置则与渗滤液接触；次级防渗层的上方则通常与空气接触（在上方主防渗层没有漏洞的条件下），下方通常与土壤颗粒接触（见表 7-6）。

就服役温度而言，主防渗系统 HDPE 膜的温度主要受堆体温度影响；次级防渗系统则受主防渗系统 HDPE 膜温度和其下层地温影响，由于和主防渗层之间有土工排水网作为缓冲，其温度通常较主防渗系统 HDPE 膜低；而雨水防渗系统，通常位于地表以下 60～100cm，温度虽然受地面温度影响，但影响较小，一般温度较低。整体上，就服役温度而言，主防渗系统 HDPE 膜 > 雨水防渗系统 HDPE 膜 > 次级防渗系统 HDPE 膜。

综合上述分析，就服役温度、暴露介质和暴露情况而言，主防渗系统 HDPE 膜面临更不利的老化条件；但就厚度而言，其厚度通常较其他防渗系统 HDPE 膜的厚度大，这是抗老化的有利因素。总体上，就老化速率而言，主防渗系统 HDPE 膜 > 雨水防渗系统 HDPE 膜 > 次级防渗系统 HDPE 膜。从风险保守角度，本书假设三者的老化速率相同，均为主防渗系统 HDPE 膜的老化速率。

本试验采用 GSE HDPE 膜，厚度为 2mm，暴露介质为渗滤液，暴露情景为双面暴露，与第 3 章 HGM5c 中的 HDPE 膜相同，因此采用 HGM5c 的老化参数。温度演进过程考虑较不利情景，选择 Case14：即温度从第 0 年开始增加，第 8 年增加至最大值 60℃，随后保持在最高温，直至第 30 年后开始降低，至第 70 年降低至初始温度 20℃（实际的 Case14 是在第 40 年降低至初始温度，本书计算时从不利角度考虑，取 70 年）。根据第 3 章计算结果，HGM5c 在该温度演进过程下，在第 12 年结束第 2 阶段寿命，性能开始退化，亦即 T_{s_2} =12 年。

同时其在不同时间（对应不同温度）的退化速率 s 可以根据其 Arrhenius 公式，及其活化能参数计算，得到其不同时间的退化速率 s 和累计退化倍数 $d_a(T)$，见表 7-7。

表 7-7　HDPE 膜在不同时段的退化速率和退化倍数

时段初/年	时段末/年	服役温度/℃	退化速率/月$^{-1}$	退化倍数	累计退化倍数
0	12	60	0	1	1
12	30	60	0.006315	3.91	3.91
30	34	56	0.004454	1.24	4.84
34	38	52	0.003114	1.16	5.63
38	42	48	0.002158	1.11	6.24
42	46	44	0.001482	1.07	6.70
46	50	40	0.001008	1.05	7.03
50	54	36	0.000679	1.03	7.26
54	58	32	0.000452	1.02	7.42
58	62	28	0.000298	1.01	7.53
62	66	24	0.000195	1.01	7.60
66	70	20	0.000125	1.01	7.65
70	74	20	0.000125	1.01	7.69
74	78	20	0.000125	1.01	7.74
78	82	20	0.000125	1.01	7.79
82	86	20	0.000125	1.01	7.83
86	90	20	0.000125	1.01	7.88
90	94	20	0.000125	1.01	7.93

续表

时段初/年	时段末/年	服役温度/℃	退化速率/月$^{-1}$	退化倍数	累计退化倍数
94	98	20	0.000125	1.01	7.98
98	102	20	0.000125	1.01	8.02
102	106	20	0.000125	1.01	8.07
106	110	20	0.000125	1.01	8.12
110	114	20	0.000125	1.01	8.17
114	118	20	0.000125	1.01	8.22
118	200	20	0.000125	1.13	9.30
200	700	20	0.000125	2.12	19.73
700	1200	20	0.000125	2.12	41.85

将累计退化倍数 $d_a(T)$、T_{s_2} 以及初始时刻的渗透系数 K_0 代入式(6-5)，计算得到 HDPE 膜在不同时间的渗透系数 K_t；将累计退化倍数 d_a（T）、T_{s_2} 以及初始缺陷密度和运行缺陷密度代入式（6-6），计算得到 HDPE 膜在不同时间的缺陷密度。最终计算得到不同时间的 HDPE 膜渗透系数和缺陷密度见表 7-8 和图 7-3。

表 7-8　关键时间节点及主要单元性能参数取值

系统	关键时间节点	1 年	10 年	12 年	30 年	34 年	50 年	62 年	98 年	200 年	700 年	1200 年
		初始时刻	封场时刻	服役温度达到峰值	服役温度开始下降	—	—	—	导排系统完全淤堵	—	—	—
雨水防渗系统 HDPE 膜	渗透系数/(cm/s)	2.0×10^{-13}	2.0×10^{-13}	2.0×10^{-13}	7.8×10^{-13}	9.7×10^{-13}	1.4×10^{-12}	1.5×10^{-12}	1.6×10^{-12}	1.9×10^{-12}	3.9×10^{-12}	8.4×10^{-12}
	缺陷数量①	5	5	5	19.6	24.2	35.2	37.7	39.9	46.5	98.5	210
渗滤液导排系统导排颗粒	渗透系数/(cm/s)	3.93×10^{-2}	5.2×10^{-3}	3.9×10^{-3}	6.0×10^{-4}	4.3×10^{-4}	1.4×10^{-4}	6.4×10^{-5}	1.0×10^{-5}	1.0×10^{-5}	1.0×10^{-5}	1.0×10^{-5}
渗滤液主防渗系统 HDPE 膜	渗透系数/(cm/s)	2.0×10^{-13}	2.0×10^{-13}	7.8×10^{-13}	9.7×10^{-13}	1.4×10^{-12}	1.5×10^{-12}	1.6×10^{-12}	1.9×10^{-12}	3.9×10^{-12}	8.4×10^{-12}	2.0×10^{-13}
	缺陷数量①	5	6	6	23.5	29.1	42.2	45.2	47.9	55.7	118	25.2
渗滤次级防渗系统 HDPE 膜	渗透系数/(cm/s)	2.0×10^{-13}	2.0×10^{-13}	2.0×10^{-13}	7.8×10^{-13}	9.7×10^{-13}	1.4×10^{-12}	1.5×10^{-12}	1.6×10^{-12}	1.9×10^{-12}	3.9×10^{-12}	8.4×10^{-12}
	缺陷数量①	5	6	6	23.5	29.1	42.2	45.2	47.9	55.7	118	25.2

①缺陷数量指每公顷 HDPE 膜上的漏洞数。

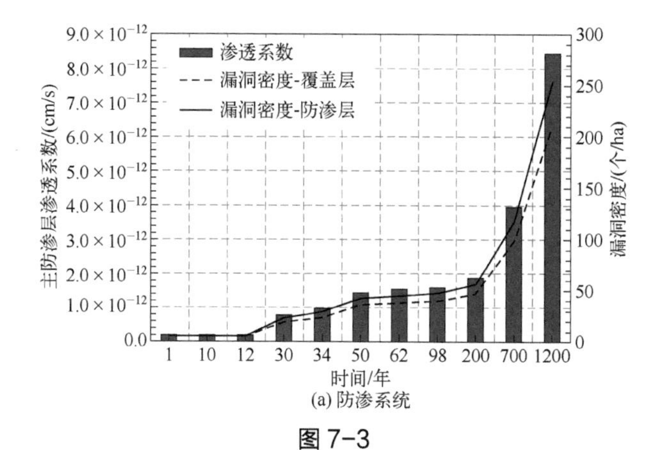

(a) 防渗系统

图 7-3

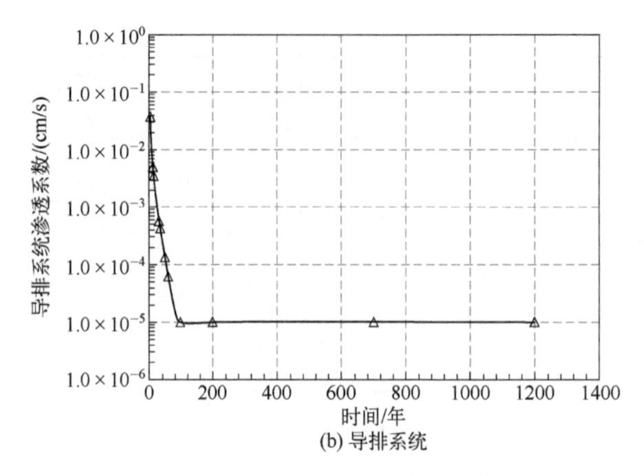

图 7-3　渗滤液防渗系统和导排系统性能参数随时间变化

7.1.4　典型条件下填埋场寿命特征

以 HELP 模型作为 HWL 水文特性评估的工具，在 6.4.1 部分所述的填埋场整体性能长期演化和寿命预测框架下输入不同时间节点的老化参数值，对不同时间节点的寿命预测指标（主防渗层渗漏速率和次级防渗层渗漏速率）进行计算，并将不同时间节点的指标预测值与对应的寿命终止阈值比较，确定目标填埋场的设计寿命。

7.1.4.1　渗漏速率的长期演化

在 HELP 模型中输入表 7-5～表 7-8 的基本参数，然后在各时间节点输入对应的老化参数值，计算得到填埋场主防渗层渗漏速率和次级防渗层渗漏速率的长期变化过程，见图 7-4 和图 7-5。

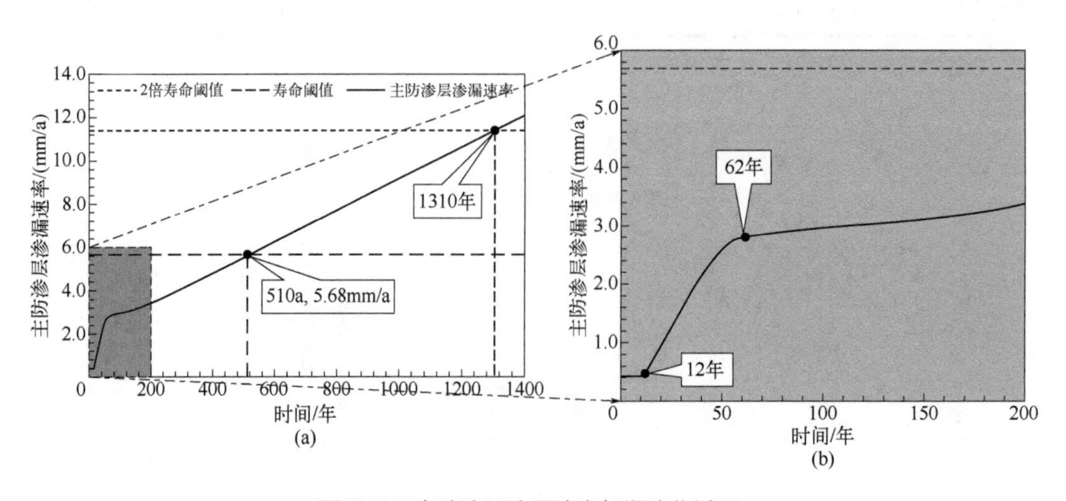

图 7-4　主防渗层渗漏速率长期演化过程

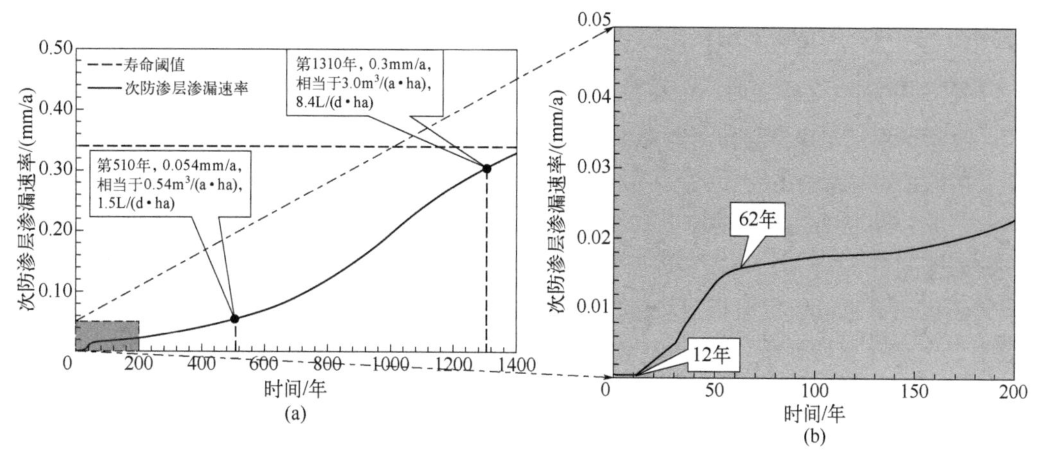

图 7-5　次防渗层渗漏速率长期演化过程

从图中可以看出，由于导排介质（如雨水导排系统、渗滤液导排系统和渗漏检测系统）渗透系数的降低，以及防渗系统（雨水防渗系统、主渗滤液防渗系统和次级防渗系统）渗透系数的增大和缺陷数量的增加，主防渗层的渗漏速率和次级防渗层的渗漏速率均呈现出随时间增加的趋势。特别地，以 12 年（HDPE 膜开始老化）、62 年（HDPE 膜温度回到初始温度 20℃）为界，分成 3 个阶段，渗漏速率的增速呈现不同的特征。

（1）第 1 阶段：1～12 年

这一阶段虽然导排系统开始发生淤堵，但是 HDPE 膜没有老化（包括雨水防渗系统、主渗滤液防渗系统以及次级防渗系统）。此时即使导排层由淤堵而导致性能下降，渗透系数降低，但是对主防渗层和次级防渗层渗漏量的影响微乎其微。因此，第 12 年的主防渗层渗漏量和次级防渗层渗漏量，相比于第 1 年，仅仅分别增长了 14%（0.42mm/a 增长到 0.48mm/a）和 33%（4.2×10^{-4}mm/a 增长到 5.6×10^{-4}mm/a）。究其原因，是因为在填埋场设计合理（按照 GB 18598 的要求进行设计），防渗系统安装、铺设以及后续的运行均较好的条件下，产生的缺陷较少。此时，通过雨水防渗系统进入堆体的地表水量（等于渗滤液产生量）极少，即使导排系统性能下降，也足够将产生的渗滤液导排出去，可以有效地实现渗滤液水位的控制。此时作用于主防渗层 HDPE 膜上的水位极低，加之主防渗层 HDPE 膜本身缺陷较少，造成的渗漏量也很小，且几乎不随淤堵而发生变化。此阶段主防渗层和次级防渗层渗漏速率的年均增加率分别为 5.6×10^{-3}mm/a 和 1.1×10^{-5}mm/a。

（2）第 2 阶段：12～62 年

这一阶段包括填埋场温度的最高温阶段（12～30 年），以及从最高温度开始下降直至回到初始温度的时间（30～60 年）。这一段时间是渗漏速率快速增加的阶段，短短 50 年时间主防渗层渗漏速率和次级防渗层渗漏速率分别增长了 4.8 倍（从 0.48mm/a 增加至 2.8mm/a）和 27.6 倍（从 5.6×10^{-4}mm/a 增加至 1.6×10^{-2}mm/a）。分析其原因，主要是因为这一阶段随着废物填埋量升高，温度升高，HDPE 膜迅速经历 stage Ⅰ 的抗氧化剂耗损阶段和 stage Ⅱ 的氧化诱导阶段，开始经历性能退化阶段，渗漏速率和漏洞速率都开始快速增加，使得渗滤液的产生量和渗漏量都开始经历快速的增加阶段。此阶段主防渗层和次级防渗层渗漏速率的年均增加率分别为 4.6×10^{-2}mm/a 和 3.0×10^{-4}mm/a。

（3）第 3 阶段：62 年之后

这一阶段，主防渗层渗漏速率和次级防渗层渗漏速率仍然保持持续增长，但是增速较第 2 阶段所有减缓。在整个 62～1400 年间，主防渗层渗漏速率和次级防渗层渗漏速率分别增长了 3.3 倍（从 2.8mm/a 增加至 12.0mm/a）和 19.6 倍（从 1.6×10^{-2}mm/a 增加至 0.33mm/a）。主要原因是自 62 年后，堆体温度回归到初始温度，且保持不变，在此温度条件下，HDPE 膜的老化速率也以恒定但相对较慢的速率进行，缺陷数量的增加，以及 HDPE 膜渗透系数也以恒定速率增加，这导致主防渗层和次级防渗层的渗漏速率也以相对恒定但缓慢的速率增加。此阶段主防渗层和次防渗层渗漏速率的年均增加率分别为 6.9×10^{-3}mm/a 和 2.4×10^{-4}mm/a。

根据上述分析可以得知，在填埋场设计合理（按照 GB 18598 的要求进行设计），防渗系统安装、铺设以及后续的运行均较好的条件下，即使从运行初期开始，导排系统就开始淤堵，但是由于雨水防渗系统和渗滤液防渗系统完整性较好，渗漏量几乎没有增加。而在后期（100 年以后）导排系统淤堵达到最大程度，并不再变化，此时防渗系统 HDPE 膜由于老化缺陷数量和渗透系数仍然继续增加，此时整体性能依然在下降，并且受 HDPE 膜的老化速率控制。

也即是说，在整个过程中，初期（0～12 年）由于 HDPE 膜性能较好，导排系统的淤堵对整体性能影响很小；中期（12～62 年）淤堵达到最大程度，不再发生变化，但 HDPE 膜快速老化，导致主/次防渗层的渗漏速率均开始快速增加；后期（62 年之后），HDPE 膜的老化速率减缓，而淤堵程度仍然保持不变，所有整体性能以缓慢的速率下降。总的来说整体性能的初期退化很小，且主要受导排系统淤堵控制；中期快速退化，主要受 HDPE 膜性能劣化控制；后期老化速度减缓，仍然受 HDPE 膜性能劣化控制。

7.1.4.2 寿命终止阈值确定

根据第 2 章介绍的寿命预测变量的失效阈值计算公式，分别取 $\theta_d=3\times10^{-4}\text{m}^2/\text{s}$，$h=0.6$cm（取次级渗漏导排层的厚度），计算得到主防渗层渗漏速率的失效阈值：$3.6\times10^{-6}\text{m}^3/(\text{s}\cdot\text{ha})$，$114\text{m}^3/\text{a}$ 或 311L/（d • ha）。将其按照单位面积平均后为 11.4mm/a。考虑不确定性，取 1/2 倍作为最终的阈值，即 5.7mm/a 或 156L/（d • ha）。

次级防渗层渗漏速率的失效阈值：美国在 1984 年的《危险和固体废物修正案》中，提出了反应行动计划（Response Action Plans，RAPs），并认为在精心设计且具有质量控制的填埋场防渗层破损情况可以控制在 2 个/ha，半径 < 1mm[3]。而通过该漏洞的渗漏速率，被 EPA 认为是可以接受的渗漏速率，超过该速率则必须采取行动计划。对于采用复合防渗系统的次级防渗层该速率为 10 加仑/（英亩 • 天），相当于 9.4L/（ha • d）或 0.34mm/a，本书采用该速率作为次级防渗层渗漏速率的失效阈值。

7.1.4.3 设计寿命确定

将不同老化程度（对应不同时间节点）的主防渗层渗漏速率和次级防渗层渗漏速

率，分别与其对应阈值比较（见图 7-6），一旦任一预测指标达到寿命阈值，则表明寿命终止。

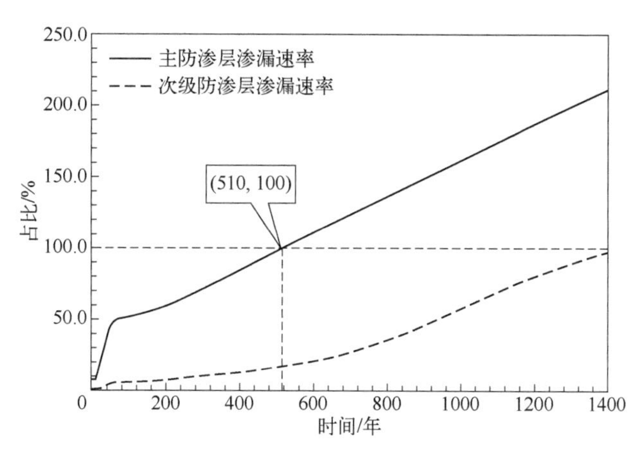

图 7-6　各层渗漏速率占寿命终止阈值的比例

从图中可以看出，在第 510 年，主防渗层渗漏速率首先达到其寿命终止阈值 5.68mm/a，而此时次级防渗层的渗漏速率为 0.054mm/a，仅为其寿命终止阈值 0.34mm/a 的 15.9%。据此评估该 HWL 寿命为 510 年。

7.2　填埋场寿命影响因素探究

上文对盐城气候条件下精心设计且具有质量控制的 HWL 寿命进行了计算，结果表明其寿命为 510 年。那么当其他条件完全相同，而气候条件不同时，寿命有何差异？同样当气候条件相同，而 HDPE 膜铺设质量较差（表现为漏洞数量偏多，以及与“下层黏土接触情况较差”）时，其寿命如何呢？下文对此进行分析，探讨不同气候条件、不同工程质量对寿命的影响，以及不同条件下导致寿命终止的主控因素。

7.2.1　气候因素

从理论上分析，气候条件对 HWL 工程寿命的影响主要体现在以下几个方面。

（1）温度

根据第 3 章所述，HDPE 膜的氧化速率与其服役温度呈指数关系，温度越高氧化速率越快。而显然 HDPE 膜的服役温度是堆体内部的生物化学反应乃至物理因素与外部环境温度综合作用的结果。

（2）净降水量

净降水量（降雨或降雪扣除地面蒸发以后的部分）会影响渗滤液的产生量，而渗滤液的产生量又直接影响导排系统的淤堵过程。另外，净降水量越大的区域，对填埋场雨水导排和防渗、渗滤液导排和防渗的能力要求越高。在同样的性能条件下，净降水量小的区域地表入渗量和渗滤液产生量更少，对各个单元的能力要求也越低；反之净降水量大的区域，对各个单元的能力要求更高。这意味同样的退化条件下，在净降水量较少的区域，填埋场还能有效阻断渗滤液及其有害组分的渗漏，维持其使用功能；而在净降水量大的区域，可能会导致寿命预测指标偏大，进而导致寿命终止。

净降水量主要取决于干燥度（干燥度等于年内可能蒸发量和多年平均降水量的比值）。根据各地的干燥度差异，我国可划分为湿润地区、半湿润地区、半干旱地区和干旱地区四个分区，800mm 年等降水量线，以秦岭—淮河为界，以南为湿润区，以北为半湿润区；400mm 年等降水量线，以大兴安岭—长城为界，向西南经青藏高原到冈底斯山，划分为半湿润区和半干旱区；200mm 年等降水量线，以内蒙古中部—贺兰山—祁连山经青藏高原为界，划分为半干旱区和干旱区。考虑干湿状况的差异，同时考虑地理位置的差异，选择深圳、长沙、盐城、北京、沈阳和乌鲁木齐作为典型城市，利用 HELP 模型自带的气象数据生成器，预测其气象数据，并作为后续填埋场长期性能预测和寿命确定的输入项。

表 7-9 列出了选择的典型城市所处区域分布。

表 7-9　典型城市所处区域分布

编号	城市	所处区域
1	深圳	湿润区
2	长沙	湿润区
3	盐城	湿润区与半湿润区交界处
4	沈阳	湿润区与半湿润区交界处
5	北京	半湿润区
6	乌鲁木齐	干旱区

不同气象条件下，填埋场长期性能退化及寿命预测结果见图 7-7 和表 7-10。

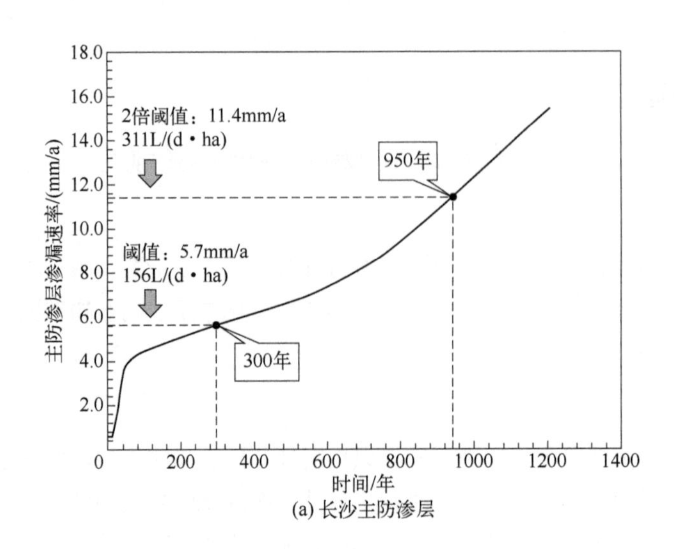

(a) 长沙主防渗层

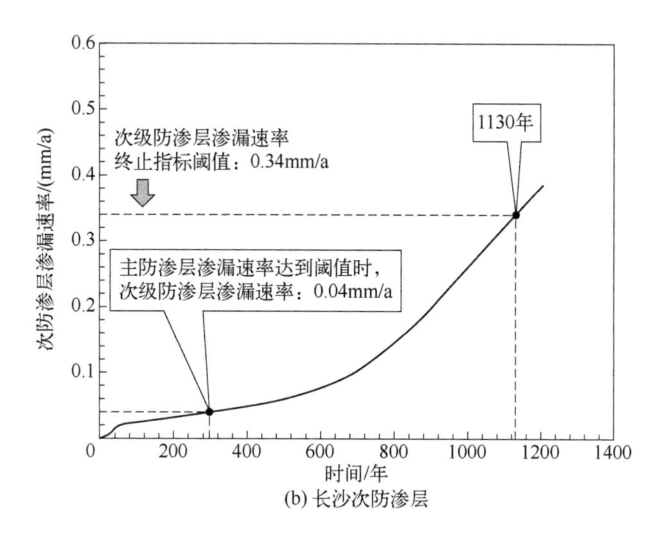

(b) 长沙次防渗层

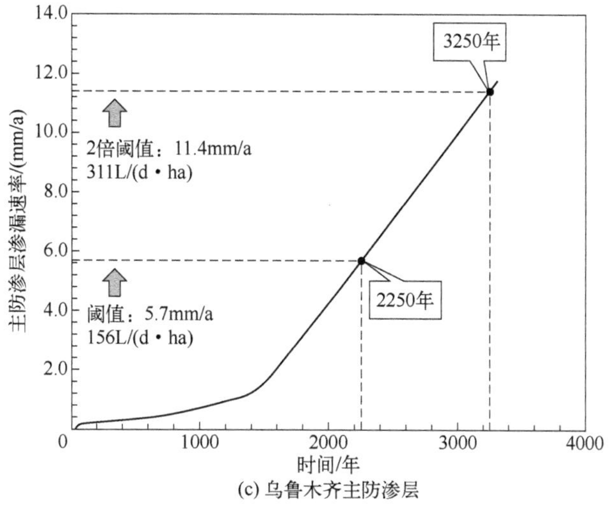

(c) 乌鲁木齐主防渗层

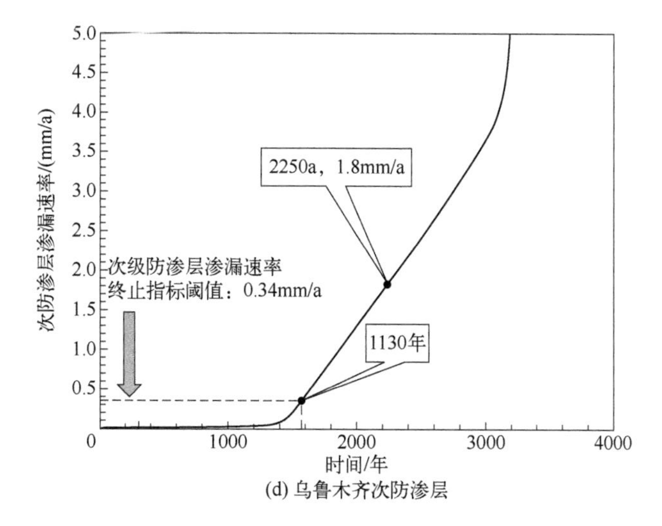

(d) 乌鲁木齐次防渗层

图 7-7

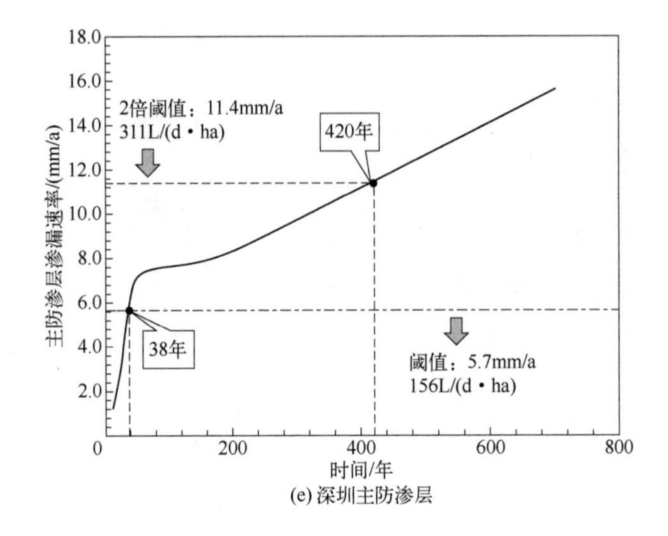

(e) 深圳主防渗层

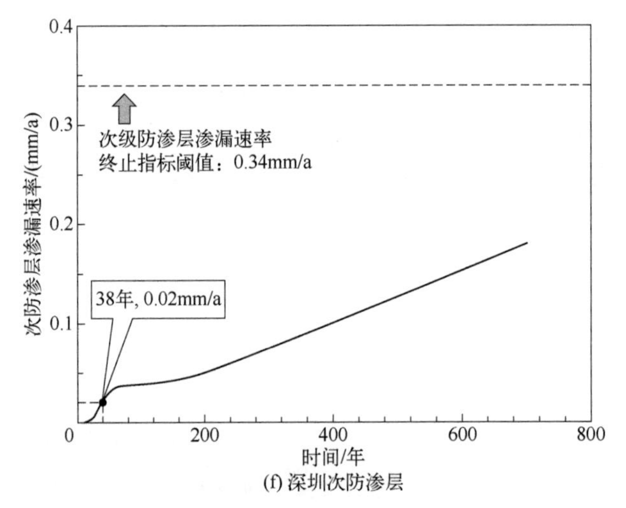

(f) 深圳次防渗层

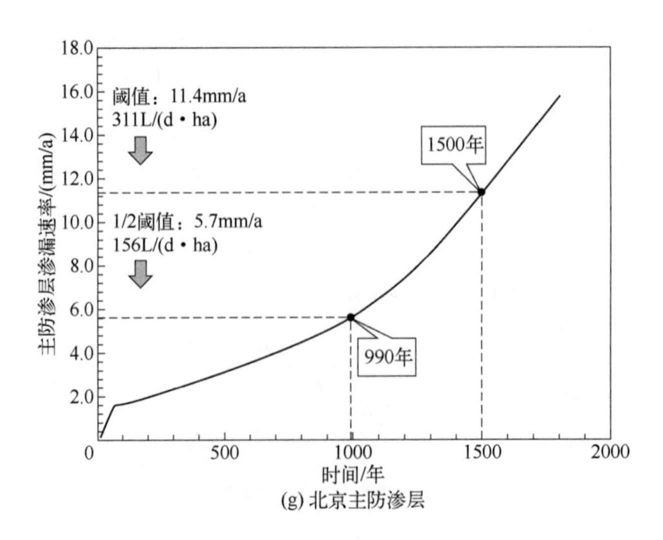

(g) 北京主防渗层

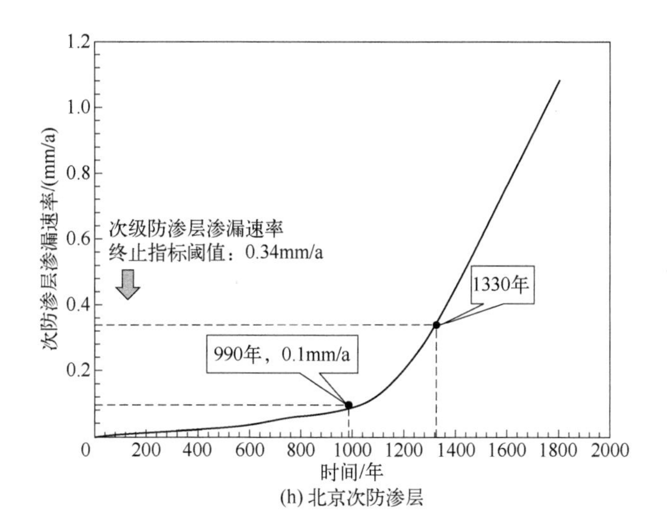

(h) 北京次防渗层

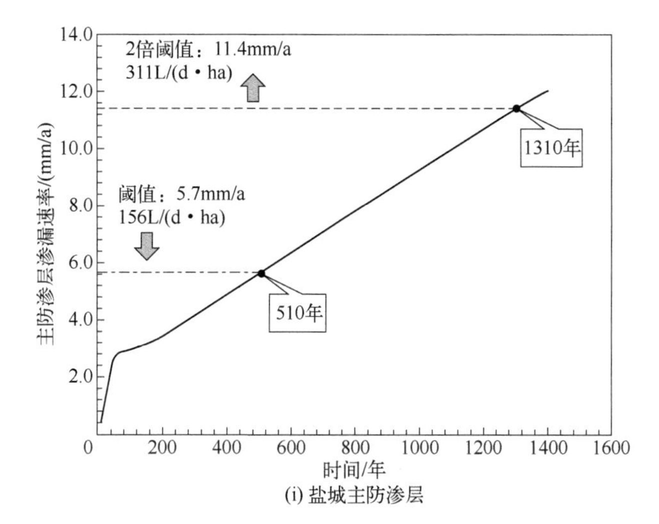

(i) 盐城主防渗层

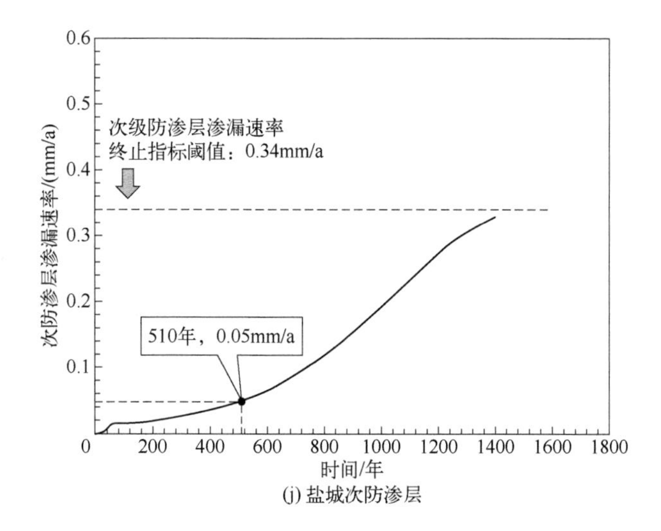

(j) 盐城次防渗层

图 7-7

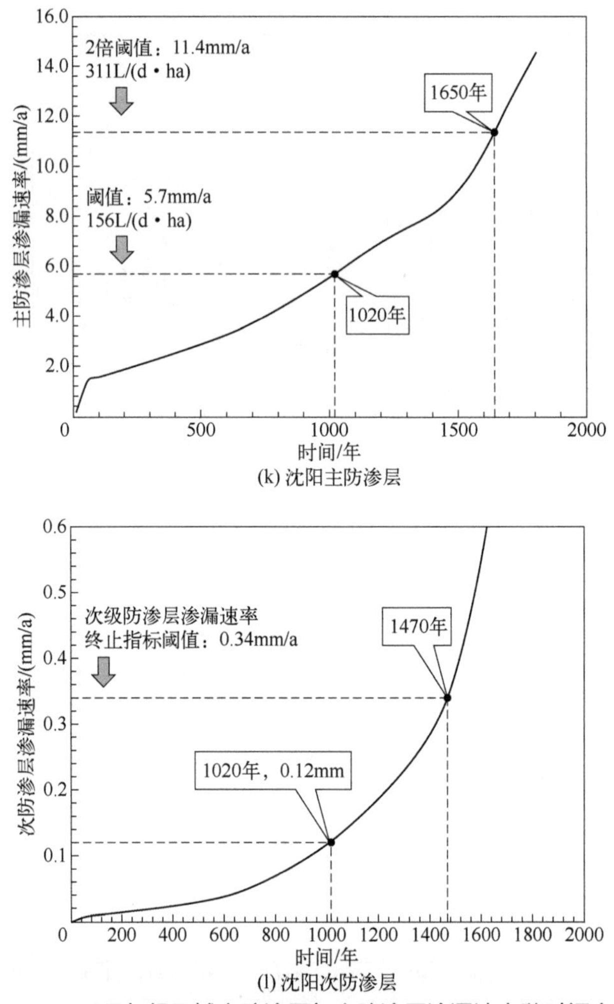

(k) 沈阳主防渗层

(l) 沈阳次防渗层

图 7-7　不同气候区域主防渗层与次防渗层渗漏速率随时间变化

表 7-10　不同气候区域填埋场寿命统计和寿命控制因素

区域	寿命长度/年	寿命终止时的次级防渗层渗漏速率/(mm/a)	寿命控制因素
长沙	300	0.04	主防渗层渗漏
乌鲁木齐	1130	0.34	次防渗层渗漏
深圳	38	0.02	主防渗层渗漏
北京	990	0.1	主防渗层渗漏
盐城	510	0.05	主防渗层渗漏
沈阳	1020	0.12	主防渗层渗漏

从图中可以看出，在相同的 HDPE 膜老化条件下，由于气候因素导致的渗滤液产生量，以及由此导致的导排层淤堵的差异，不同区域的寿命存在明显的差异，最短只有 38 年（深圳），最长可达 1130 年（乌鲁木齐）。显然气候条件对寿命有着明显的影响，随着净降雨量的减少，寿命会明显延长。

另外，分析寿命终止的原因可以发现，除乌鲁木齐以外，其他区域都是因为主防渗层渗漏速率超过其可接受阈值，而乌鲁木齐是因为次级防渗层的渗漏速率超过可接受阈值。这是因为乌鲁木齐降雨极少，所以渗滤液产生量和渗漏量也极少，通过主防渗层的渗滤液渗漏速率基本不会超过渗漏检测层的导排能力，因此不会因为主防渗层渗漏速率超过阈值而寿命终止。

同时，对不同气候条件下填埋场寿命终止时的次级防渗层渗漏速率进行分析发现，除乌鲁木齐以外，其他区域即使在寿命终止时次级防渗层的渗漏速率都是极小的，0.02～0.12mm/a 之间［等效于 0.2～1.2m^3/(a・ha)或 0.55～3.29L/(d・ha)］。考虑下层黏土衬垫以及黏土基础层对污染物的吸附容量，基本认为可以实现对有毒有害物质的有效隔断和安全防护。

7.2.2　黏土施工质量

7.2.2.1　黏土与 HDPE 膜接触情况概述

由 HDPE 膜和黏土复合构成的复合衬垫系统是当前采用最为广泛的防渗系统设计方案。其中，HDPE 膜是防渗的核心，承担主要防渗作用，而黏土衬垫可以控制 HDPE 膜破损条件下渗滤液的渗漏速率及其穿透时间，不仅可以减少 HDPE 膜破损导致的渗漏，延长的穿透时间还可为渗漏的风险管控赢得宝贵的缓冲时间。但是黏土衬垫对于 HDPE 膜破损条件下的渗漏控制，与黏土的铺设质量及其导致的与 HDPE 膜的接触情况具有直接关系。Giroud 和 Bonaparte[4]通过理论分析和室内渗漏试验得出结论，认为受黏土表面平整情况、黏土颗粒大小、HDPE 膜褶皱和刚度情况影响，HDPE 膜与黏土之间存在不同的完美、极好、好、较差和最糟（自由出流）等接触情况，不同的接触情况导致完全不同的渗漏速率。

① “完美”。是指 HDPE 膜衬垫和控制层土壤（垃圾层）之间没有间隙。接触完美的情况在实际工程中比较少见，但是在如下条件下可以达到：HDPE 膜直接喷洒在紧密压实、颗粒分选良好且平整的土壤或垃圾层上；或者，HDPE 膜和控制层一体化制造的也能达到完美接触。直接喷洒的工艺比较复杂，限制了这种方法的推广。当两者接触完美时，渗滤液通过漏洞后只能竖向流入膜下控制层介质中，辐射流完全消失。

② “最糟”。是指 HDPE 膜上方和下方的介质均具有极高渗透性的时候，如膜上和膜下均为卵石等高透水介质，或者为低渗透性黏土，但是与黏土之间存在较大的孔隙（如 HDPE 膜存在较大的褶皱时）。Giroud 和 Bonaparte[4]指出，一般自由出流的情况较少出现。首先，当 HDPE 膜上渗滤液水位极低时，周围高渗透性介质层的表面张力会抑制自由出流；其次，随着时间进行，渗滤液携带的微小粒子会堵塞高渗透性介质，大大降低其渗透性，从而防止自由出流的出现。

③ “极好”、“好”和“较差”。其中极好的接触情况在以下两种情况下均可以达到：a. 控制层介质为中渗透性材料，且无黏性，因而能很密切地贴附在 HDPE 膜上，形成极好的接触情况；b. 低渗透性的控制层材料、极为平整的控制层表面以及非常杰出的 HDPE 膜安装工艺，这些条件通常只有在实验室尺度的研究中通过精细控制达到。近期关于膨润土防水垫（GCL）的研究表明，GCL 附着在 HDPE 膜下，以提供一个良好的地基条件；同时 GCL 材料吸湿后会发生膨胀，填满 HDPE 膜和膜下控制层之间的孔隙，保证极好的接触情况。但是考虑到 GCL 的耐久性问题，在需要考虑长期老化性的防渗领域，如 HWL、核废料堆放场等，均不推荐使用 GCL 代替黏土。

Giroud 和 Bonaparte[4]指出要达到膜和膜下介质接触“好”的程度，HDPE 膜衬垫上的褶皱必须足够少，地基（控制层表面）必须经过较好的压实、平整和光滑处理。

Giroud 和 Bonaparte[4]指出膜和膜下介质接触“较差”是指 HDPE 膜衬垫安装后存在一定数量的褶皱，同时膜下低渗透性控制层的表面压实性和平整度较差。

7.2.2.2 不同接触情况下的长期性能和寿命计算结果

上述 5 种接触情形中，接触完美的情况需要特殊的工艺支持，同时对黏土压实、颗粒分选情况、平整度有非常高的要求，实际工程中一般难以实现；同样接触极好的情况，也只有在实验室尺度的研究中通过精细控制方可达到；而接触最糟的情形，即自由出流情形，通常只有在 HDPE 上下方均有高渗透性介质，或者有明显的空洞或鼓包时才可出现，在正常的设计和施工条件下一般不会出现。因此较为常见的接触情况是接触好和接触较差，本书分别对这两种情况下填埋场防渗性能的长期变化及其导致的寿命差异进行计算和分析。HELP 模型中提供了不同接触类型的选项，前文进行计算时均选择的是接触好，本部分将接触条件修改为接触较差，然后按照 6.4.1 部分所示框架进行长期性能演化与寿命预测计算。不同接触条件下主次防渗层的渗漏速率比较结果见图 7-8。

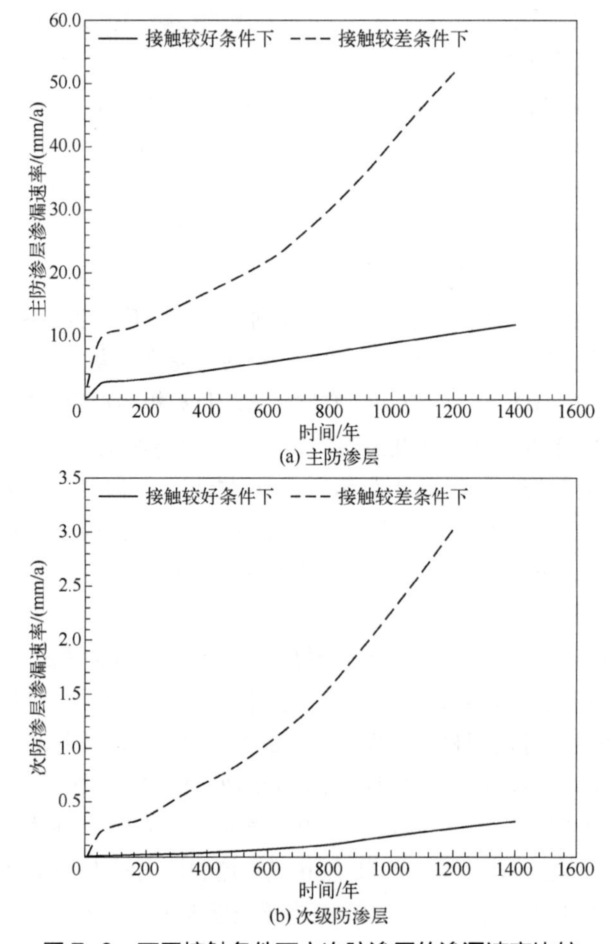

图 7-8 不同接触条件下主次防渗层的渗漏速率比较

从图 7-8 中可以看出：就渗漏速率而言，在初期时，不管是主防渗层还是次级防渗层，在不同接触条件下的渗透速率相差均比较小；然后随着各单元性能的逐渐退化，不同接触情况下，渗漏速率（主防渗层和次级防渗层）均开始增加，但是接触较差的情况下，渗漏速率的增加明显要快。例如，从第 1 年至第 12 年、第 62 年、第 200 年和第 700 年，两种情况下主防渗层渗漏速率的差异从 1.81mm/a，分别增至 2.13mm/a、7.70mm/a、8.93mm/a 和 18.67mm/a；次级防渗层渗漏速率的差异也从第 1 年的 8.6×10^{-3}mm/a，分别增至 0.012mm/a、0.025mm/a、0.035mm/a 和 1.18mm/a。

由于接触较差条件下，渗漏速率随时间增长更快，这也导致其主防渗层渗漏速率和次级防渗层渗漏速率更快达到寿命阈值，分别在 24 年和 170 年，见图 7-9 和图 7-10。也即是说在第 24 年即达到服役寿命，相比接触较好条件下的寿命（510 年），相差超过 20 倍。

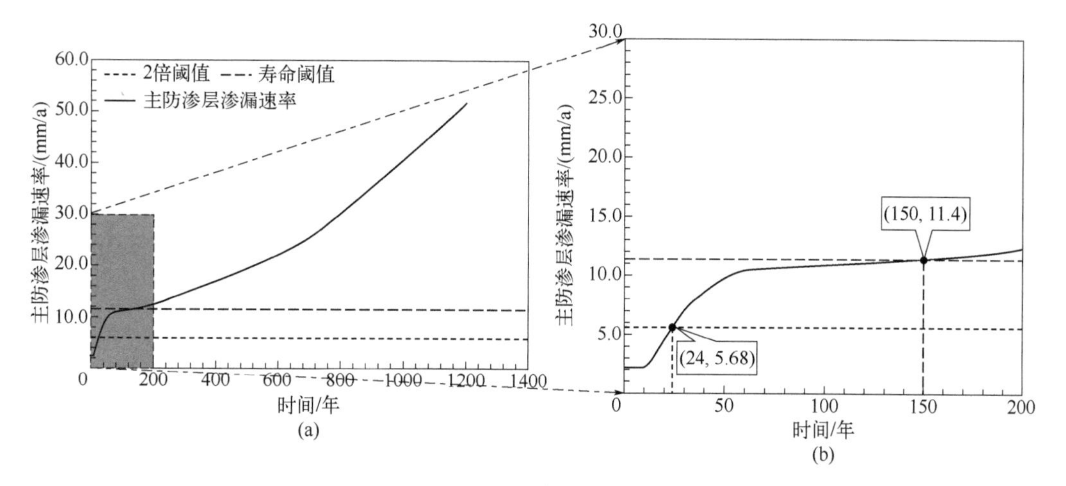

图 7-9　主防渗层渗漏速率及填埋场寿命计算结果（黏土施工质量较差）

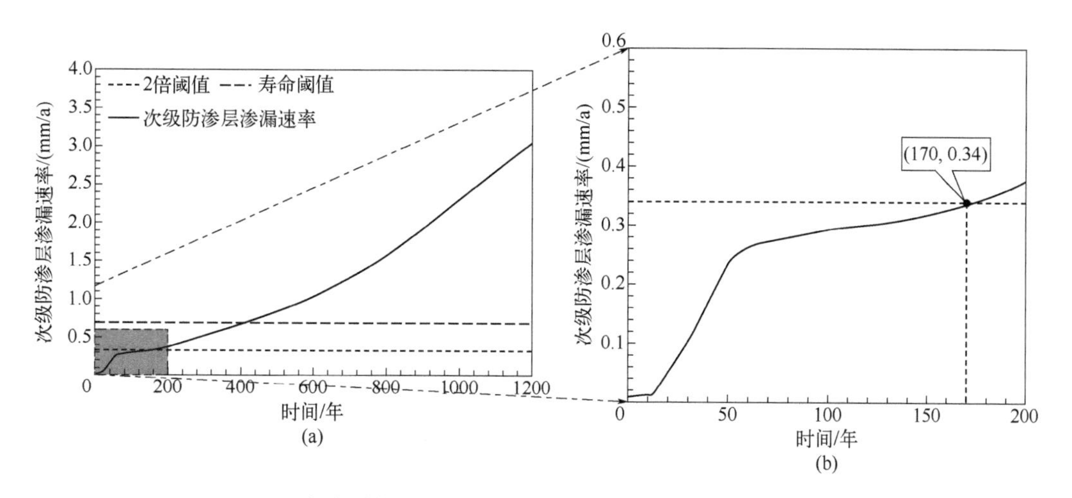

图 7-10　寿命到期后的次级防渗层渗漏速率（黏土施工质量较差）

7.2.3 HDPE 膜初始缺陷

前文假设 HDPE 膜完整性较好，初始缺陷密度为 5 个/ha，计算得到盐城区域气候条件下的 HWL 寿命为 510 年。而实际上，根据第 4 章统计，国内填埋场防渗层 HDPE 膜的初始缺陷密度均值是 25.6 个/ha，因此对初始缺陷情况下的长期性能演化和寿命进行了预测，结果见图 7-11。

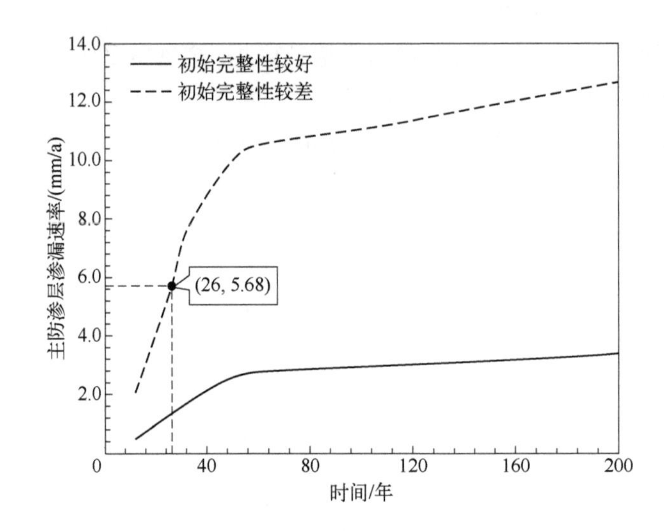

图 7-11　HDPE 膜不同初始完整性情况下的长期性能演化和寿命

从图 7-11 中可以看出初期（12 年以前），不同初始完整性条件下主防渗层渗漏速率的差异较小；随后（12～62 年）不同初始完整性条件下的主防渗层渗漏速率差异迅速增大，这一阶段主要是服役温度较高而导致 HDPE 膜快速老化，而在同样的老化速率条件下，初始缺陷数量越多的，缺陷数量增加越快，导致渗漏速率的差异也越发明显；62 年以后，不同初始完整性条件下主防渗层渗漏速率的差异依然在增大，但增大的速率相较于 12～62 年有所放缓。

将主防渗层渗漏速率的时间演变过程与其寿命终止阈值比较，发现其在 26 年达到阈值，也即达到寿命。由于前述分析表明，在盐城所处气候条件下，主防渗层渗漏速率超过其对应阈值是寿命终止的原因，因此不再进一步分析次级防渗层渗漏的长期变化情况。相比 HDPE 膜初始完整性较好条件下的寿命（510 年），相差近 20 倍。

参考文献

[1] 中华人民共和国统计局．中国统计年鉴[M]．北京：中国统计出版社，2021.

[2] 中华人民共和国生态环境部．危险废物填埋污染控制标准: GB 18598—2019[S]．北京：中国标准出版社，2019.

[3] Requirements for hazardous waste landfill design,construction, and closure[R]. Cincinnati, OH: Center for Environmental Research Information，Office of Research and development，U.S. Environmental Protectin Agency, 1989.

[4] Giroud J P, Bonaparte R. Leakage through liners constructed with geomembrane—parts Ⅰ. Geotextiles and Geomembranes, 1989, 8(1): 27-67.

附录

附录 1　危险废物填埋污染控制标准（GB 18598—2019）

1　适用范围

本标准规定了危险废物填埋的入场条件，填埋场的选址、设计、施工、运行、封场及监测的环境保护要求。

本标准适用于新建危险废物填埋场的建设、运行、封场及封场后环境管理过程的污染控制。现有危险废物填埋场的入场要求、运行要求、污染物排放要求、封场及封场后环境管理要求、监测要求按照本标准执行。本标准适用于生态环境主管部门对危险废物填埋场环境污染防治的监督管理。

本标准不适用于放射性废物的处置及突发事故产生危险废物的临时处置。

2　规范性引用文件

本标准内容引用了下列文件中的条款。凡是不注明日期的引用文件，其有效版本适用于本标准。

GB 5085.3　危险废物鉴别标准 浸出毒性鉴别
GB 6920　水质 pH 值的测定 玻璃电极法
GB 7466　水质 总铬的测定（第一篇）
GB 7467　水质 六价铬的测定 二苯碳酰二肼分光光度法
GB 7470　水质 铅的测定 双硫腙分光光度法
GB 7471　水质 镉的测定 双硫腙分光光度法
GB 7472　水质 锌的测定 双硫腙分光光度法
GB 7475　水质 铜、锌、铅、镉的测定 原子吸收分光光度法
GB 7484　水质 氟化物的测定 离子选择电极法
GB 7485　水质 总砷的测定 二乙基二硫代氨基甲酸银分光光度法
GB 8978　污水综合排放标准
GB 11893　水质 总磷的测定 钼酸铵分光光度法
GB 11895　水质 苯并[a]芘的测定 乙酰化滤纸层析荧光分光光度法
GB 11901　水质 悬浮物的测定 重量法
GB 11907　水质 银的测定 火焰原子吸收分光光度法
GB 16297　大气污染物综合排放标准
GB 37822　挥发性有机物无组织排放控制标准
GB 50010　混凝土结构设计规范
GB 50108　地下工程防水技术规范
GB/T 14204　水质 烷基汞的测定 气相色谱法
GB/T 14671　水质 钡的测定 电位滴定法
GB/T 14848　地下水质量标准
GB/T 15555.1　固体废物 总汞的测定 冷原子吸收分光光度法

GB/T 15555.3　固体废物　砷的测定　二乙基二硫代氨基甲酸银分光光度法
GB/T 15555.4　固体废物　六价铬的测定　二苯碳酰二肼分光光度法
GB/T 15555.5　固体废物　总铬的测定　二苯碳酰二肼分光光度法
GB/T 15555.7　固体废物　六价铬的测定　硫酸亚铁铵滴定法
GB/T 15555.10　固体废物　镍的测定　丁二酮肟分光光度法
GB/T 15555.11　固体废物　氟化物的测定　离子选择性电极法
GB/T 15555.12　固体废物　腐蚀性测定　玻璃电极法
HJ 84　水质　无机阴离子（F^-、Cl^-、NO_2^-、Br^-、NO_3^-、PO_4^{3-}、SO_3^{2-}、SO_4^{2-}）的测定　离子色谱法
HJ 478　水质　多环芳烃的测定　液液萃取和固相萃取高效液相色谱法
HJ 484　水质　氰化物的测定　容量法和分光光度法
HJ 485　水质　铜的测定　二乙基二硫代氨基甲酸钠分光光度法
HJ 486　水质　铜的测定 2,9-二甲基-1,10-菲啰啉分光光度法
HJ 487　水质　氟化物的测定　茜素磺酸锆目视比色法
HJ 488　水质　氟化物的测定　氟试剂分光光度法
HJ 489　水质　银的测定 3,5-Br_2-PADAP 分光光度法
HJ 490　水质　银的测定　镉试剂 2B 分光光度法
HJ 501　水质　总有机碳的测定　燃烧氧化-非分散红外吸收法
HJ 505　水质　五日生化需氧量（BOD_5）的测定　稀释与接种法
HJ 535　水质　氨氮的测定　纳氏试剂分光光度法
HJ 536　水质　氨氮的测定　水杨酸分光光度法
HJ 537　水质　氨氮的测定　蒸馏-中和滴定法
HJ 597　水质　总汞的测定　冷原子吸收分光光度法
HJ 602　水质　钡的测定　石墨炉原子吸收分光光度法
HJ 636　水质　总氮的测定　碱性过硫酸钾消解紫外分光光度法
HJ 659　水质　氰化物等的测定　真空检测管-电子比色法
HJ 665　水质　氨氮的测定　连续流动-水杨酸分光光度法
HJ 666　水质　氨氮的测定　流动注射-水杨酸分光光度法
HJ 667　水质　总氮的测定　连续流动-盐酸萘乙二胺分光光度法
HJ 668　水质　总氮的测定　流动注射-盐酸萘乙二胺分光光度法
HJ 670　水质　磷酸盐和总磷的测定　连续流动-钼酸铵分光光度法
HJ 671　水质　总磷的测定　流动注射-钼酸铵分光光度法
HJ 687　固体废物　六价铬的测定　碱消解/火焰原子吸收分光光度法
HJ 694　水质　汞、砷、硒、铋和锑的测定　原子荧光法
HJ 700　水质 65 种元素的测定　电感耦合等离子体质谱法
HJ 702　固体废物　汞、砷、硒、铋、锑的测定　微波消解/原子荧光法
HJ 749　固体废物　总铬的测定　火焰原子吸收分光光度法
HJ 750　固体废物　总铬的测定　石墨炉原子吸收分光光度法

HJ 751	固体废物 镍和铜的测定 火焰原子吸收分光光度法
HJ 752	固体废物 铍 镍 铜和钼的测定 石墨炉原子吸收分光光度法
HJ 761	固体废物 有机质的测定 灼烧减量法
HJ 766	固体废物 金属元素的测定 电感耦合等离子体质谱法
HJ 767	固体废物 钡的测定 石墨炉原子吸收分光光度法
HJ 776	水质 32 种元素的测定 电感耦合等离子体发射光谱法
HJ 781	固体废物 22 种金属元素的测定 电感耦合等离子体发射光谱法
HJ 786	固体废物 铅、锌和镉的测定 火焰原子吸收分光光度法
HJ 787	固体废物 铅和镉的测定 石墨炉原子吸收分光光度法
HJ 823	水质 氰化物的测定 流动注射-分光光度法
HJ 828	水质 化学需氧量的测定 重铬酸盐法
HJ 999	固体废物 氟的测定 碱熔-离子选择电极法
HJ/T 59	水质 铍的测定 石墨炉原子吸收分光光度法
HJ/T 91	地表水和污水监测技术规范
HJ/T 195	水质 氨氮的测定 气相分子吸收光谱法
HJ/T 199	水质 总氮的测定 气相分子吸收光谱法
HJ/T 299	固体废物 浸出毒性浸出方法 硫酸硝酸法
HJ/T 399	水质 化学需氧量的测定 快速消解分光光度法
CJ/T 234	垃圾填埋场用高密度聚乙烯土工膜
CJJ 113	生活垃圾卫生填埋场防渗系统工程技术规范
CJJ 176	生活垃圾卫生填埋场岩土工程技术规范
NY/T 1121.16	土壤检测 第 16 部分：土壤水溶性盐总量的测定

《污染源自动监控管理办法》（国家环境保护总局令 第 28 号）

3 术语和定义

3.1 危险废物 hazardous waste

列入国家危险废物名录或者根据国家规定的危险废物鉴别标准和鉴别方法认定的具有危险特性的固体废物。

3.2 危险废物填埋场 hazardous waste landfill

处置危险废物的一种陆地处置设施，它由若干个处置单元和构筑物组成，主要包括接收与贮存设施、分析与鉴别系统、预处理设施、填埋处置设施（其中包括：防渗系统、渗滤液收集和导排系统）、封场覆盖系统、渗滤液和废水处理系统、环境监测系统、应急设施及其他公用工程和配套设施。本标准所指的填埋场均指危险废物填埋场。

3.3 相容性 compatibility

某种危险废物同其他危险废物或填埋场中其他物质接触时不产生气体、热量、有害物质，不会燃烧或爆炸，不发生其他可能对填埋场产生不利影响的反应和变化。

3.4 柔性填埋场 flexible landfill

采用双人工复合衬层作为防渗层的填埋处置设施。

3.5 **刚性填埋场** concrete landfill

采用钢筋混凝土作为防渗阻隔结构的填埋处置设施。其构成见附录 A 图 A.1。

3.6 **天然基础层** nature foundation layer

位于防渗衬层下部，由未经扰动的土壤构成的基础层。

3.7 **防渗衬层** landfill liner

设置于危险废物填埋场底部及边坡的由黏土衬层和人工合成材料衬层组成的防止渗滤液进入地下水的阻隔层。

3.8 **双人工复合衬层** double artificial composite liner

由两层人工合成材料衬层与黏土衬层组成的防渗衬层。其构成见附录 A 图 A.2。

3.9 **渗漏检测层** leak detection layer

位于双人工复合衬层之间，收集、排出并检测液体通过主防渗层的渗漏液体。

3.10 **可接受渗漏速率** acceptable leakage rate

渗漏检测层中检测出的可接受的最大渗漏速率，具体计算方式见附录 B。

3.11 **水溶性盐** water-soluble salt

固体废物中氯化物、硫酸盐、碳酸盐以及其他可溶性物质。

3.12 **防渗层完整性检测** liner leakage detection

采用电法以及其他方法对人工合成材料衬层（如高密度聚乙烯膜）是否发生破损及其破损位置进行检测。防渗层完整性检测包括填埋场施工验收检测以及运行期和封场后的检测。

3.13 **填埋场稳定性** landfill stability

填埋场建设、运行、封场期间地基、填埋堆体及封场覆盖系统的有关不均匀沉降、滑坡、塌陷等现象的力学性能。

3.14 **公共污水处理系统** public wastewater treatment system

通过纳污管道等方式收集废水，为两家及以上排污单位提供废水处理服务并且排水能够达到相关排放标准要求的企业或机构，包括各种规模和类型的城镇污水处理厂、区域（包括各类工业园区、开发区、工业聚集地等）废水处理厂等，其废水处理程度应达到二级或二级以上。

3.15 **直接排放** direct discharge

排污单位直接向环境排放污染物的行为。

3.16 **间接排放** indirect discharge

排污单位向公共污水处理系统排放污染物的行为。

3.17 **现有危险废物填埋场** existing hazardous waste landfill

本标准实施之日前，已建成投产或环境影响评价文件已通过审批的危险废物填埋场。

3.18 **新建危险废物填埋场** new-built hazardous waste landfill

本标准实施之日后，环境影响评价文件通过审批的新建、改建或扩建的危险废物填埋场。

3.19 **设计寿命期** designed expect lifetime

进行填埋场设计时，在充分考虑填埋场施工、运行维护等情况下确定的丧失填埋场具有的阻隔废物与环境介质联系功能的预期时间。实现阻隔功能需要通过填埋场的合理选址、规范建设及安全运行等有效措施完成。

4 填埋场场址选择要求

4.1 填埋场选址应符合环境保护法律法规及相关法定规划要求。

4.2 填埋场场址的位置及与周围人群的距离应依据环境影响评价结论确定。

在对危险废物填埋场场址进行环境影响评价时，应重点考虑危险废物填埋场渗滤液可能产生的风险、填埋场结构及防渗层长期安全性及其由此造成的渗漏风险等因素，根据其所在地区的环境功能区类别，结合该地区的长期发展规划和填埋场设计寿命期，重点评价其对周围地下水环境、居住人群的身体健康、日常生活和生产活动的长期影响，确定其与常住居民居住场所、农用地、地表水体以及其他敏感对象之间合理的位置关系。

4.3 填埋场场址不应选在国务院和国务院有关主管部门及省、自治区、直辖市人民政府划定的生态保护红线区域、永久基本农田和其他需要特别保护的区域内。

4.4 填埋场场址不得选在以下区域：破坏性地震及活动构造区，海啸及涌浪影响区；湿地，地应力高度集中，地面抬升或沉降速率快的地区；石灰溶洞发育带；废弃矿区、塌陷区；崩塌、岩堆、滑坡区；山洪、泥石流影响地区；活动沙丘区；尚未稳定的冲积扇、冲沟地区及其他可能危及填埋场安全的区域。

4.5 填埋场选址的标高应位于重现期不小于 100 年一遇的洪水位之上，并在长远规划中的水库等人工蓄水设施淹没和保护区之外。

4.6 填埋场场址地质条件应符合下列要求，刚性填埋场除外：

a）场区的区域稳定性和岩土体稳定性良好，渗透性低，没有泉水出露；

b）填埋场防渗结构底部应与地下水有记录以来的最高水位保持 3m 以上的距离。

4.7 填埋场场址不应选在高压缩性淤泥、泥炭及软土区域，刚性填埋场选址除外。

4.8 填埋场场址天然基础层的饱和渗透系数不应大于 1.0×10^{-5}cm/s，且其厚度不应小于 2m，刚性填埋场除外。

4.9 填埋场场址不能满足 4.6 条、4.7 条及 4.8 条的要求时，必须按照刚性填埋场要求建设。

5 设计、施工与质量保证

5.1 填埋场应包括以下设施：接收与贮存设施、分析与鉴别系统、预处理设施、填埋处置设施（其中包括：防渗系统、渗滤液收集和导排系统、填埋气体控制设施）、环境监测系统（其中包括人工合成材料衬层渗漏检测、地下水监测、稳定性监测和大气与地表水等的环境检测）、封场覆盖系统（填埋封场阶段）、应急设施及其他公用工程和配套设施。同时，应根据具体情况选择设置渗滤液和废水处理系统、地下水导排系统。

5.2 填埋场应建设封闭性的围墙或栅栏等隔离设施，专人管理的大门，安全防护和监控设施，并且在入口处标识填埋场的主要建设内容和环境管理制度。

5.3 填埋场处置不相容的废物应设置不同的填埋区，分区设计要有利于以后可能的废物回取操作。

5.4 柔性填埋场应设置渗滤液收集和导排系统，包括渗滤液导排层、导排管道和集水井。渗滤液导排层的坡度不宜小于 2%。渗滤液导排系统的导排效果要保证人工衬层之上的渗滤液深度不大于 30cm，并应满足下列条件：

a）渗滤液导排层采用石料时应采用卵石，初始渗透系数应不小于 0.1cm/s，碳酸钙含

量应不大于 5%;

b）渗滤液导排层与填埋废物之间应设置反滤层，防止导排层淤堵;

c）渗滤液导排管出口应设置端头井等反冲洗装置，定期冲洗管道，维持管道通畅;

d）渗滤液收集与导排设施应分区设置。

5.5　柔性填埋场应采用双人工复合衬层作为防渗层。双人工复合衬层中的人工合成材料采用高密度聚乙烯膜时应满足 CJ/T 234 规定的技术指标要求，并且厚度不小于 2.0mm。双人工复合衬层中的黏土衬层应满足下列条件:

a）主衬层应具有厚度不小于 0.3m，且其被压实、人工改性等措施后的饱和渗透系数小于 1.0×10^{-7}cm/s 的黏土衬层;

b）次衬层应具有厚度不小于 0.5m，且其被压实、人工改性等措施后的饱和渗透系数小于 1.0×10^{-7}cm/s 的黏土衬层。

5.6　黏土衬层施工过程应充分考虑压实度与含水率对其饱和渗透系数的影响，并满足下列条件:

a）每平方米黏土层高度差不得大于 2cm;

b）黏土的细粒含量（粒径小于 0.075mm）应大于 20%，塑性指数应大于 10%，不应含有粒径大于 5mm 的尖锐颗粒物;

c）黏土衬层的施工不应对渗滤液收集和导排系统、人工合成材料衬层、渗漏检测层造成破坏。

5.7　柔性填埋场应设置两层人工复合衬层之间的渗漏检测层，它包括双人工复合衬层之间的导排介质、集排水管道和集水井，并应分区设置。检测层渗透系数应大于 0.1cm/s。

5.8　刚性填埋场设计应符合以下规定:

a）刚性填埋场钢筋混凝土的设计应符合 GB 50010 的相关规定，防水等级应符合 GB 50108 一级防水标准;

b）钢筋混凝土与废物接触的面上应覆有防渗、防腐材料;

c）钢筋混凝土抗压强度不低于 25N/mm^2，厚度不小于 35cm;

d）应设计成若干独立对称的填埋单元，每个填埋单元面积不得超过 50m^2 且容积不得超过 250m^3;

e）填埋结构应设置雨棚，杜绝雨水进入;

f）在人工目视条件下能观察到填埋单元的破损和渗漏情况，并能及时进行修补。

5.9　填埋场应合理设置集排气系统。

5.10　高密度聚乙烯防渗膜在铺设过程中要对膜下介质进行目视检测，确保平整性，确保没有遗留尖锐物质与材料。对高密度聚乙烯防渗膜进行目视检测，确保没有质量瑕疵。高密度聚乙烯防渗膜焊接过程中，应满足 CJJ 113 相关技术要求。在填埋区施工完毕后，需要对高密度聚乙烯防渗膜进行完整性检测。

5.11　填埋场施工方案中应包括施工质量保证和施工质量控制内容，明确环保条款和责任，作为项目竣工环境保护验收的依据，同时可作为填埋场建设环境监理的主要内容。

5.12　填埋场施工完毕后应向当地生态环境主管部门提交施工报告、全套竣工图，所有材料的现场和试验室检测报告，采用高密度聚乙烯膜作为人工合成材料衬层的填埋场还应提交防渗层完整性检测报告。

5.13 填埋场应制定到达设计寿命期后的填埋废物的处置方案，并依据 7.10 条的评估结果确定是否启动处置方案。

6 填埋废物的入场要求

6.1 下列废物不得填埋:

a）医疗废物；

b）与衬层具有不相容性反应的废物；

c）液态废物。

6.2 除 6.1 条所列废物，满足下列条件或经预处理满足下列条件的废物，可进入柔性填埋场:

a）根据 HJ/T 299 制备的浸出液中有害成分浓度不超过表 1 中允许填埋控制限值的废物；

b）根据 GB/T 15555.12 测得浸出液 pH 值在 7.0～12.0 之间的废物；

c）含水率低于 60%的废物；

d）水溶性盐总量小于 10%的废物，测定方法按照 NY/T 1121.16 执行，待国家发布固体废物中水溶性盐总量的测定方法后执行新的监测方法标准；

e）有机质含量小于 5%的废物，测定方法按照 HJ 761 执行；

f）不再具有反应性、易燃性的废物。

6.3 除 6.1 条所列废物，不具有反应性、易燃性或经预处理不再具有反应性、易燃性的废物，可进入刚性填埋场。

6.4 砷含量大于 5%的废物，应进入刚性填埋场处置，测定方法按照表 1 执行。

表 1 危险废物允许填埋的控制限值

序号	项目	稳定化控制限值/（mg/L）	检测方法
1	烷基汞	不得检出	GB/T 14204
2	汞（以总汞计）	0.12	GB/T 15555.1、HJ 702
3	铅（以总铅计）	1.2	HJ 766、HJ 781、HJ 786、HJ 787
4	镉（以总镉计）	0.6	HJ 766、HJ 781、HJ 786、HJ 787
5	总铬	15	GB/T 15555.5、HJ 749、HJ 750
6	六价铬	6	GB/T 15555.4、GB/T 15555.7、HJ 687
7	铜（以总铜计）	120	HJ 751、HJ 752、HJ 766、HJ 781
8	锌（以总锌计）	120	HJ 766、HJ 781、HJ 786
9	铍（以总铍计）	0.2	HJ 752、HJ 766、HJ 781
10	钡（以总钡计）	85	HJ 766、HJ 767、HJ 781
11	镍（以总镍计）	2	GB/T 15555.10、HJ 751、HJ 752、HJ 766、HJ 781
12	砷（以总砷计）	1.2	GB/T 15555.3、HJ 702、HJ 766
13	无机氟化物（不包括氟化钙）	120	GB/T 15555.11、HJ 999
14	氰化物（以 CN^- 计）	6	暂时按照 GB 5085.3 附录 G 方法执行，待国家固体废物氰化物监测方法标准发布实施后，应采用国家监测方法标准

7 填埋场运行管理要求

7.1 在填埋场投入运行之前，企业应制订运行计划和突发环境事件应急预案。突发环境事件应急预案应说明各种可能发生的突发环境事件情景及应急处置措施。
7.2 填埋场运行管理人员，应参加企业的岗位培训，合格后上岗。
7.3 柔性填埋场应根据分区填埋原则进行日常填埋操作，填埋工作面应尽可能小，方便及时得到覆盖。填埋堆体的边坡坡度应符合堆体稳定性验算的要求。
7.4 填埋场应根据废物的力学性质合理选择填埋单元，防止局部应力集中对填埋结构造成破坏。
7.5 柔性填埋场应根据填埋场边坡稳定性要求对填埋废物的含水量、力学参数进行控制，避免出现连通的滑动面。
7.6 柔性填埋场日常运行要采取措施保障填埋场稳定性，并根据 CJJ 176 的要求对填埋堆体和边坡的稳定性进行分析。
7.7 柔性填埋场运行过程中，应严格禁止外部雨水的进入。每日工作结束时，以及填埋完毕后的区域必须采用人工材料覆盖。除非设有完备的雨棚，雨天不宜开展填埋作业。
7.8 填埋场运行记录应包括设备工艺控制参数，入场废物来源、种类、数量，废物填埋位置等信息，柔性填埋场还应当记录渗滤液产生量和渗漏检测层流出量等。
7.9 企业应建立有关填埋场的全部档案，包括入场废物特性、填埋区域、场址选择、勘察、征地、设计、施工、验收、运行管理、封场及封场后管理、监测以及应急处置等全过程所形成的一切文件资料；必须按国家档案管理等法律法规进行整理与归档，并永久保存。
7.10 填埋场应根据渗滤液水位、渗滤液产生量、渗滤液组分和浓度、渗漏检测层渗漏量、地下水监测结果等数据，定期对填埋场环境安全性能进行评估，并根据评估结果确定是否对填埋场后续运行计划进行修订以及采取必要的应急处置措施。填埋场运行期间，评估频次不得低于两年一次；封场至设计寿命期，评估频次不得低于三年一次；设计寿命期后，评估频次不得低于一年一次。

8 填埋场污染物排放控制要求

8.1 废水污染物排放控制要求
8.1.1 填埋场产生的渗滤液（调节池废水）等污水必须经过处理，并符合本标准规定的污染物排放控制要求后方可排放，禁止渗滤液回灌。
8.1.2 2020 年 8 月 31 日前，现有危险废物填埋场废水进行处理，达到 GB 8978 中第一类污染物最高允许排放浓度标准要求及第二类污染物最高允许排放浓度标准要求后方可排放。第二类污染物排放控制项目包括 pH 值、悬浮物（SS）、五日生化需氧量（BOD_5）、化学需氧量（COD_{Cr}）、氨氮（NH_3-N）、磷酸盐（以 P 计）。
8.1.3 自 2020 年 9 月 1 日起，现有危险废物填埋场废水污染物排放执行表 2 规定的限值。

表 2　危险废物填埋场废水污染物排放限值

（单位：mg/L，pH 除外）

<table>
<tr><th>序号</th><th>污染物项目</th><th>直接排放</th><th>间接排放[1]</th><th>污染物排放监控位置</th></tr>
<tr><td>1</td><td>pH 值</td><td>6～9</td><td>6-9</td><td rowspan="13">危险废物填埋场废水总排放口</td></tr>
<tr><td>2</td><td>生化需氧量（BOD_5）</td><td>4</td><td>50</td></tr>
<tr><td>3</td><td>化学需氧量（COD_{Cr}）</td><td>20</td><td>200</td></tr>
<tr><td>4</td><td>总有机碳（TOC）</td><td>8</td><td>30</td></tr>
<tr><td>5</td><td>悬浮物（SS）</td><td>10</td><td>100</td></tr>
<tr><td>6</td><td>氨氮</td><td>1</td><td>30</td></tr>
<tr><td>7</td><td>总氮</td><td>1</td><td>50</td></tr>
<tr><td>8</td><td>总铜</td><td>0.5</td><td>0.5</td></tr>
<tr><td>9</td><td>总锌</td><td>1</td><td>1</td></tr>
<tr><td>10</td><td>总钡</td><td>1</td><td>1</td></tr>
<tr><td>11</td><td>氰化物（以 CN^- 计）</td><td>0.2</td><td>0.2</td></tr>
<tr><td>12</td><td>总磷（TP，以 P 计）</td><td>0.3</td><td>3</td></tr>
<tr><td>13</td><td>氟化物（以 F^- 计）</td><td>1</td><td>1</td></tr>
<tr><td>14</td><td>总汞</td><td colspan="2">0.001</td><td rowspan="11">渗滤液调节池废水排放口</td></tr>
<tr><td>15</td><td>烷基汞</td><td colspan="2">不得检出</td></tr>
<tr><td>16</td><td>总砷</td><td colspan="2">0.05</td></tr>
<tr><td>17</td><td>总镉</td><td colspan="2">0.01</td></tr>
<tr><td>18</td><td>总铬</td><td colspan="2">0.1</td></tr>
<tr><td>19</td><td>六价铬</td><td colspan="2">0.05</td></tr>
<tr><td>20</td><td>总铅</td><td colspan="2">0.05</td></tr>
<tr><td>21</td><td>总铍</td><td colspan="2">0.002</td></tr>
<tr><td>22</td><td>总镍</td><td colspan="2">0.05</td></tr>
<tr><td>23</td><td>总银</td><td colspan="2">0.5</td></tr>
<tr><td>24</td><td>苯并[*a*]芘</td><td colspan="2">0.00003</td></tr>
</table>

注：（1）工业园区和危险废物集中处置设施内的危险废物填埋场向污水处理系统排放废水时执行间接排放限值。

8.2　填埋场有组织气体和无组织气体排放应满足 GB 16297 和 GB 37822 的规定。监测因子由企业根据填埋废物特性从上述两个标准的污染物控制项目中提出，并征得当地生态环境主管部门同意。

8.3　危险废物填埋场不应对地下水造成污染。地下水监测因子和地下水监测层位由企业根据填埋废物特性和填埋场所处区域水文地质条件提出，必须具有代表性且能表示废物特性的参数，并征得当地生态环境主管部门同意。常规测定项目包括浑浊度、pH 值、溶解性总固体、氯化物、硝酸盐（以 N 计）、亚硝酸盐（以 N 计）。填埋场地下水质量评价按照 GB/T 14848 执行。

9 封场要求

9.1 当柔性填埋场填埋作业达到设计容量后，应及时进行封场覆盖。
9.2 柔性填埋场封场结构自下而上为：
——导气层：由砂砾组成，渗透系数应大于 0.01cm/s，厚度不小于 30cm；
——防渗层：厚度 1.5mm 以上的糙面高密度聚乙烯防渗膜或线性低密度聚乙烯防渗膜，采用黏土时，厚度不小于 30cm，饱和渗透系数小于 1.0×10^{-7}cm/s；
——排水层：渗透系数不应小于 0.1cm/s，边坡应采用土工复合排水网；排水层应与填埋库区四周的排水沟相连；
——植被层：由营养植被层和覆盖支持土层组成；营养植被层厚度应大于 15cm。覆盖支持土层由压实土层构成，厚度应大于 45cm。
9.3 刚性填埋单元填满后应及时对该单元进行封场，封场结构应包括 1.5mm 以上高密度聚乙烯防渗膜及抗渗混凝土。
9.4 当发现渗漏事故及发生不可预见的自然灾害使得填埋场不能继续运行时，填埋场应启动应急预案，实行应急封场。应急封场应包括相应的防渗衬层破损修补、渗漏控制、防止污染扩散，以及必要时的废物挖掘后异位处置等措施。
9.5 填埋场封场后，除绿化和场区开挖回取废物进行利用外，禁止在原场地进行开发用作其他用途。
9.6 填埋场在封场后到达设计寿命期的期间内必须进行长期维护，包括：
a）维护最终覆盖层的完整性和有效性；
b）继续进行渗滤液的收集和处理；
c）继续监测地下水水质的变化。

10 监测要求

10.1 污染物监测的一般要求
10.1.1 企业应按照有关法律和排污单位自行监测技术指南等规定，建立企业监测制度，制定监测方案，对污染物排放状况及其对周边环境质量的影响开展自行监测，保存原始监测记录，并公布监测结果。
10.1.2 企业安装污染物排放自动监控设备的要求，按有关法律和《污染源自动监控管理办法》的规定执行。
10.1.3 企业应按照环境监测管理规定和技术规范的要求，设计、建设、维护永久性采样口、采样测试平台和排污口标志。
10.2 柔性填埋场渗漏检测层监测
10.2.1 渗漏检测层集水池可通过自流或设置排水泵将渗出液排出，排水泵的运行水位需保证集水池不会因为水位过高而回流至检测层。
10.2.2 运行期间，企业应对渗漏检测层每天产生的液体进行收集和计量，监测通过主防渗层的渗滤液渗漏速率（根据附录 B 公式 B.1 计算），频率至少一星期一次。
10.2.3 封场后，应继续对渗漏检测层每天产生的液体进行收集和计量，监测通过主防渗层的渗滤液渗漏速率（根据附录 B 公式 B.1 计算），频率至少一月一次；发现渗漏检测层集水池水位高于排水泵的运行水位时，监测频率需提高至一星期一次；当到达设计寿命期后，监测频率需提高至一星期一次。

10.2.4　当监测到的渗滤液渗漏速率大于可接受渗漏速率限值时（根据附录 B 公式 B.2 计算），企业应当按照 9.4 条的相关要求执行。

10.2.5　分区设置的填埋场，应分别监测各分区的渗滤液渗漏速率，并与各分区的可接受渗漏速率进行比较。

10.3　柔性填埋场运行期间，应定期对防渗层的有效性进行评估。

10.4　根据填埋运行的情况，企业应对柔性填埋场稳定性进行监测，监测方法和频率按照 CJJ 176 要求执行。

10.5　企业应对柔性填埋场内的渗滤液水位进行长期监测，监测频率至少为每月一次。对渗滤液导排管道要进行定期检测和清淤，频率至少为每半年一次。

10.6　水污染物监测要求

10.6.1　采样点的设置与采样方法，按 HJ/T 91 的规定执行。

10.6.2　企业对排放废水污染物进行监测的频次，应根据填埋废物特性、覆盖层和降水等条件加以确定，至少每月一次。

10.6.3　填埋场排放废水污染物浓度测定方法采用表 3 所列的方法标准。如国家发布新的监测方法标准且适用性满足要求，同样适用于表 3 所列污染物的测定。

10.7　地下水监测

10.7.1　填埋场投入使用之前，企业应监测地下水本底水平。

10.7.2　地下水监测井的布置要求：

a）在填埋场上游应设置 1 个监测井，在填埋场两侧各布置不少于 1 个的监测井，在填埋场下游至少设置 3 个监测井；

b）填埋场设置有地下水收集导排系统的，应在填埋场地下水主管出口处至少设置取样井一眼，用以监测地下水收集导排系统的水质；

c）监测井应设置在地下水上下游相同水力坡度上；

d）监测井深度应足以采取具有代表性的样品。

10.7.3　地下水监测频率：

a）填埋场运行期间，企业自行监测频率为每个月至少一次；如周边有环境敏感区应加大监测频次；

b）封场后，应继续监测地下水，频率至少一季度一次；如监测结果出现异常，应及时进行重新监测，并根据实际情况增加监测项目，间隔时间不得超过 3 天。

10.8　大气监测

10.8.1　采样点布设、采样及监测方法按照 GB 16297 的规定执行，污染源下风方向应为主要监测范围。

10.8.2　填埋场运行期间，企业自行监测频率为每个季度至少一次。如监测结果出现异常，应及时进行重新监测，间隔时间不得超过一星期。

表3　废水污染物浓度测定方法标准

序号	污染物项目	方法标准名称	方法标准编号
1	pH	水质　pH值的测定 玻璃电极法	GB 6920
2	化学需氧量（COD_{Cr}）	水质 化学需氧量的测定 重铬酸盐法	HJ 828
		水质 化学需氧量的测定 快速消解分光光度法	HJ/T 399
3	生化需氧量（BOD_5）	水质 五日生化需氧量（BOD_5）的测定 稀释与接种法	HJ 505
4	总有机碳（TOC）	水质 总有机碳的测定 燃烧氧化-非分散红外吸收法	HJ 501
5	悬浮物（SS）	水质 悬浮物的测定 重量法	GB 11901
6	氨氮	水质 氨氮的测定 气相分子吸收光谱法	HJ/T 195
		水质 氨氮的测定 纳氏试剂分光光度法	HJ 535
		水质 氨氮的测定 水杨酸分光光度法	HJ 536
		水质 氨氮的测定 蒸馏-中和滴定法	HJ 537
		水质 氨氮的测定 连续流动-水杨酸分光光度法	HJ 665
		水质 氨氮的测定 流动注射-水杨酸分光光度法	HJ 666
7	总氮	水质 总氮的测定 碱性过硫酸钾消解紫外分光光度法	HJ 636
		水质 总氮的测定 连续流动-盐酸萘乙二胺分光光度法	HJ 667
		水质 总氮的测定 流动注射-盐酸萘乙二胺分光光度法	HJ 668
		水质 总氮的测定 气相分子吸收光谱法	HJ/T 199
8	总铜	水质 铜的测定 二乙基二硫代氨基甲酸钠分光光度法	HJ 485
		水质 铜的测定 2,9-二甲基-1,10-菲啰啉分光光度法	HJ 486
		水质 65种元素的测定 电感耦合等离子体质谱法	HJ 700
		水质 32种元素的测定 电感耦合等离子体发射光谱法	HJ 776
		水质 铜、锌、铅、镉的测定 原子吸收分光光度法	GB 7475
9	总锌	水质 锌的测定 双硫腙分光光度法	GB 7472
		水质 铜、锌、铅、镉的测定 原子吸收分光光度法	GB 7475
		水质 65种元素的测定 电感耦合等离子体质谱法	HJ 700
		水质 32种元素的测定 电感耦合等离子体发射光谱法	HJ 776
10	总钡	水质 钡的测定 电位滴定法	GB/T 14671
		水质 钡的测定 石墨炉原子吸收分光光度法	HJ 602
		水质　65种元素的测定 电感耦合等离子体质谱法	HJ 700
		水质　32种元素的测定 电感耦合等离子体发射光谱法	HJ 776
11	氰化物（以CN^-计）	水质 氰化物的测定 容量法和分光光度法	HJ 484
		水质 氰化物等的测定 真空检测管-电子比色法	HJ 659
		水质 氰化物的测定 流动注射-分光光度法	HJ 823
12	总磷	水质 总磷的测定 钼酸铵分光光度法	GB 11893
		水质 磷酸盐和总磷的测定 连续流动-钼酸铵分光光度法	HJ 670
		水质 总磷的测定 流动注射-钼酸铵分光光度法	HJ 671
13	无机氟化物（以F^-计）	水质 氟化物的测定 离子选择电极法	GB 7484
		水质 无机阴离子（F^-、Cl^-、NO_2^-、Br^-、NO_3^-、PO_4^{3-}、SO_3^{2-}、SO_4^{2-}）的测定 离子色谱法	HJ 84
		水质 氟化物的测定 茜素磺酸锆目视比色法	HJ 487
		水质 氟化物的测定 氟试剂分光光度法	HJ 488

续表

序号	污染物项目	方法标准名称	方法标准编号
14	总汞	水质 总汞的测定 冷原子吸收分光光度法	HJ 597
		水质 汞、砷、硒、铋和锑的测定 原子荧光法	HJ 694
15	烷基汞	水质 烷基汞的测定 气相色谱法	GB/T 14204
16	总砷	水质 总砷的测定 二乙基二硫代氨基甲酸银分光光度法	GB 7485
		水质 汞、砷、硒、铋和锑的测定 原子荧光法	HJ 694
		水质 65 种元素的测定 电感耦合等离子体质谱法	HJ 700
17	总镉	水质 镉的测定 双硫腙分光光度法	GB 7471
		水质 65 种元素的测定 电感耦合等离子体质谱法	HJ 700
18	总铬	水质 总铬的测定（第一篇）	GB 7466
		水质 65 种元素的测定 电感耦合等离子体质谱法	HJ 700
19	六价铬	水质 六价铬的测定 二苯碳酰二肼分光光度法	GB 7467
20	总铅	水质 铅的测定 双硫腙分光光度法	GB 7470
		水质 65 种元素的测定 电感耦合等离子体质谱法	HJ 700
21	总铍	水质 65 种元素的测定 电感耦合等离子体质谱法	HJ 700
		水质 铍的测定 石墨炉原子吸收分光光度法	HJ/T 59
22	总镍	水质 65 种元素的测定 电感耦合等离子体质谱法	HJ 700
		水质 32 种元素的测定 电感耦合等离子体发射光谱法	HJ 776
23	总银	水质 银的测定 火焰原子吸收分光光度法	GB 11907
		水质 银的测定 3,5-Br_2-PADAP 分光光度法	HJ 489
		水质 银的测定 镉试剂 2B 分光光度法	HJ 490
		水质 65 种元素的测定 电感耦合等离子体质谱法	HJ 700
		水质 32 种元素的测定 电感耦合等离子体发射光谱法	HJ 776
24	苯并[*a*]芘	水质 苯并(*a*)芘的测定 乙酰化滤纸层析荧光分光光度法	GB 11895
		水质 多环芳烃的测定 液液萃取和固相萃取高效液相色谱法	HJ 478

11 实施与监督

11.1 本标准由县级以上生态环境主管部门负责监督实施。

11.2 在任何情况下，企业均应遵守本标准的污染物排放控制要求，采取必要措施保证污染防治设施正常运行。各级生态环境主管部门在对其进行监督性检查时，可以现场即时采样，将监测的结果作为判定排污行为是否符合排放标准以及实施相关环境保护管理措施的依据。

附录 A

（资料性附录）

刚性填埋场及双人工复合衬层示意图

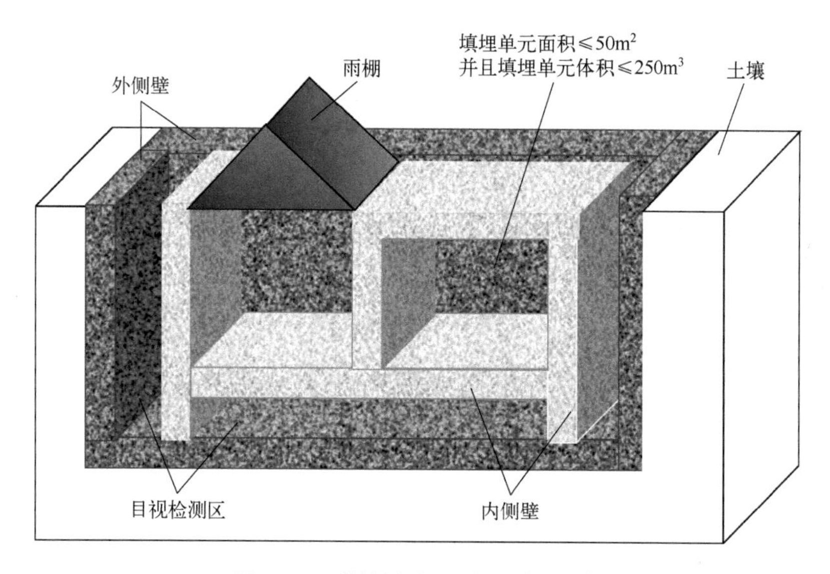

图 A.1　刚性填埋场示意图（地下）

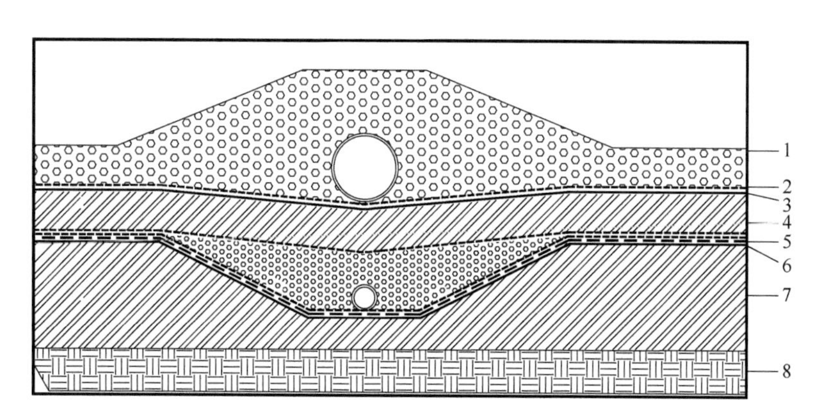

图 A.2　双人工复合衬层系统

1—渗滤液导排层；2—保护层；3—主人工衬层（HDPE）；4—压实黏土衬层；5—渗漏检测层；6—次人工衬层（HDPE）；7—压实黏土衬层；8—基础层

附录 B

(规范性附录)

主防渗层渗漏速率与可接受渗漏速率计算方法

主防渗层的渗漏速率根据公式 B.1 确定:

$$LR=\frac{\sum_{i=1}^{7}Q_i}{7} \tag{B.1}$$

式中 LR——主防渗层渗漏速率,L/d;

Q_i——第 i 天的渗漏检测层液体产生量,L。

主防渗层的可接受渗漏速率根据公式 B.2 计算:

$$ALR = 100\times A_\mathrm{u} \tag{B.2}$$

式中 ALR——可接受渗漏速率,L/d;

100——每万平方米库底面积可接受渗漏速率,$L/(d\cdot 10^4m^2)$;

A_u——填埋场的库底面积,10^4m^2。

上式中,当填埋场分区设计时,ALR 指不同分区的可接受渗漏速率,对应的 A_u 为不同分区的库底面积。

附录 2　一般工业固体废物贮存和填埋污染控制标准（GB 18599—2020）

1　适用范围

本标准规定了一般工业固体废物贮存场、填埋场的选址、建设、运行、封场、土地复垦等过程的环境保护要求，以及替代贮存、填埋处置的一般工业固体废物充填及回填利用环境保护要求，以及监测要求和实施与监督等内容。

本标准适用于新建、改建、扩建的一般工业固体废物贮存场和填埋场的选址、建设、运行、封场、土地复垦的污染控制和环境管理，现有一般工业固体废物贮存场和填埋场的运行、封场、土地复垦的污染控制和环境管理，以及替代贮存、填埋处置的一般工业固体废物充填及回填利用的污染控制及环境管理。

针对特定一般工业固体废物贮存和填埋发布的专用国家环境保护标准的，其贮存、填埋过程执行专用环境保护标准。

采用库房、包装工具（罐、桶、包装袋等）贮存一般工业固体废物过程的污染控制，不适用本标准，其贮存过程应满足相应防渗漏、防雨淋、防扬尘等环境保护要求。

2　规范性引用文件

下列文件对于本标准的应用是必不可少的。凡是注日期的引用文件，仅注日期的版本适用于本标准。凡是不注日期的引用文件，其最新版本（包括所有的修改单）适用于本标准。

GB 8978	污水综合排放标准
GB 12348	工业企业厂界环境噪声排放标准
GB 14554	恶臭污染物排放标准
GB 15562.2	环境保护图形标志-固体废物贮存（处置）场
GB 15618	土壤环境质量 农用地土壤污染风险管控标准（试行）
GB 16297	大气污染物综合排放标准
GB 16889	生活垃圾填埋场污染控制标准
GB 36600	土壤环境质量 建设用地土壤污染风险管控标准（试行）
GB/T 14848	地下水质量标准
GB/T 15432	环境空气 总悬浮颗粒物的测定 重量法
GB/T 17643	土工合成材料 聚乙烯土工膜
HJ 25.3	建设用地土壤污染风险评估技术导则
HJ 91.1	污水监测技术规范
HJ/T 164	地下水环境监测技术规范
HJ 557	固体废物浸出毒性浸出方法 水平振荡法

续表

HJ 761	固体废物 有机质的测定 灼烧减量法
HJ 819	排污单位自行监测技术指南 总则
NY/T 1121.16	土壤检测 第16部分：土壤水溶性盐总量的测定
TD/T 1036	土地复垦质量控制标准
《企业事业单位环境信息公开办法》（原国家环境保护总局令 第31号）	
《环境监测管理办法》（原国家环境保护总局令 第39号）	

3 术语和定义

3.1

一般工业固体废物 non-hazardous industrial solid waste

企业在工业生产过程中产生且不属于危险废物的工业固体废物。

3.2

贮存 storage

将固体废物临时置于特定设施或者场所中的活动。

3.3

填埋 landfill

将固体废物最终置于符合环境保护规定要求的填埋场的活动。

3.4

一般工业固体废物贮存场 non-hazardous industrial solid waste storage facility

用于临时堆放一般工业固体废物的土地贮存设施。封场后的贮存场按照填埋场进行管理。

3.5

一般工业固体废物填埋场 non-hazardous industrial solid waste landfill

用于最终处置一般工业固体废物的填埋设施。

3.6

第Ⅰ类一般工业固体废物 class Ⅰ non-hazardous industrial solid waste

按照HJ 557规定方法获得的浸出液中任何一种特征污染物浓度均未超过GB 8978最高允许排放浓度（第二类污染物最高允许排放浓度按照一级标准执行），且pH值在6～9范围之内的一般工业固体废物。

3.7

第Ⅱ类一般工业固体废物 class Ⅱ non-hazardous industrial solid waste

按照HJ 557规定方法获得的浸出液中有一种或一种以上的特征污染物浓度超过GB 8978最高允许排放浓度（第二类污染物最高允许排放浓度按照一级标准执行），或pH值在6～9范围之外的一般工业固体废物。

3.8

Ⅰ类场 class Ⅰ non-hazardous industrial solid waste storage and landfill facility

可接受本标准6.1条规定的各类一般工业固体废物并符合本标准相关污染控制技术要求规定的一般工业固体废物贮存场及填埋场。

3.9

Ⅱ类场 class Ⅱ non-hazardous industrial solid waste storage and landfill facility

可接受本标准 6.2 条、6.3 条规定的各类一般工业固体废物并符合本标准相关污染控制技术要求规定的一般工业固体废物贮存场及填埋场。

3.10

充填 mining with backfilling

为满足采矿工艺需要，以支撑围岩、防止岩石移动、控制地压为目的，利用一般工业固体废物为充填材料填充采空区的活动。

3.11

回填 backfilling

在复垦、景观恢复、建设用地平整、农业用地平整以及防止地表塌陷的地貌保护等工程中，以土地复垦为目的，利用一般工业固体废物替代土、砂、石等生产材料填充地下采空空间、露天开采地表挖掘区、取土场、地下开采塌陷区以及天然坑洼区的活动。

3.12

天然基础层 native foundation

位于防渗衬层下部，未经扰动的岩土层。

3.13

人工防渗衬层 artificial liner

人工构筑的防止渗滤液进入土壤及地下水的隔水层。

3.14

单人工复合衬层 single composite liner system

由一层人工合成材料衬层和黏土类衬层构成的防渗衬层，其结构参见附录 A。

3.15

相容性 compatibility

某种固体废物同其他固体废物接触时不会产生有害物质，不会燃烧或爆炸，不发生其他可能对贮存、填埋产生不利影响的化学反应和物理变化。

3.16

人工防渗衬层完整性检测 artificial liner integrity testing

采用电法及其他方法对高密度聚乙烯膜等人工合成材料衬层是否发生破损及破损位置进行检测。

3.17

封场 closure

贮存场及填埋场停止使用后，对其采取关闭的措施。尾矿库的封场也称闭库。

4 贮存场和填埋场选址要求

4.1 一般工业固体废物贮存场、填埋场的选址应符合环境保护法律法规及相关法定规划要求。

4.2 贮存场、填埋场的位置与周围居民区的距离应依据环境影响评价文件及审批意见确定。

4.3 贮存场、填埋场不得选在生态保护红线区域、永久基本农田集中区域和其他需要特别保护的区域内。

4.4 贮存场、填埋场应避开活动断层、溶洞区、天然滑坡或泥石流影响区以及湿地等区域。

4.5 贮存场、填埋场不得选在江河、湖泊、运河、渠道、水库最高水位线以下的滩地和岸坡，以及国家和地方长远规划中的水库等人工蓄水设施的淹没区和保护区之内。

4.6 上述选址规定不适用于一般工业固体废物的充填和回填。

5 贮存场和填埋场技术要求

5.1 一般规定

5.1.1 根据建设、运行、封场等污染控制技术要求不同，贮存场、填埋场分为Ⅰ类场和Ⅱ类场。

5.1.2 贮存场、填埋场的防洪标准应按重现期不小于50年一遇的洪水位设计，国家已有标准提出更高要求的除外。

5.1.3 贮存场和填埋场一般应包括以下单元：

a）防渗系统、渗滤液收集和导排系统；

b）雨污分流系统；

c）分析化验与环境监测系统；

d）公用工程和配套设施；

e）地下水导排系统和废水处理系统（根据具体情况选择设置）。

5.1.4 贮存场及填埋场施工方案中应包括施工质量保证和施工质量控制内容，明确环保条款和责任，作为项目竣工环境保护验收的依据，同时可作为建设环境监理的主要内容。

5.1.5 贮存场及填埋场在施工完毕后应保存施工报告、全套竣工图、所有材料的现场及实验室检测报告。采用高密度聚乙烯膜作为人工合成材料衬层的贮存场及填埋场还应提交人工防渗衬层完整性检测报告。上述材料连同施工质量保证书作为竣工环境保护验收的依据。

5.1.6 贮存场及填埋场渗滤液收集池的防渗要求应不低于对应贮存场、填埋场的防渗要求。

5.1.7 贮存场除应符合本标准规定污染控制技术要求之外，其设计、施工、运行、封场等还应符合相关行政法规规定、国家及行业标准要求。

5.1.8 食品制造业、纺织服装和服饰业、造纸和纸制品业、农副食品加工业等为日常生活提供服务的活动中产生的与生活垃圾性质相近的一般工业固体废物，以及有机质含量超过5 %的一般工业固体废物（煤矸石除外），其直接贮存、填埋处置应符合GB 16889要求。

5.2 Ⅰ类场技术要求

5.2.1 当天然基础层饱和渗透系数不大于1.0×10^{-5}cm/s，且厚度不小于0.75m时，可以采用天然基础层作为防渗衬层。

5.2.2 当天然基础层不能满足5.2.1条防渗要求时，可采用改性压实黏土类衬层或具有同等以上隔水效力的其他材料防渗衬层，其防渗性能应至少相当于渗透系数为1.0×10^{-5}cm/s且厚度为0.75m的天然基础层。

5.3 Ⅱ类场技术要求

5.3.1 Ⅱ类场应采用单人工复合衬层作为防渗衬层，并符合以下技术要求：

a）人工合成材料应采用高密度聚乙烯膜，厚度不小于1.5mm，并满足GB/T 17643规定的技术指标要求。采用其他人工合成材料的，其防渗性能至少相当于1.5mm高密度聚乙烯膜的防渗性能。

b）黏土衬层厚度应不小于0.75m，且经压实、人工改性等措施处理后的饱和渗透系数不应大于1.0×10^{-7}cm/s。使用其他黏土类防渗衬层材料时，应具有同等以上隔水效力。

5.3.2 Ⅱ类场基础层表面应与地下水年最高水位保持1.5m以上的距离。当场区基础层表面与地下水年最高水位距离不足1.5m时，应建设地下水导排系统。地下水导排系统应确保Ⅱ类场运行期地下水水位维持在基础层表面1.5m以下。

5.3.3 Ⅱ类场应设置渗漏监控系统，监控防渗衬层的完整性。渗漏监控系统的构成包括但不限于防渗衬层渗漏监测设备、地下水监测井。

5.3.4 人工合成材料衬层、渗滤液收集和导排系统的施工不应对黏土衬层造成破坏。

6 入场要求

6.1 进入Ⅰ类场的一般工业固体废物应同时满足以下要求：

a）第Ⅰ类一般工业固体废物（包括第Ⅱ类一般工业固体废物经处理后属于第Ⅰ类一般工业固体废物的）；

b）有机质含量小于2%（煤矸石除外），测定方法按照HJ 761进行；

c）水溶性盐总量小于2%，测定方法按照NY/T 1121.16进行。

6.2 进入Ⅱ类场的一般工业固体废物应同时满足以下要求：

a）有机质含量小于5%（煤矸石除外），测定方法按照HJ 761进行；

b）水溶性盐总量小于5%，测定方法按照NY/T 1121.16进行。

6.3 5.1.8条所规定的一般工业固体废物经处理并满足6.2条要求后仅可进入Ⅱ类场贮存、填埋。

6.4 不相容的一般工业固体废物应设置不同的分区进行贮存和填埋作业。

6.5 危险废物和生活垃圾不得进入一般工业固体废物贮存场及填埋场。国家及地方有关法律法规、标准另有规定的除外。

7 贮存场和填埋场运行要求

7.1 贮存场、填埋场投入运行之前，企业应制定突发环境事件应急预案或在突发事件应急预案中制定环境应急预案专章，说明各种可能发生的突发环境事件情景及应急处置措施。

7.2 贮存场、填埋场应制定运行计划，运行管理人员应定期参加企业的岗位培训。

7.3 贮存场、填埋场运行企业应建立档案管理制度，并按照国家档案管理等法律法规进行整理与归档，永久保存。档案资料主要包括但不限于以下内容：

a）场址选择、勘察、征地、设计、施工、环评、验收资料；

b）废物的来源、种类、污染特性、数量、贮存或填埋位置等资料；

c）各种污染防治设施的检查维护资料；

d）渗滤液、工艺水总量以及渗滤液、工艺水处理设备工艺参数及处理效果记录资料；

e）封场及封场后管理资料；

f）环境监测及应急处置资料。

7.4 贮存场、填埋场的环境保护图形标志应符合 GB 15562.2 的规定，并应定期检查和维护。

7.5 易产生扬尘的贮存或填埋场应采取分区作业、覆盖、洒水等有效抑尘措施防止扬尘污染。尾矿库应采取均匀放矿、洒水抑尘等措施防止干滩扬尘污染。

7.6 污染物排放控制要求

7.6.1 贮存场、填埋场产生的渗滤液应进行收集处理，达到 GB 8978 要求后方可排放。已有行业、区域或地方污染物排放标准规定的，应执行相应标准。

7.6.2 贮存场、填埋场产生的无组织气体排放应符合 GB 16297 规定的无组织排放限值的相关要求。

7.6.3 贮存场、填埋场排放的环境噪声、恶臭污染物应符合 GB 12348、GB 14554 的规定。

8 充填及回填利用污染控制要求

8.1 第Ⅰ类一般工业固体废物可按下列途径进行充填或回填作业：

a）粉煤灰可在煤炭开采矿区的采空区中充填或回填；

b）煤矸石可在煤炭开采矿井、矿坑等采空区中充填或回填；

c）尾矿、矿山废石等可在原矿开采区的矿井、矿坑等采空区中充填或回填。

8.2 第Ⅱ类一般工业固体废物以及不符合 8.1 条充填或回填途径的第Ⅰ类一般工业固体废物，其充填或回填活动前应开展环境本底调查，并按照 HJ 25.3 等相关标准进行环境风险评估，重点评估对地下水、地表水及周边土壤的环境污染风险，确保环境风险可以接受。充填或回填活动结束后，应根据风险评估结果对可能受到影响的土壤、地表水及地下水开展长期监测，监测频次至少每年 1 次。

8.3 不应在充填物料中掺加除充填作业所需要的添加剂之外的其他固体废物。

8.4 一般工业固体废物回填作业结束后应立即实施土地复垦（回填地下的除外），土地复垦应符合本标准 9.9 条的规定。

8.5 食品制造业、纺织服装和服饰业、造纸和纸制品业、农副食品加工业等为日常生活提供服务的活动中产生的与生活垃圾性质相近的一般工业固体废物以及其他有机物含量超过 5% 的一般工业固体废物（煤矸石除外）不得进行充填、回填作业。

9 封场及土地复垦要求

9.1 当贮存场、填埋场服务期满或不再承担新的贮存、填埋任务时，应在 2 年内启动封场作业，并采取相应的污染防治措施，防止造成环境污染和生态破坏。封场计划可分期实施。尾矿库的封场时间和封场过程还应执行闭库的相关行政法规和管理规定。

9.2 贮存场、填埋场封场时应控制封场坡度，防止雨水侵蚀。

9.3 Ⅰ类场封场一般应覆盖土层，其厚度视固体废物的颗粒度大小和拟种植物种类确定。

9.4 Ⅱ类场的封场结构应包括阻隔层、雨水导排层、覆盖土层。覆盖土层的厚度视拟种植物种类及其对阻隔层可能产生的损坏确定。

9.5　封场后，仍需对覆盖层进行维护管理，防止覆盖层不均匀沉降、开裂。

9.6　封场后的贮存场、填埋场应设置标志物，注明封场时间以及使用该土地时应注意的事项。

9.7　封场后渗滤液处理系统、废水排放监测系统应继续正常运行，直到连续 2 年内没有渗滤液产生或产生的渗滤液未经处理即可稳定达标排放。

9.8　封场后如需对一般工业固体废物进行开采再利用，应进行环境影响评价。

9.9　贮存场、填埋场封场完成后，可依据当地地形条件、水资源及表土资源等自然环境条件和社会发展需求并按照相关规定进行土地复垦。土地复垦实施过程应满足 TD/T 1036 规定的相关土地复垦质量控制要求。土地复垦后用作建设用地的，还应满足 GB 36600 的要求；用作农用地的，还应满足 GB 15618 的要求。

9.10　历史堆存一般工业固体废物场地经评估确保环境风险可以接受时，可进行封场或土地复垦作业。

10　污染物监测要求

10.1　一般规定

10.1.1　企业应按照有关法律和《环境监测管理办法》《企业事业单位环境信息公开办法》等规定，建立企业监测制度，制定监测方案，对污染物排放状况及对周边环境质量的影响开展自行监测，并公开监测结果。

10.1.2　企业安装、运维污染源自动监控设备的要求，按照相关法律法规规章及标准的规定执行。

10.1.3　企业应按照环境监测管理规定和技术规范的要求，设计、建设、维护永久性采样口、采样测试平台和排污口标志。

10.2　废水污染物监测要求

10.2.1　采样点的设置与采样方法，按 HJ 91.1 的规定执行。

10.2.2　渗滤液及其处理后排放废水污染物的监测频次，应根据废物特性、覆盖层和降水等条件加以确定，至少每月 1 次。废水污染物的监测分析方法按照 GB 8978 的规定执行。

10.3　地下水监测要求

10.3.1　贮存场、填埋场投入使用之前，企业应监测地下水本底水平。

10.3.2　地下水监测井的布置应符合以下要求：

a）在地下水流场上游应布置 1 个监测井，在下游至少应布置 1 个监测井，在可能出现污染扩散区域至少应布置 1 个监测井。设置有地下水导排系统的，应在地下水主管出口处至少布置 1 个监测井，用以监测地下水导排系统排水的水质；

b）岩溶发育区以及环境影响评价文件中确定地下水评价等级为一级的贮存场、填埋场，应根据环境影响评价结论加大下游监测井布设密度；

c）当地下水含水层埋藏较深或地下水监测井较难布设的基岩山区，经环境影响评价确认地下水不会受到污染时，可减少地下水监测井的数量；

d）监测井的位置、深度应根据场区水文地质特征进行针对性布置；

e）监测井的建设与管理应符合 HJ/T 164 的技术要求；

f）已有的地下水取水井、观测井和勘测井，如果满足上述要求可以作为地下水监测井使用。

10.3.3　贮存场、填埋场地下水监测频次应符合以下要求：

a）运行期间，企业自行监测频次至少每季度 1 次，每两次监测之间间隔不少于 1 个月，国家另有规定的除外；如周边有环境敏感区应增加监测频次，具体监测点位和频次依据环境影响评价结论确定。当发现地下水水质有被污染的迹象时，应及时查找原因并采取补救措施，防止污染进一步扩散；

b）封场后，地下水监测系统应继续正常运行，监测频次至少每半年 1 次，直到地下水水质连续 2 年不超出地下水本底水平。

10.3.4　地下水监测因子由企业根据贮存及填埋废物的特性提出，必须具有代表性且能表征固体废物特性。常规测定项目应至少包括浑浊度、pH、溶解性总固体、氯化物、硝酸盐（以 N 计）、亚硝酸盐（以 N 计）。地下水监测因子分析方法按照 GB/T 14848 执行。

10.4　地表水监测要求

10.4.1　应在满足废水排放标准与环境管理要求基础上，针对项目建设、运行、封场后等不同阶段可能造成地表水环境影响制定地表水监测计划。

10.4.2　地表水监测点位、分析方法、监测频次应按照 HJ 819 执行，岩溶地区应增加地表水的监测频次。

10.5　大气监测要求

10.5.1　无组织气体排放的监测因子由企业根据贮存及填埋废物的特性提出，必须具有代表性且能表征固体废物特性。采样点布设、采样及监测方法按 GB 16297 的规定执行，污染源下风方向应为主要监测范围。

10.5.2　运行期间，企业自行监测频次至少每季度 1 次。如监测结果出现异常，应及时进行重新监测，间隔时间不得超过 1 周。

10.5.3　企业周边应安装总悬浮颗粒物（TSP）浓度监测设施，并保存 1 年以上数据记录。总悬浮颗粒物（TSP）浓度的测定方法按照 GB/T 15432 执行。

10.6　土壤监测要求

10.6.1　贮存场、填埋场投入使用之前，企业应监测土壤本底水平。

10.6.2　应布设 1 个土壤监测对照点，对照点应尽量保证不受企业生产过程影响，对照点作为土壤背景值。

10.6.3　依据地形特征、主导风向和地表径流方向，在可能产生影响的土壤环境敏感目标处布设土壤监测点。

10.6.4　运行期间，土壤监测点的自行监测频次一般每 3 年 1 次，采样深度根据可能影响的深度适当调整，以表层土壤为重点采样层。

10.6.5　土壤监测因子由企业根据贮存及填埋废物的特性提出，必须具有代表性且能表征固体废物特性。土壤监测因子的分析方法按照 GB 36600 的规定执行。

11　实施与监督

11.1　本标准由县级以上生态环境主管部门负责监督实施。

11.2　在任何情况下，企业均应遵守本标准的污染物排放控制要求，采取必要措施保证污染防治设施正常运行。各级生态环境主管部门在对其进行监督检查时，对于水污染物，可以现场即时采样或监测的结果，作为判定排污行为是否符合排放标准以及实施相关生态环境保护管理措施的依据；对于无组织排放的大气污染物，可以采用手工监测并按照监测规范要求测得的任意 1 小时平均浓度值，作为判定排污行为是否符合排放标准以及实施相关生态环境保护管理措施的依据。

附录 A

(资料性附录)

单人工复合衬层系统说明

单人工复合衬层系统（HDPE 土工膜+黏土）结构如图 A.1 所示，部分结构说明如下：

a）渗滤液导排层：宜采用卵石，厚度不应小于 30cm，卵石下可增设土工复合排水网；

b）人工防渗衬层：采用 HDPE 土工膜时厚度不应小于 1.5mm；

c）黏土衬层：渗透系数不应大于 1.0×10^{-7}cm/s，厚度不宜小于 75cm；

d）保护层：可采用非织造土工布、保护黏土层及粉末状尾矿；

e）地下水导排层（可选）：采用卵（砾）石等石料；

f）基础层：具有承载填埋堆体负荷的天然岩土层或经过地基处理的稳定岩土层。

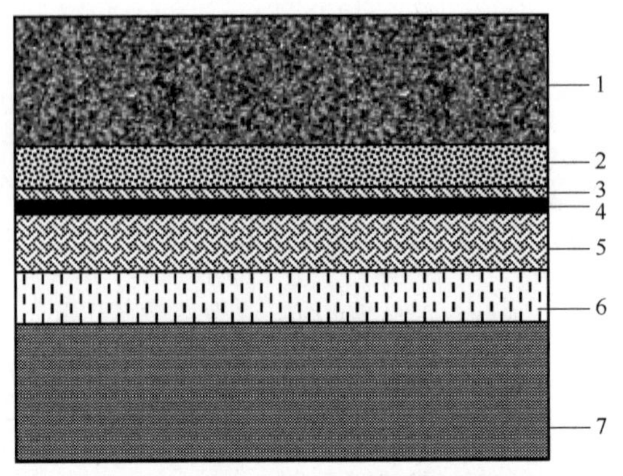

图 A.1　单人工复合衬层系统示意图

1—一般工业固体废物；2—渗滤液导排层；3—保护层；4—人工防渗衬层（高密度聚乙烯膜）；5—黏土衬层；6—地下水导排层（可选）；7—基础层

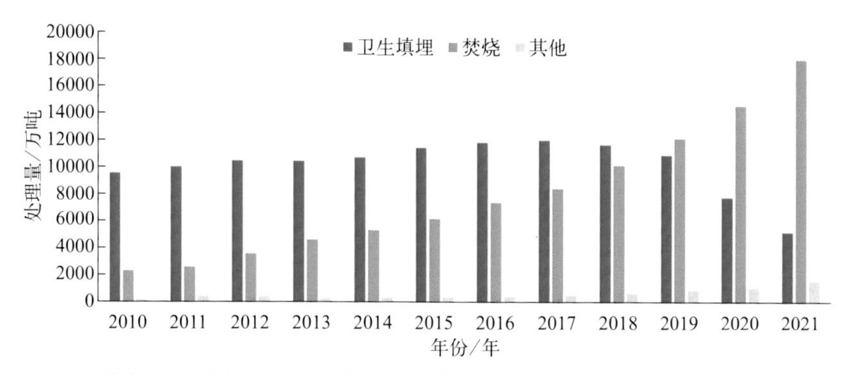

图 1-6　2010 ～ 2021 年全国城市生活垃圾无害化方式及处理量

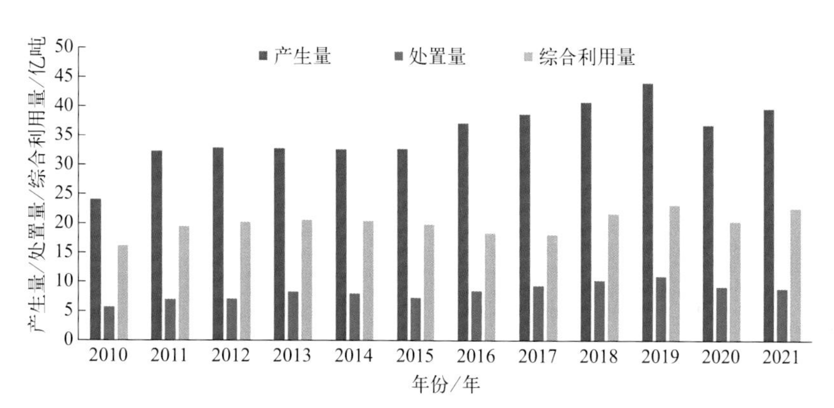

图 1-7　2010 ～ 2021 年全国一般工业固体废物产生量、处置量及综合利用量

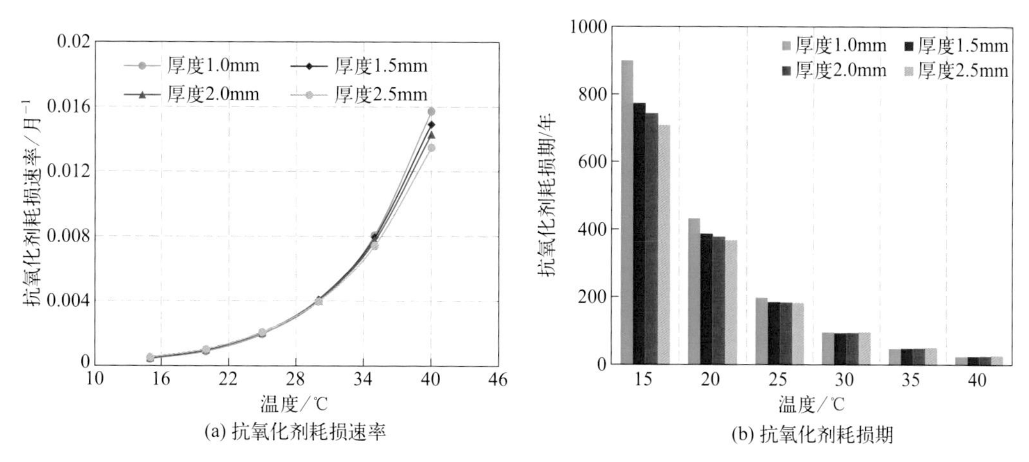

图 3-9　不同土工膜厚度条件下的抗氧化剂耗损速率和耗损期

材质：S2；老化方法：A（双面浸泡）；暴露介质：渗滤液（见表 3-3）

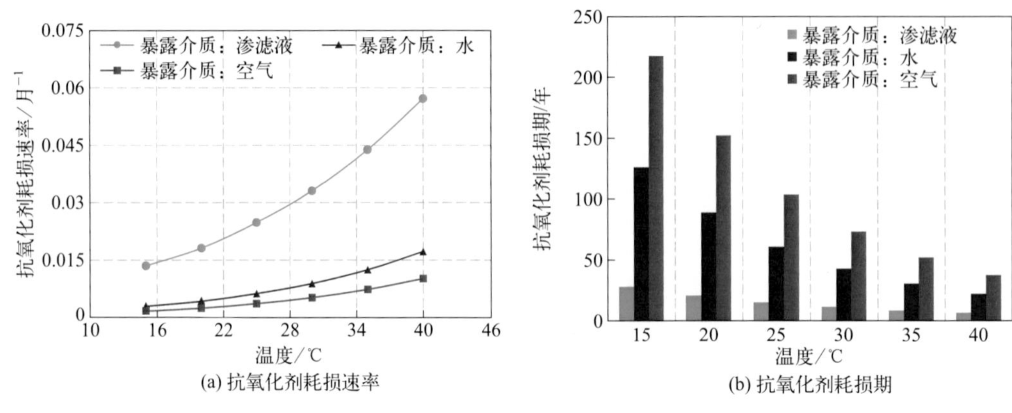

图 3-10　不同暴露介质条件下的抗氧化剂耗损速率和耗损期

材质：G1；老化方法：A（双面浸泡）；厚度：2mm（见表 3-3）

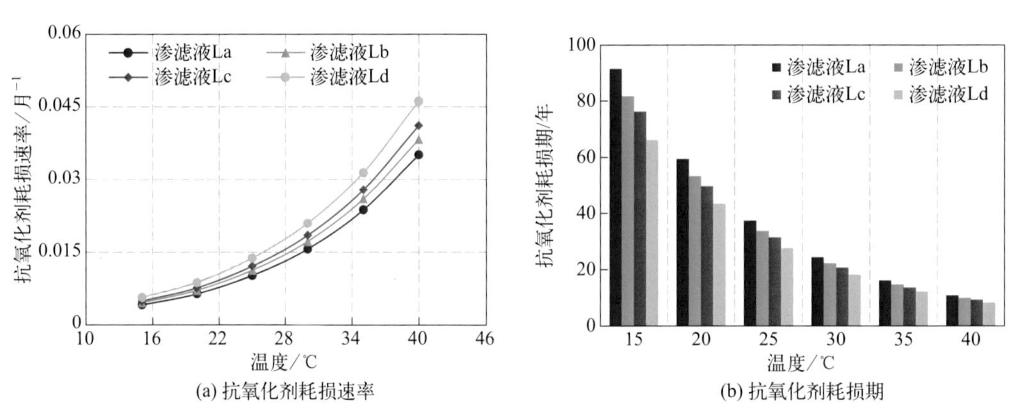

图 3-11　不同渗滤液特性条件下的抗氧化剂耗损速率和耗损期

材质：G3；老化方法：A（双面浸泡）；厚度：1.5mm（见表 3-3）

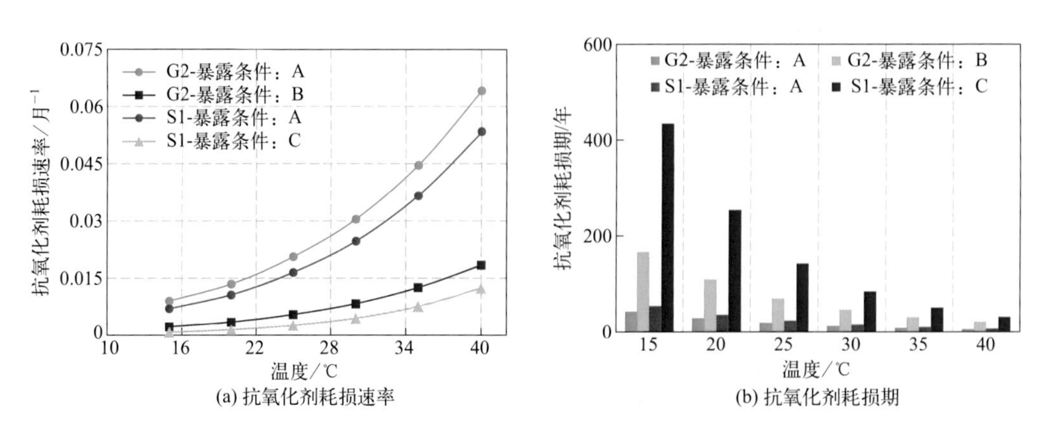

图 3-12　不同暴露条件下的抗氧化剂耗损速率和耗损期

材质：G2、S1；暴露介质：渗滤液；厚度：1.5mm（见表 3-3）

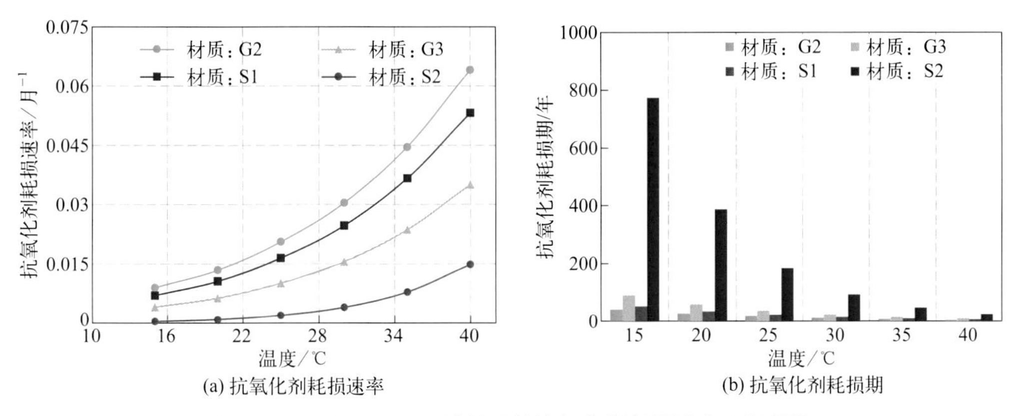

图 3-13　不同 HDPE 膜材质的抗氧化剂耗损速率和耗损期

老化方法：A（双面浸泡）；暴露介质：渗滤液；厚度：1.5mm（见表 3-3）

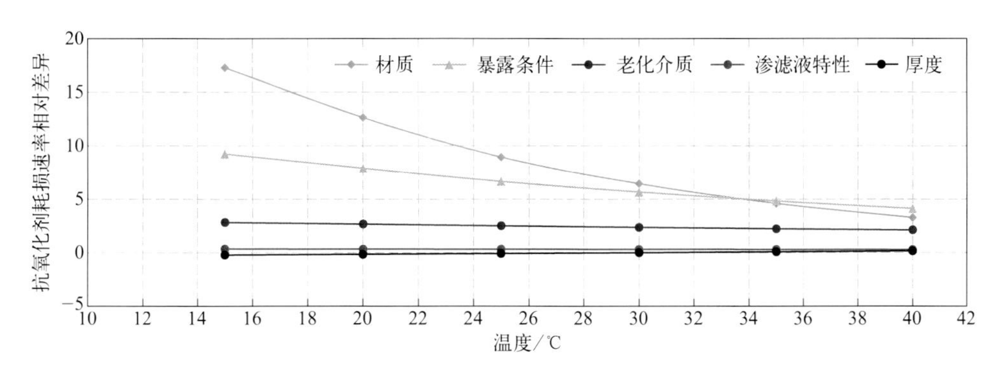

图 3-14　抗氧化剂耗损速率对各因素的敏感性随着温度的变化情况

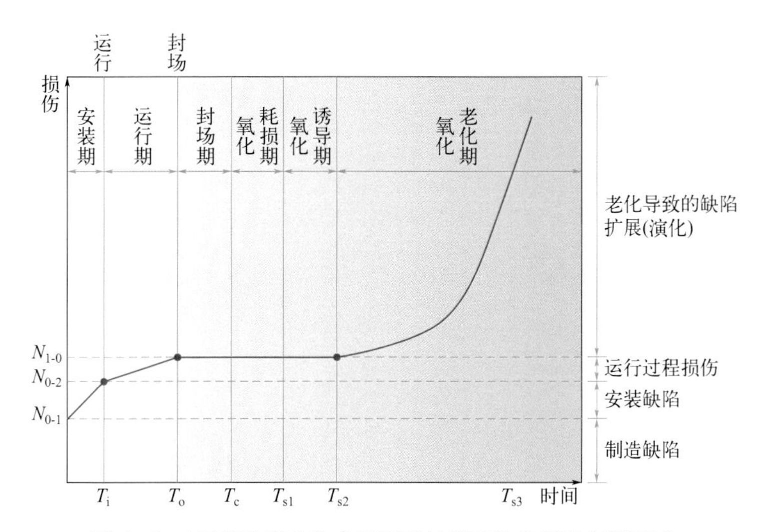

图 4-1　HDPE 膜全生命周期的缺陷产生和演化过程概化

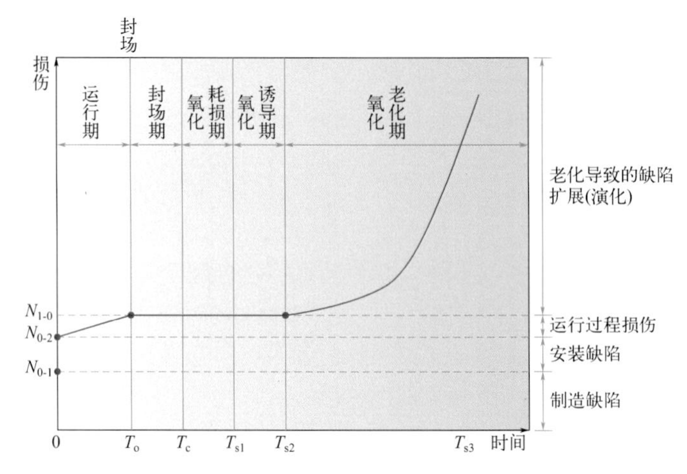

图 4-2　填埋场服役环境下的 HDPE 膜缺陷产生和演化过程概化

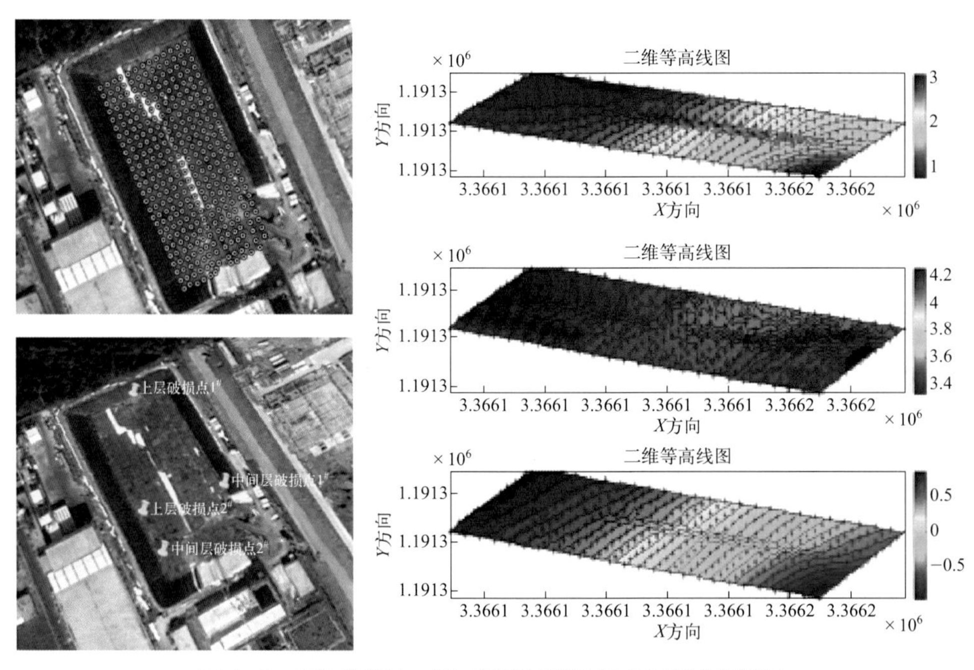

图 4-6　电极格栅法、基于蜂窝原理的低密度高精度监测

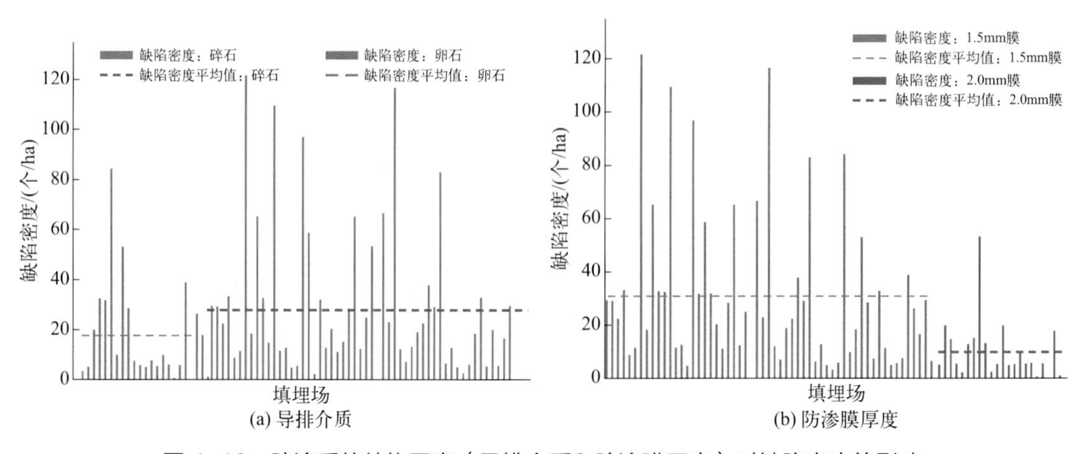

图 4-16　防渗系统结构因素（导排介质和阶渗膜厚度）对缺陷密度的影响

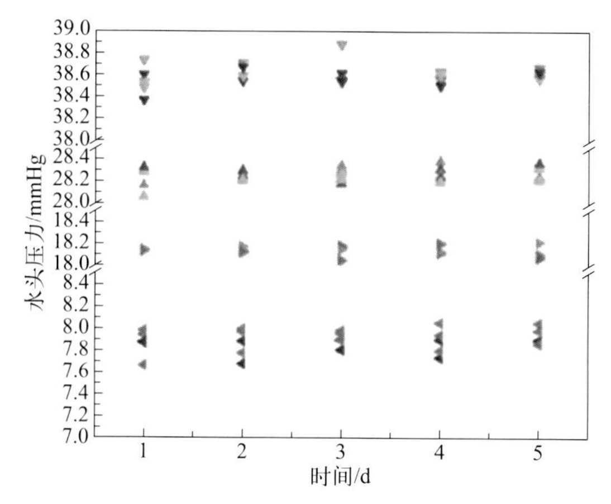

图 5-19　试验装置稳定性分析结果

（1mmHg=133.32Pa）

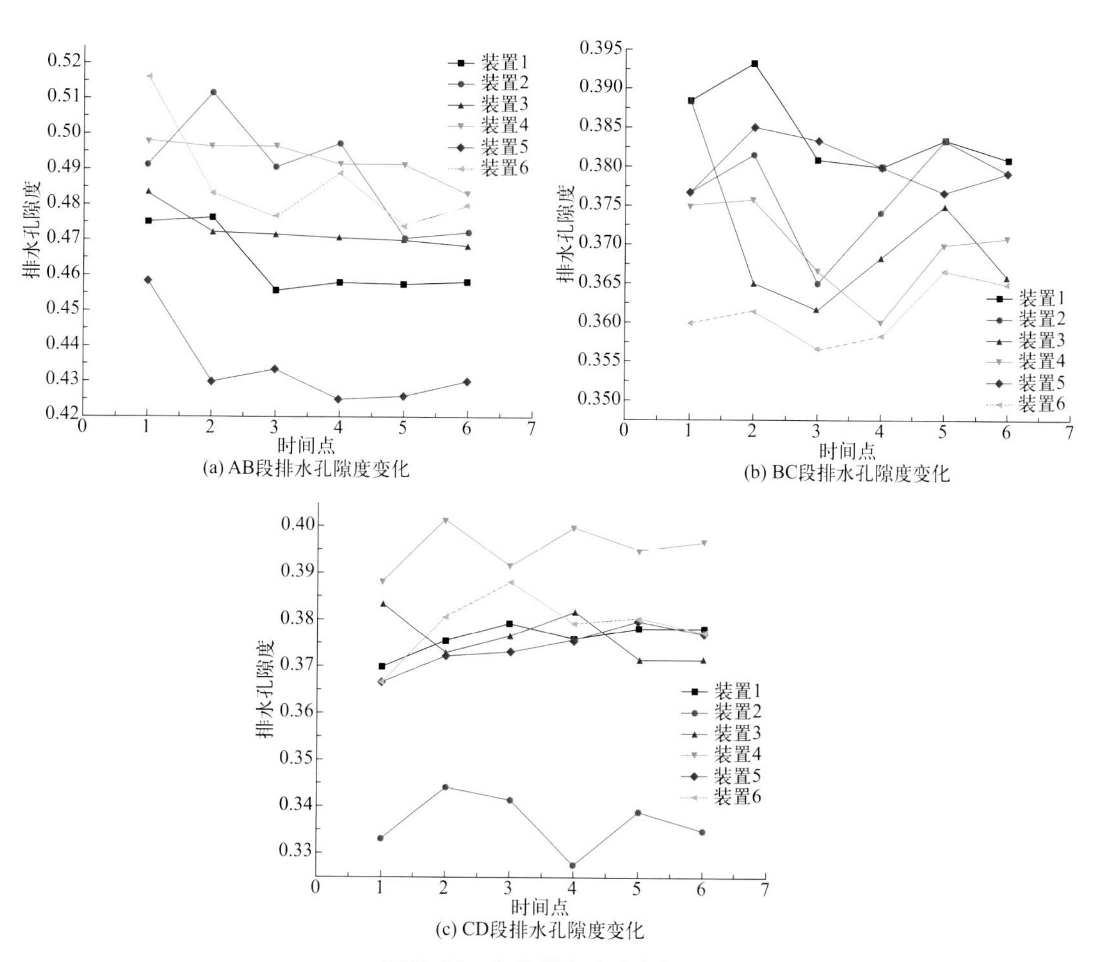

图 5-20　各段排水孔隙度变化

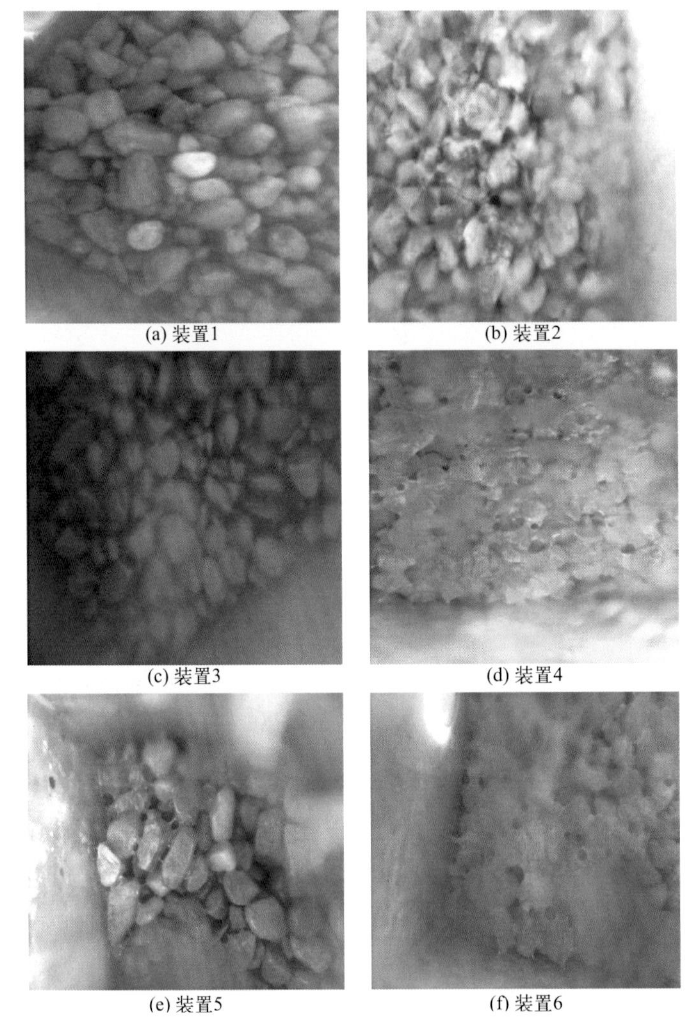

(a) 装置1　(b) 装置2　(c) 装置3　(d) 装置4　(e) 装置5　(f) 装置6

图 5-21　各装置表层淤堵物

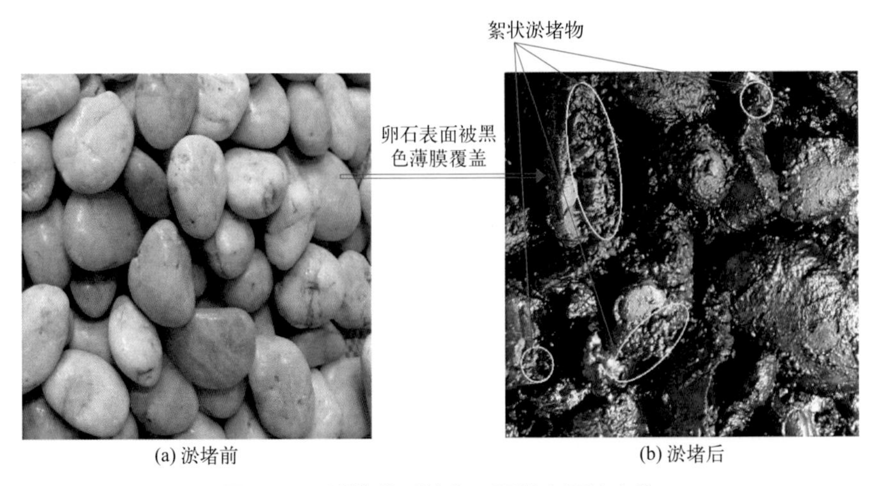

(a) 淤堵前　(b) 淤堵后

图 5-24　淤堵前后的卵石颗粒表面的变化

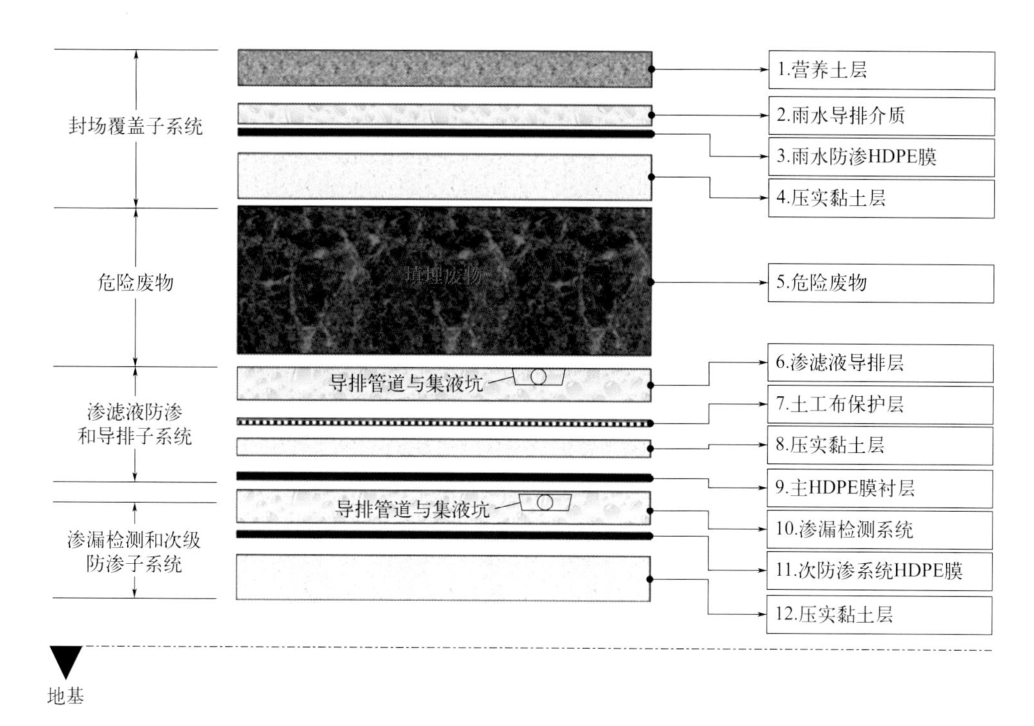

图 7-1 典型 HWL 设计条件下的剖面结构

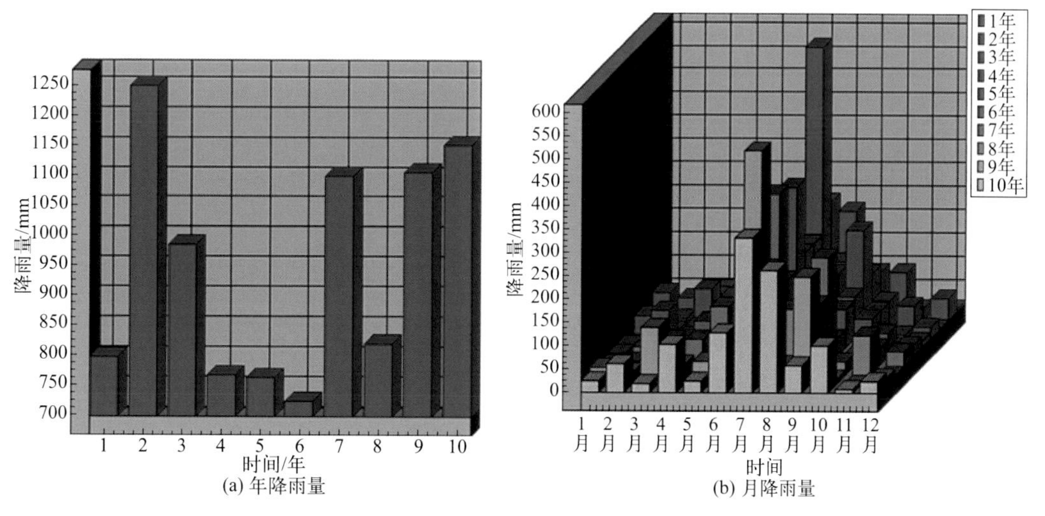

图 7-2

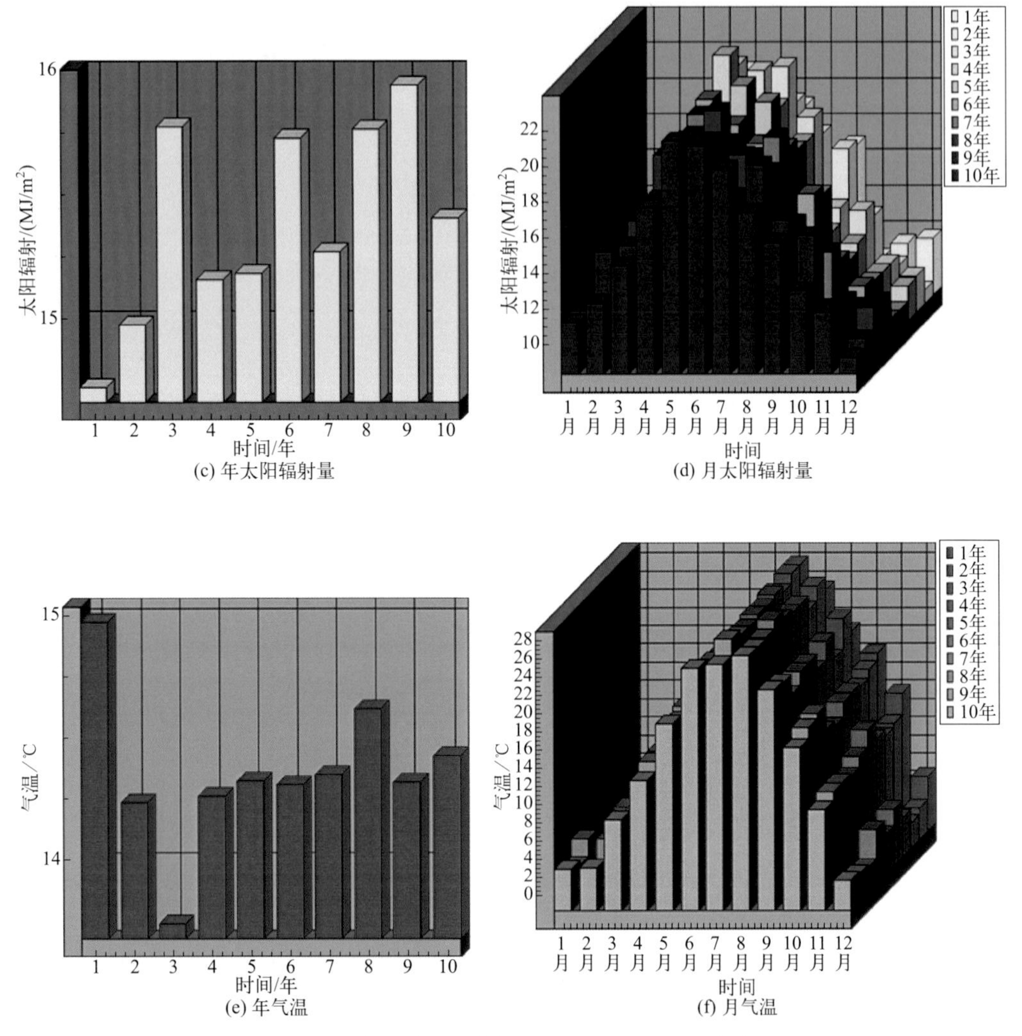

图 7-2　研究区降雨、气温和太阳辐射年、月值数据